Les herboristes au temps du certificat
(1803-1941)

Ida BOST

Les herboristes au temps du certificat (1803-1941)

L'Harmattan

5-7, rue de l'Ecole-Polytechnique, 75005 Paris

http://www.editions-harmattan.fr

ISBN : 978-2-343-16648-3
EAN : 9782343166483

Sommaire

Introduction

Depuis mars 2018, une mission d'information sur l'herboristerie a été lancée sous l'impulsion du sénateur Joël Labbé. Son objet est d'évaluer les possibilités de rétablissement de la profession d'herboriste. Créé le 11 avril 1803, le certificat d'herboriste fut supprimé sous le gouvernement de Vichy, par le décret-loi du 11 septembre 1941. Sans reconnaissance légale, les professionnels de l'herboristerie peinent aujourd'hui à survivre, malgré l'intérêt croissant de la population pour les plantes médicinales.

Mon intérêt pour l'herboristerie débuta en 2011, alors que je commençais un doctorat d'ethnologie sur le sujet. Je devais, à l'origine, travailler sur un programme de sélection variétale au Mali. Mais l'enlèvement de Français dans la région entraîna la fin du programme et de mon objet d'étude. Pressée par ma directrice, je lui proposais alors de travailler sur l'herboristerie, sujet peu étudié et sur lequel je n'avais pas de connaissances particulières, mais qui se situait à la rencontre de deux domaines pour lesquels j'avais une affinité : les plantes et la santé. Je découvris alors un objet passionant et complexe. Pendant quatre ans, j'ai interrogé les archives, les herboristes contemporains, j'ai observé les gestes et lu les ouvrages. J'ai moi-même suivi une formation en herboristerie afin d'en saisir toute la finesse. J'ai soutenu et obtenu mon doctorat en janvier 2016. Ce livre est extrait des deux premières parties de ma thèse, au croisement de l'anthropologie de la santé, de l'anthropologie historique et de la sociologie des professions.

Si je souhaite aujourd'hui diffuser mon travail, c'est parce que le contexte législatif actuel invite à se pencher sur l'Histoire des herboristes, et à revenir à l'époque où le métier était reconnu par l'État. L'existence de ce certificat est un phénomène rare dans l'histoire de la santé en France : pendant 138 ans, une pratique qui ne relevait pas, à proprement parler, de la biomédecine, fut validée par un certificat d'État. Au-delà du cas herboristique, l'histoire des certifiés invite à la réflexion sur les possibilités d'un encadrement et d'une reconnaissance juridique de pratiques de bien-être et de maintien de la santé. L'exemple du passé soulève les enjeux qui entourent l'insertion de nouveaux acteurs dans le champ de la santé publique, et leur lien avec les différents professionnels de santé.

Cet ouvrage dresse le portrait des herboristes du temps du certificat (1803-1941) en faisant dialoguer trois thématiques : la question identitaire, la nature du savoir herboristique, et le statut de l'herboriste parmi les professionnels de santé. Il vise à rendre compte des ruptures et des continuités, des transmissions et des reconstructions, qui ont caractérisé les manières d'être, de faire, et de se penser comme herboriste.

De la littérature scientifique aux archives

L'herboristerie des certifiés n'a fait l'objet que de très peu de travaux scientifiques. La recherche la plus détaillée sur la question a été portée par Laurent Rebillard, dans son mémoire de DEA de Sciences Sociales [Rebillard, 2002].

Isabelle Aubry, dans sa thèse de pharmacie, couvre une période particulièrement large (de l'Antiquité à aujourd'hui) et, par conséquence, ne peut guère approfondir le cas des herboristes certifiés [Aubry, 1993]. L'historien Olivier Faure leur consacre deux pages et demie dans *Les français et leur médecine au XIXe siècle,* qu'il introduit en écrivant que les herboristes sont « encore plus mal connus que les pharmaciens » [Faure, 1993, p. 49]. Il survolera de nouveau le sujet dans un chapitre du livre de Christian Bonah et Anne Rasmussen, paru en 2005, *Histoire et médicament aux XIXe et XXe siècles*. Plus récemment, les historiens Jean-Paul Gaudillière et Volker Hess ont tenté un parallèle prudent entre les *heilpraktikers*[1] allemands et les herboristes français de la première moitié du XXe siècle [Gaudillière et Hess, 2013]. Il existe également un article de Charles Gadéa et André Grelon qui consacrent quelques pages au sujet, mais dont les données sont reprises du travail de Laurent Rebillard [Gadéa et Grelon, 2010].

De ce fait, cet ouvrage s'appuie majoritairement sur de l'analyse d'archives. Le recueil de données sur les herboristes est complexe, notamment pour le XIXe siècle. Pas toujours d'un bon niveau scolaire, souvent peu enclins à se mettre en avant, les herboristes ont produit peu de discours. Afin d'obtenir un tableau le plus complet et le plus objectif possible, des sources très diversifiées (détaillées ci-dessous) ont été utilisées. Mais pour conserver la qualité de l'analyse, l'étude a été restreinte géographiquement aux herboristes installés à Paris. Cette ville présentait un fort pouvoir attractif : en 1916, 43,3% des herboristes certifiés français étaient établis dans le seul département de la Seine

---

[1] Praticien de médecine naturelle existant en Allemagne (et dans des pays de langue allemande), souvent désigné comme l'équivalent du naturopathe français.

[Sénat, *Impressions : projets, propositions, rapports [...]*, 29 juin 1916, p. 5].

Les dossiers des postulants au certificat

Ce travail s'appuie sur l'analyse des archives de l'École Supérieure de Pharmacie de Paris, en charge des examens et de la délivrance des certificats dans la capitale. Outre des informations sur les profils socioéconomiques des postulants et le taux de réussite, ces archives contiennent des lettres manuscrites, livrant des témoignages personnels sur les postulants. Les programmes et les guides scolaires et administratifs sont venus compléter ce corpus.

Ces archives ont été croisées avec les listes préfectorales des herboristes et des pharmaciens établis dans le ressort de la Préfecture de Police de Paris. Des parcours d'herboristes ont pu être reconstitués en complétant ces listes avec les annuaires *Firmin-Didot*, *Didot-Bottin* et l'*Almanach du commerce de Paris*.

La littérature syndicale

L'abondante littérature syndicale livre également une source d'informations intéressante. Sept revues syndicales ont été publiées entre 1911 et 1962. S'y ajoutent les actes du Congrès National et International de l'Herboristerie, organisé par la fédération des herboristes en 1937. Les *Impressions* et *Feuilletons* du Sénat et de la Chambre des députés, ainsi que *Le Journal Officiel* ont permis d'apprécier l'écho politique du mouvement syndical herboristique.

Si la littérature syndicale relaie les procès, on trouve également, à la Bibliothèque Nationale de France, les textes relatifs à des procès d'herboristes, notamment les procès Bicquelin et Brodhurst, cités dans le cadre de cet ouvrage.

Sources relatives aux pratiques quotidiennes des herboristes certifiés

Les archives de la Préfecture de Police de Paris contiennent un important dossier sur l'herboriste Louis Gazon. Surveillé pour ses activités politiques en faveur du mouvement boulangiste, les rapports des policiers livrent de nombreux détails, depuis sa situation financière jusqu'à la qualité de son expression écrite. Ils offrent un exemple détaillé de ce que pouvait être le quotidien d'un herboriste certifié au XIXe siècle.

Les savoirs pratiques et théoriques des certifiés transparaissent dans l'étude des principaux manuels d'herboristerie. Le contenu et l'organisation des boutiques se laissent dans les publicités, mais également dans des articles de journaux et des ouvrages décrivant les rues de Paris.

Les ouvrages médicaux offrent également une source intéressante. Trente-trois monographies médicales et conférences/cours de médecine ont été sélectionnés dans le cadre de ce travail. Ces monographies exposent de nombreux parcours de patients, ce qui permet de comprendre qui avait recours à l'herboriste, et dans quelles circonstances.

Sources relatives à l'image laissée par les herboristes dans la société en général

La littérature populaire offre un bon angle pour saisir l'image que renvoyaient les herboristes dans la population en général. Dans le cadre de ce travail, quarante-trois romans,

romans feuilletons et nouvelles, douze pièces de théâtre et six chansons ou histoires courtes ont été analysés. Certes, ces écrits répondent à des conventions littéraires propres à leur genre et n'ont aucune prétention à l'objectivité. Mais ils peuvent également être considérés comme des pistes pour saisir le quotidien des herboristes, notamment dans les descriptions des boutiques et de leur contenu. Cette littérature livre également des témoignages de leur place dans la hiérarchie globale des professionnels du soin et, plus généralement, de la société française.

L'étude des faits-divers impliquant des herboristes offre un outil supplémentaire pour présumer des attentes liées aux herboristes.

Ces archives diverses ont été complétées, en fonction des besoins, avec des documents variés, tels que des guides pour jeunes filles dans le choix d'une profession (six utilisés ici), des encyclopédies et dictionnaires des métiers, ou encore des écrits de pharmaciens et de médecins sur le métier d'herboriste (huit extraits ici).

Plan de l'ouvrage

Ce manuscrit est divisé en deux parties, alliant présentation thématique et chronologique.

La première partie, organisée autour de trois chapitres, rend compte de ce qu'était le métier d'herboriste au temps du certificat. L'étude de l'encadrement juridique permet d'identifier les limites de leur activité, en même temps qu'elle éclaire les attentes des législateurs envers le rôle des herboristes dans l'espace de la santé en France. L'exposé des textes de loi est mis en regard avec la réalité quotidienne des herboristes. Majoritairement représentés par des femmes, les herboristes possèdent une image fortement ambivalente, entre le « guérisseur », l'« empoisonneur » et le « charlatan », qui transparaît à la lecture des faits divers et des romans populaires. Derrière le certificat apparaît alors un métier riche de pratiques diverses, mais exercé par des individus qui ont su s'imposer comme des acteurs de soins à part entière.

La seconde partie, organisée autour de quatre chapitres, recouvre pour partie la première d'un point de vue chronologique : elle est consacrée à l'herboristerie syndicale, née dans les années 1870, et qui a progressivement disparu dans les années 1950-1960. Malgré des premières années chaotiques, les syndicalistes ont impulsé un changement radical dans la pratique herboristique. En réponse aux multiples propositions de loi visant à supprimer le certificat, et qui menacent l'herboristerie dès la fin du XIXe siècle, ils ont cherché à transformer l'image même des herboristes, les présentant comme des scientifiques, au même titre que les pharmaciens. Une telle transformation a eu une incidence forte sur leurs pratiques quotidiennes. Ainsi, derrière l'action syndicale se dessine la perception des évolutions d'une société marquée par le développement de l'industrie pharmaceutique et de son médicament. Mais ces choix ont également eu pour conséquence d'alimenter l'opposition entre certains pharmaciens et l'herboristerie syndicale, facilitant la suppression du certificat en 1941. Cette seconde partie s'ouvre sur la reconstruction de l'herboristerie dans les années 1970-1980, et son recentrement autour de la question environnementale.

Première partie

L'HERBORISTERIE DE LA LOI DE GERMINAL

Chapitre 1. ÊTRE HERBORISTE

I. L'herboriste selon la loi de germinal

1. Une loi pour reconstruire le système médical

Le métier d'herboriste n'est pas né en 1803, avec la création du certificat. Il remonte au moins au Moyen Âge, exercé par des hommes et des femmes appelés, à cette époque, des « herbiers ». Alors pourquoi apparaît, en 1803, le besoin de créer un certificat d'herboriste ? La réponse est probablement à chercher dans le contexte historique. La loi de 1803 est le résultat d'une rencontre entre l'évolution des pratiques herboristiques en elles-mêmes, et les grands évènements nationaux de la fin du XVIIIe siècle.

Dans sa thèse, Isabelle Aubry décrit la diversité dans l'exercice de l'herboristerie aux XVIIe et XVIIIe siècles. Il y a, d'une part, de nombreux herboristes non instruits vendant des plantes dans les rues, de même que des marchands de graines et de fruits dont le commerce comprend la vente des plantes [Aubry, 1993, p. 54]. Mais, à côté, sont visibles des herboristes installés dans des boutiques et qui se forment : ils suivent les cours du Jardin du Roi, lequel délivre un enseignement gratuit, public et en français sur la botanique, la chimie pharmaceutique et l'anatomie [Bahuchet et Lizet, 2003, p. 16].

À la fin du XVIIIe siècle, un groupe d'herboristes, appartenant à cette seconde catégorie, réclame une reconnaissance et un statut pour leur métier. Ils disent parler au nom des « herboristes de Paris ». Les membres de ce groupe se rendent visibles par leurs requêtes : ils envoient un « mémoire » (1752), un « placet »[1] (1762), deux « pétitions » (1785 et 1790) et deux « observations » (1786 et 1787) à la Faculté de Médecine de Paris, ainsi qu'un « mémoire » au roi en 1774, lors de l'avènement de Louis XVI. La pétition de 1790, rédigée par un certain Mony, est particulièrement représentative de leur manière de se placer par rapport aux autres vendeurs de plantes : ils cherchent à se démarquer des herboristes non instruits dont « les abus fréquents dans le commerce des Plantes Médicinales, ont diminué la confiance que le Public avait dans ses médicaments » [Mony, 1790, p. 9]. Ils se revendiquent d'une « instruction », et s'attachent à faire reconnaître leur compétence : ils souhaitent que leurs boutiques soient inspectées par des « commissaires », nommés par la Faculté de Médecine, et que leur niveau de connaissance soit évalué par les médecins de cette même Faculté, à travers un examen « sur la distinction des Plantes, sur le temps et la manière de les recueillir,

[1] Demande écrite et concice pour obtenir une faveur.

dessécher, conserver, etc., avec serment de ne jamais substituer l'une à l'autre » [Mony, 1790, p. 10].

Leur motivation n'est pas la seule sécurité du client : elle est surtout politique. Ils souhaitent obtenir la protection de la Faculté de Médecine dans le conflit qui les oppose aux apothicaires. Leur initiative n'est d'ailleurs guère approuvée par ces derniers. Non pas que ces conflits soient récents : la thèse d'Isabelle Aubry en témoigne, ce que Laurent Rebillard reprend, dans son mémoire de sociohistoire, en écrivant, non sans euphémisme, que « les herbiers[1] ne sont pas toujours très estimés par les apothicaires qui les traitent de brigands » [Rebillard, 2002, p. 18]. Ainsi, Pierre Bercher, doyen de la Faculté de Médecine, écrit en 1768, dans un *Mémoire pour les doyen et docteurs-régens de la faculté de médecine* que « beaucoup d'Apothicaires ont déjà pris le parti d'avoir chez eux des plantes Médicinales ; dans l'intention où ils étaient d'anéantir les Herboristes » [Bercher, 1768, p. 8].

En réponse aux herboristes, les apothicaires demandent d'abord un monopole sur la délivrance des plantes en 1761 [Aubry, 1993, p. 21], avant que les gardes apothicaires affirment, d'après Isabelle Aubry, vouloir prendre en charge la formation des herboristes en 1766 [Aubry, 1993, p. 23]. Les décisions royales semblent aller dans leur sens. Le Conseil d'Etat du Roi du 30 octobre 1767 « ordonne que ceux qui exercent et exerceront à l'avenir la profession d'Herboristes-botanistes, dans la ville et les faubourgs de Paris, seront assujettis à la visite et inspection des Gardes des Apothicaires ». Le fait est que la profession d'apothicaire tend à évoluer vers davantage de cohérence et de reconnaissance. D'une part, un nouveau syndicat des apothicaires de Paris est créé, par le règlement du 25 avril

[1] Ancien nom des herboristes.

1777, sous le nom de « Collège de Pharmacie », séparant ainsi la corporation de celle des épiciers [Cazé, 1943 ; Ramsey, 1988, p. 28]. D'autre part, la Déclaration du Roi en date du 28 avril 1777 réserve l'exercice de la pharmacie aux seuls apothicaires [Chauveau, 2004, p. 92].

Mais les porte-paroles de la Faculté de Médecine de Paris ne semblent guère apprécier ce qu'ils considèrent comme une usurpation de leurs droits de la part des apothicaires sur les herboristes [Aubry, 1993, p. 26]. Les médecins estiment qu'eux seuls disposent des connaissances en matière de prescription [Rebillard, 2002, p. 22-23], et que c'est donc à eux de définir le sort des herboristes. Dans leur pétition, datée de 1790, les « herboristes de Paris » déclarent que le Doyen Pierre Bercher obtint, en 1767, la suppression des inspections des herboristeries par les apothicaires, lesquelles furent désormais réalisées par des médecins. Ils ajoutent que, de 1768 à 1770, un certain M. Barbeudubourg « fut chargé par la Faculté de l'instruction des Herboristes, et donna des attestations à ceux qui avaient suivi régulièrement ses cours » [Mony, 1790, p. 7].

L'action de la Faculté de Médecine en faveur de ces herboristes apparaît avec évidence lorsqu'elle accepte de répondre positivement à la pétition d'un herboriste, Edmé Gillot de Tonnerre, demandant à être examiné et honoré du titre d' « herboriste approuvé par la Faculté ». Le 24 janvier 1778, Edmé Gillot de Tonnerre passe un examen devant des médecins de la Faculté après inspection de sa boutique. On lui présente alors de nombreuses parties de plantes : « Le temps de la récolte des fruits, des fleurs, des racines, la manière de les sécher, de les monder, de les conserver, les remarques particulières aux plantes aromatiques, ou inodores et aqueuses, aux racines ligneuses, bulbeuses ou charnues, ont été ensuite le sujet de nos questions » peut-on lire sur le rapport rédigé suite à cet examen [retranscrit par Perrot, 1923]. Gillot réussi brillement cet examen et fut jugé digne du titre d'« Herboriste approuvé par la Faculté de Médecine », après avoir prêté serment de porter honneur et respect aux médecins et, en général, aux membres de la Faculté [Aubry, 1993, p. 39]. Un autre herboriste obtient, la même année, le même titre : le sieur Louis. L'attention portée par la Faculté de Paris à ces herboristes est probablement moins le fruit d'un attachement au métier d'herboriste qu'une manière de contrer l'influence grandissante des apothicaires.

D'ailleurs, l'intérêt de la Faculté de Médecine de Paris pour les herboristes semble s'être arrêté là. En 1785, les « herboristes de Paris » demandent à ce que soit généralisé l'examen. Sans réponse de la Faculté, ils envoient en 1790 une nouvelle pétition, celle écrite par Mony. Leur action fait suite à un mémoire présenté par un médecin, nommé Janson, qui vise à l'établissement d'un Cabinet et Bureau pour les Plantes Médicinales à Paris. Janson se dresse contre les herboristes, qu'il juge superflus et dangereux :

> *« Je ne sais depuis quel temps, l'apothicaire a mal-à-propos laissé échapper une de ses branches essentielles dans d'autres mains, celle de la préparation, et la vente des plantes sèches, qui fait une quatrième division, les herboristes. Ces herboristes, qui n'ont d'autre mérite que de les acheter à des gens aussi peu instruits qu'eux, pour les revendre de même, ne peuvent être que dangereux » [*Janson, 1790, p. 4-5].

Mais si la Faculté de Médecine ne semble plus répondre aux vœux des herboristes, c'est probablement, aussi, parce que la situation nationale porte leur attention ailleurs. Au XVIIIe siècle, le secteur de la Santé comprend globalement trois corps de métiers hiérarchisés : les médecins, les chirurgiens et les apothicaires. Dans les faits, ces trois corps de métier ne sont pas parfaitement étanches et bien d'autres acteurs, comme les épiciers, les droguistes ou encore les herboristes vendent des remèdes [Goubert, 1977]. L'organisation de la santé représente moins un « système » qu'une accumulation disparate d'acteurs. Ces insuffisances de l'offre médicale sont critiquées dans les cahiers de doléances de 1789 et portées à l'ordre du jour révolutionnaire [Ramsey, 1988].

En mars 1791, l'Assemblée Constituante abolit les corporations et proclame la liberté professionnelle. Dans les années suivantes, les universités et sociétés médicales sont, à leur tour, abolies. Pendant une dizaine d'années, les principes du libéralisme prévalent, permettant une situation que l'historien Georges Weisz qualifie de « liberté désordonnée » [Weisz, 1978, p. 4][1] : en principe, tout un chacun peut s'établir médecin, après paiement d'une patente [Ramsey, 1988, p. 74]. Cette situation apparaît rapidement comme dangereuse, et, sous le consulat de Napoléon Bonaparte, des démarches visant à reconstruire le monde médical voient le jour [Collin, 1994, p. 1]. Tandis que l'enseignement de la médecine se reconstruit difficilement dans de âpres discussions[2], le Collège de Pharmacie survit à cette période tourmentée. Il est transformé en École Gratuite de Pharmacie en 1796.

La loi du 21 germinal an XI (11 avril 1803) est une étape dans ce mouvement de réglementation de l'exercice de la pharmacie. Elle créée un corps pharmaceutique hiérarchisé (comme pour l'exercice de la médecine) avec

[1] « For a decade, the principles of economic liberalism prevailed and a chaotic liberty of practice was permitted. »
[2] Création des écoles de santé, puis de la distinction entre docteurs et officiers de santé, et création des écoles pratiques.

des pharmaciens reçus dans des écoles de Pharmacie pouvant exercer sur l'ensemble du territoire, et des pharmaciens reçus devant des jurys de médecine ne pouvant s'établir que dans leur département de réception. Dans le cadre de cette loi, le certificat d'herboriste est créé par l'article 37 du Titre IV :

> *« Nul ne pourra vendre, à l'avenir, des plantes ou des parties de plantes médicinales indigènes, fraîches ou sèches, ni exercer la profession d'herboriste, sans avoir subi auparavant, dans une des écoles de pharmacie, ou par-devant un jury de médecine, un examen qui prouve qu'il connaît exactement les plantes médicinales, et sans avoir payé une rétribution qui ne pourra excéder cinquante francs à Paris, et trente francs dans les autres départements, pour les frais de cet examen. Il sera délivré aux herboristes un certificat d'examen par l'école ou le jury par lesquels ils seront examinés ; et ce certificat devra être enregistré à la municipalité du lieu où ils s'établiront. »* [Titre IV, article 37]

Cet article est capital dans l'exercice à venir de l'herboristerie : il sera le fondement de son encadrement juridique. Que ce soit l'arrêté du 25 thermidor an XI (13 août 1803) qui explicite la loi de germinal, la création puis la suppression de la première et de la deuxième classe (1854 et 1916), la limitation concernant les espèces vénéneuses (1846 et 1916), la reconnaissance du brevet élémentaire comme dispensant de l'examen préparatoire (1904), etc., tous les autres textes législatifs relatifs à l'encadrement de l'herboristerie viendront se greffer sur la loi de germinal. C'est d'ailleurs la suppression, en 1941, de l'œuvre de cette loi, le certificat, qui sera perçue comme la mise à mort de l'herboristerie.

Une lecture rapide de la loi pourrait laisser penser à une reconnaissance de l'herboristerie, puisqu'elle semble accéder à la demande des « herboristes de Paris » : la mise en place d'un examen. Mais une lecture plus attentive relativise cette interprétation. Cette loi n'est pas la concrétisation des aspirations des « herboristes de Paris », car elle ne répond pas au fond de leur demande : la reconnaissance d'un statut et une autonomie par rapport aux pharmaciens. Très peu explicite, ne contenant que deux phrases, l'article ne dit rien du type de rapport que l'herboriste entretient avec les autres acteurs du champ de la Santé. Les limites de ses droits et devoirs manquent de précision, ce qui est d'autant plus préoccupant que cette loi est structurante. Que signifie connaître « exactement » les plantes médicinales ? L'herboriste doit-il aussi savoir les cultiver ? S'il a le droit de vendre des plantes médicinales indigènes fraîches ou sèches, a-t-il aussi le droit de les mélanger ? Plus généralement, sous quelle forme a-t-il le droit de les vendre ? A-t-il le droit de vendre autre chose à côté de ses plantes ? Si les droits et statuts des herboristes sont mal définis au XVIIIe siècle [Aubry, 1993, p. 18], ils le sont presque tout autant après la publication de la loi de germinal.

Selon Olivier Faure, les textes de loi[1] en disent peu afin d'éviter le « risque de laisser le champ libre à des empiètements » [Faure, 1993, p. 42]. Ce manque de clarté serait une volonté délibérée du législateur visant à limiter le développement de l'herboristerie. Il n'en demeure pas moins que, en fonction des éléments choisis de la loi et de sa mise en application, l'herboriste pouvait aussi bien

[1] Son propos concerne plus spécifiquement le traité du 25 thermidor an XI, qui explicite la loi du 21 germinal an XI.

apparaître comme une sorte de « sous-pharmacien » que comme un simple « débitant en plantes ».

2. L'herboriste, un « sous-pharmacien » ?

Sous certains aspects, la loi de germinal semble faire de l'herboriste non pas un concurrent du pharmacien, mais un acteur de même nature : une sorte de « sous-pharmacien ». De la même manière que la Révolution a engendré la création de deux acteurs hiérarchisés dans le monde médical (les docteurs / les officiers de santé), l'herboriste ne serait qu'une sous-catégorie de plus des pharmaciens. « La différence entre ces deux diplômes est la même qu'entre ceux de docteur en médecine et d'officier de santé » lit-on dans l'*Encyclopédie moderne* d'Eustache Courtin. Le syndicaliste et herboriste Louis Cuzin déclarait, en 1937, que « l'herboriste a donc bien la physionomie d'un pharmacien restreint » [Cuzin, 1937, p. 124].

Cette interprétation n'est pas le seul fait d'herboristes soucieux de voir, dans la loi de germinal, la consécration d'une parenté entre l'herboristerie et la pharmacie[1]. On la retrouve sous la plume d'universitaires et d'hommes politiques. Dans sa thèse de Droit, Henri Beaudot estime que l'objectif du législateur était de créer des « pharmaciens de second ordre » à destination des campagnes, jugées en manque de personnel soignant [Beaudot, 1939, p. 55]. Laurent Rebillard utilise, lui aussi, l'expression de « pharmacien restreint » [Rebillard, 2001] pour qualifier les herboristes. Il reprend en cela le rapport

[1] Sur l'ambivalence des relations entre herboristes et pharmaciens, voir Partie II.

de 1932 du député Jean-Maurice Adam pour qui la loi de germinal « fait de ceux qui exercent cette profession de véritables pharmaciens », mais avec un monopole réduit [*La Revue Herboristique* n°109, août 1934, p. 49].

Pour soutenir cette interprétation, l'argument le plus flagrant réside dans le simple fait que la loi qui instaure le certificat d'herboriste est une grande loi de la pharmacie. Au sens propre (quatre titres et trente-huit articles), comme au figuré : elle constitue les Écoles de Pharmacie (à Paris, Montpellier et Strasbourg) [Titre I, article 1], organise les études des pharmaciens [Titres II et III], affirme le monopole pharmaceutique [Titre IV, article 25 et article 33] et interdit les remèdes secrets [Titre IV, article 36]. De manière plus concrète, à travers cette loi, l'herboriste accède officiellement à une part du monopole pharmaceutique : la vente des plantes indigènes fraîches ou sèches au poids médicinal, tandis que les droguistes et les épiciers ne peuvent les vendre qu'en gros. Elle semble donc, de par son existence même, lier le sort de l'herboriste à celui du pharmacien.

En outre, elle fait dépendre l'obtention du certificat d'herboriste de médecins et de pharmaciens : les examens auront lieu « dans une des écoles de pharmacie, ou par devant un jury de médecine », ce qui fut confirmé, quelques mois plus tard, par l'arrêté du 25 thermidor an XI (13 août 1803), l'article 43 stipulant que « dans les départements où seront établies des écoles de pharmacie [comme c'est le cas à Paris, mais aussi à Montpellier et Nancy], l'examen des herboristes sera fait par le directeur, le professeur de botanique et l'un des professeurs de médecine ». Les mesures prises par la suite ne feront que confirmer cette dépendance aux lieux d'enseignement de la Pharmacie et de la Médecine. Le décret du 22 août 1854 confie la gestion des examens d'herboristes aux Écoles

Supérieures de Pharmacie et aux Écoles Préparatoires de Médecine et de Pharmacie[1]. Celui du 19 août 1920, aux Facultés de Pharmacie[2], aux Facultés mixtes de Pharmacie et de Médecine, aux Écoles de plein exercice et aux Écoles Préparatoires de Médecine et de Pharmacie. Ainsi, de la création du certificat en 1803 à sa suppression en 1941, les postulants ne seront jamais évalués par des herboristes, mais toujours par des pharmaciens et des médecins.

Outre l'organisation des examens, les pharmaciens jouent un rôle-clé dans l'inspection des boutiques d'herboristerie. L'arrêté du 25 thermidor an XI (13 août 1803) confirme les inspections des herboristeries par les pharmaciens, mises en place par l'arrêt du Conseil d'Etat du Roi du 30 octobre 1764 [Aubry, 1993, p. 52]. Elle mentionne qu' « il sera fait annuellement des visites chez les herboristes par le directeur et le professeur de botanique [de l'École de Pharmacie], et l'un des professeurs de l'école de médecine » [article 46]. Le régime de ces inspections sera modifié par le décret du 5 août 1908. D'après Isabelle Aubry, l'inspection fut alors rattachée au Ministère de l'Agriculture, et confiée à un inspecteur adjoint, pharmacien ou non [Aubry, 1993, p. 134]. Mais selon *Le guide de l'inspecteur en Pharmacie* de Roux et Guignard [reproduit par Compain, 1939, p. 646-647], les inspecteurs-pharmaciens peuvent toujours visiter les herboristeries s'ils le jugent à propos, ou si un inspecteur adjoint y suspecte de l'exercice illégal de la pharmacie. Les auteurs ajoutent que Paris et le département de la Seine procèdent d'une situation à part : les inspecteurs y sont nécessairement pourvus du diplôme de pharmacien. La situation particulière de ce département

---

[1] Créées par l'ordonnance du 13 octobre 1840.

[2] En 1920, les Ecoles Supérieures de Pharmacie de Paris, Montpellier, Nancy et Strasbourg deviennent des Facultés.

s'expliquerait, toujours selon le *Guide,* par la très grande présence des herboristes, la préfecture y recensant 488 herboristeries sur les 943 existantes sur le territoire en 1906. Le décret du 5 août 1908 ne semble donc pas avoir remis en cause les fondements des inspections : les pharmaciens jouent toujours un rôle prépondérant dans le contrôle des herboristeries.

Pour autant, déclarer que la loi de germinal et le traité de thermidor inscrivent l'herboristerie dans l'univers pharmaceutique serait impropre. Car là n'est pas la seule interprétation possible de la loi. À l'autre bout du spectre, d'autres éléments de la loi plaident pour un herboriste qui ne serait qu'un débitant en plantes, n'ayant pas le droit de délivrer des conseils en santé.

3. Ou un débitant en plantes ?

Si la loi de germinal déclare que l'herboriste doit connaître « exactement » les plantes sans expliciter ce qu'il faut entendre par ce terme, l'arrêté du 25 thermidor an XI est légèrement plus détaillé. L'article 43 annonce le contenu de l'examen :

> *« Cet examen aura pour objet la connaissance des plantes médicinales, les précautions nécessaires pour leur dessiccation et leur conservation.»* [article 43]

En comparant cette description avec celle de l'examen exigé des postulants en pharmacie, tel qu'il est décrit dans la loi du 21 germinal an XI, on ne peut qu'être frappé par la différence de traitement. L'article 15, Titre III, mentionne :

« *Les examens seront les mêmes dans les écoles et devant les jurys. Ils seront au nombre de trois : deux de théorie, dont l'un sur les principes de l'art, et l'autre sur la botanique et l'histoire naturelle des drogues simples; le troisième, de pratique, durera quatre jours, et consistera dans au moins neuf opérations chimiques et pharmaceutiques désignées par les écoles ou les jurys. L'aspirant fera lui-même ces opérations ; il en décrira les matériaux, les procédés et les résultats.* » [article 15, Titre III]

Il y a, dans l'exposé même du contenu des examens, une distinction forte entre herboristes et pharmaciens. L'examen des aspirants pharmaciens est détaillé dans la loi, dure plusieurs jours, et les compétences attendues sont conséquentes. À l'inverse, la description de l'examen des aspirants herboristes tient en deux lignes, abordant les compétences attendues de manière générale sans entrer dans les modalités du déroulement de l'examen.

Le 22 août 1854, un décret fait évoluer légèrement le contenu de l'examen. Ce décret distingue les herboristes de première et de deuxième classe, comme il le fait pour les pharmaciens[1]. L'herboriste de première classe peut exercer sur tout le territoire français tandis que l'herboriste de deuxième classe ne peut exercer que dans le département où il a été reçu. L'examen pour l'obtention du certificat de deuxième classe reste inchangé, mais celui pour l'obtention du certificat de première classe est rendu

---

[1] La loi du 21 germinal an XI fait déjà une distinction entre les pharmaciens reçus dans les écoles de pharmacie, et qui peuvent exercer sur l'ensemble du territoire, et les pharmaciens reçus par les jurys, qui ne peuvent exercer que dans le département où ils ont été reçus (articles XXIII et XXIV, titre IV). Mais la loi de germinal ne mentionne pas de « classe ».

légèrement plus difficile. Tel que spécifié par l'arrêté du 1er août 1879, outre la « connaissance des plantes médicinales, les précautions nécessaires pour leur dessiccation et leur conservation », le candidat à la première classe doit répondre à quelques questions sur les « notions élémentaires concernant le caractère des plantes ». Qu'entendre par « caractère des plantes » ? Sur une lettre envoyée par un postulant à l'École Supérieure de Pharmacie de Paris en 1890, on peut y lire la réponse suivante, vraisemblablement donnée par le Doyen : « On entend par caractère de la plante, en botanique, le nombre de pétales, étamines, la nature du fruit, etc., et toutes autres explications de même ordre que l'examinateur peut être amené à demander au candidat ». Autrement dit, le décret du 22 août 1854 ne modifie pas en profondeur l'examen institué par la loi de germinal, si ce n'est que celui relatif à la première classe comprend davantage de questions sur les connaissances botaniques.

Le déroulement des examens d'accès au certificat d'herboriste varie en fonction des Facultés et des Écoles de Pharmacie [Rebillard, 2002, p. 41]. Parfois le nom latin est exigé, parfois l'examen comporte une partie écrite, et le nombre de plantes présentées varie, tournant autour d'une centaine de plantes. Si l'on en croit un article écrit par un herboriste, il semble qu'à l'École Supérieure de Pharmacie de Paris, l'examen est resté oral jusqu'en 1939 avant de passer, pour partie seulement[1], par écrit [*Bulletin officiel de l'Association amicale des anciens élèves de l'École Nationale d'Herboristerie* n°29, 1939, p. 11].

Concrètement, le cœur de l'examen porte sur la reconnaissance d'une cinquantaine de plantes fraîches et

---

[1] Il s'agit de la principale partie de l'examen, portant sur la reconnaissance des plantes.

d'une cinquantaine de plantes sèches. Cette reconnaissance est accompagnée de quelques questions variables portant essentiellement sur les familles de plantes, leurs caractéristiques, les moyens de séchage et de conservation. Les témoignages concordent pour affirmer qu'à Paris du moins, il n'y a aucune question sur les propriétés médicinales des plantes ou leurs modes d'utilisation et de préparation. Ainsi, en 1934, dans un article d'une revue syndicale, H. Jambon proteste contre ce « diplôme que les Facultés nous délivrent, après un simple examen de reconnaissance d'une centaine de plantes fraîches ou sèches prises parmi les flores locales (y compris les plantes toxiques) ». Et il ajoute : « Dans ces conditions, nous sommes sensés ignorer totalement le principe actif de chaque plante, l'usage et l'emploi médicinal » [*Bulletin de l'Amicale des anciens élèves de l'ENH*, n°10, 1934, p. 22]. Lors d'un entretien, réalisé en février 2012 dans son appartement, Anne Dupond[1], reçue herboriste à Paris en 1941, raconte son passage d'examen :

> *« L'examen portait sur cinquante plantes fraîches, cinquante plantes sèches. Une plante sèche, une plante fraîche, dix par table. Dix spécimens et dix tables. Et il fallait les reconnaitre, les tables, en cinq minutes. Donc en cinq minutes, il fallait reconnaitre la famille, la plante et puis le genre. Pas le genre mais l'espèce. […]. Alors il y avait quelques questions, quand les examinateurs voyaient qu'une personne avait fini à une table, bah ils allaient l'interroger, ils lui demandaient bah, je ne sais pas trop ce qu'il m'a demandé… Il a dû me demander ce que je connaissais comme solanacée. Et puis je dis "bah la tomate" ! Et puis ça ne me venait*

[1] Le nom a été modifié.

pas trop... Bah il dit : " il y en a une ! La pomme de terre". "Ah", je dis, "oui c'est vrai". »

Dans une lettre ouverte aux députés, écrite en 1929 et publiée dans la revue d'un syndicat herboristique[1], un herboriste est plus explicite encore. Il s'insurge :

« À la Faculté de Pharmacie de P.., sur trois tables sont réparties 90 plantes environ : 45 sèches et 45 vertes. Le candidat doit indiquer le nom de chacune et la famille à laquelle elle appartient. Une ou deux fois seulement, l'examinateur demandera comment fleurit telle plante, où elle pousse, ou fera énumérer quelques caractères externes qui peuvent permettre de la reconnaître.

***Mais aucune indication sur la Botanique générale (histologie et physiologie végétales); aucune question sur la Botanique médicale.** Le futur Herboriste doit-il recommander à son client de faire bouillir ou infuser la menthe? De faire bouillir ou macérer la gentiane? Doit-il savoir si la bourrache est diurétique??? Quel principe actif elle renferme? A quelle dose, il doit en conseiller l'emploi au client qui le lui demande??? » [La revue des herboristes,* février 1929, p. 8]

L'examen en lui-même ressemblait donc plutôt à un examen de botanique systématique. Dans un XIXe siècle où la pratique pharmaceutique est basée sur la plante[2], et sachant que les examens d'herboristerie étaient essentiellement contrôlés par des pharmaciens, la situation n'est pas si étrange : on comprend facilement que les pharmaciens n'aient pas cherché à s'assurer que les futurs

---

[1] L'herboristerie syndicale fait l'objet de la Partie II.

[2] La lecture du Codex ou des sujets de thèse des étudiants en pharmacie en sont des témoignages flagrants.

herboristes possèderaient les connaissances nécessaires pour empiéter sur leur monopole.

Mais la conséquence en est que cet examen semble faire de l'herboriste un simple débitant en plantes, dont le fond de la pratique consiste essentiellement à ne pas confondre une plante avec une autre, et non à fournir des conseils de santé. Dans le très beau texte que Louis Roux consacre à l'herboriste dans l'« encyclopédie morale », *Les français peints par eux-mêmes*, il écrit :

> *« L'école de pharmacie interdit absolument le savoir à ce commerçant ; elle inventorie son répertoire thérapeutique. Elle dit à l'herboriste : Tu n'iras pas plus loin !... Patenté pour le débit des plantes usuelles, il ne peut pas plus se permettre la thériaque*[1]*, qu'un théâtre de vaudeville le grand opéra, un bizet les épaulettes du colonel, un pauvre une voiture à quatre chevaux »* [Roux, 1840-1842, p. 253].

Ce qui n'était guère en accord avec la réalité des pratiques des herboristes avant la loi de germinal : Isabelle Aubry démontre clairement que les herboristes ne se contentaient pas de fournir des plantes sur indication du médecin, mais proposaient, d'eux-mêmes, des plantes et des préparations à base de plantes [Aubry, 1993].

À ce premier point s'en ajoute un second qui semble abonder dans le même sens : il n'a jamais été établi de formation reconnue par l'Etat en herboristerie. Si l'herboriste doit avoir « la connaissance des plantes médicinales, les précautions nécessaires pour leur dessiccation et leur conservation » [arrêté du 21 thermidor

[1] Préparation de l'Antiquité très complexe (comprenant plus de cinquante composants) et utilisée comme un contrepoison.

an XI, article 43], aucune école ou faculté n'est chargée de le lui enseigner. La loi du 21 germinal an XI charge le pharmacien de contrôler l'herboriste, elle ne le charge pas de le former. La chose est tellement étonnante qu'on s'y tromperait. Ainsi, on peut lire, dans une *Nouvelle encyclopédie spéciale pour le choix d'une carrière* publiée en 1908, que pour être herboriste, il faut suivre « pendant un an, des cours spéciaux dans une école de pharmacie » [p. 328]. Mais il n'en est rien. Le *Guide scolaire et administratif* de l'École Supérieure de Pharmacie de Paris le confirme :

> *« Aucun enseignement spécial n'est institué à l'École supérieure de Pharmacie de Paris pour l'instruction professionnelle des aspirants herboristes. Toutefois, ceux-ci peuvent être admis, sous réserve de justifier de leur identité, à suivre les cours de botanique professés à l'École. En outre, le jardin botanique de l'établissement leur est ouvert […]. »* [Université de Paris, « Guide scolaire et administratif […] pour l'année 1896-1897 », p. 59-60]

Si le pharmacien, moins prestigieux que le médecin, ne possède pas un « doctorat » mais un « diplôme » [Faure, 1993, p. 42], l'herboriste, moins prestigieux encore que le pharmacien, ne possède pas un « diplôme » mais bien un « certificat ». Le mot compte. L'examen sanctionne un niveau de connaissance, et non une formation.

Non seulement, le passage du certificat n'est assujetti à aucun cursus, mais il n'est demandé que peu, voire aucune formation scolaire au postulant. La loi de germinal ne mentionne aucun diplôme scolaire nécessaire à l'inscription. La situation évoluera avec l'arrêté du 1er août 1879 qui exige, des postulants au certificat de première classe, la réussite à un examen préparatoire. Celui-ci est décrit dans le *Guide scolaire et administratif* de l'Université de Paris pour l'année 1896 :

> *« Il porte sur les matières ci-après : 1° la lecture ; 2° l'orthographe (cette épreuve consiste en une dictée de vingt lignes de texte ; le maximum des fautes est fixé à cinq) ; 3° deux problèmes sur les quatre opérations fondamentales de l'arithmétique et portant spécialement sur les questions usuelles ; 4° notions élémentaires sur le système métrique. »*

L'examen préparatoire se présente donc comme une version simplifiée du certificat d'études primaires. De fait, la détention de ce dernier, de même que celle du brevet élémentaire (décret du 12 mai 1909), permet d'obtenir la dispense de cet examen. Mais si les herboristes de première classe doivent savoir lire, écrire et compter, il n'est toujours demandé aucun diplôme scolaire préalable aux postulants de deuxième classe. Il faudra attendre 1916, et la suppression de la deuxième classe, pour que l'examen préparatoire (à défaut de la possession du certificat d'études primaires ou du brevet élémentaire) soit exigé de tous les postulants. Or, en 1916, le « certif » n'est plus ce « baccalauréat des modestes » décrit par Patrick Cabanel [Cabanel, 2002, p. 10], réservé à une élite des classes modestes. En conséquence, de 1803 à 1941, il était possible de devenir herboriste avec un bagage scolaire faible, voire nul. À titre comparatif, il fallait un baccalauréat pour suivre les études de pharmacie [Fouassier, 2003, p. 419].

Comment quelqu'un qui ne sait ni lire, ni écrire, ni compter peut-il répondre à l'ordonnance d'un médecin ? L'absence totale de toute formation encadrée (ne serait-ce que par l'exigence d'un certain niveau scolaire), et un examen d'herboristerie dont le versant thérapeutique est inexistant, questionnent la volonté du législateur d'assimiler l'herboriste à un « sous-pharmacien ». Comme le note le député Jean-Maurice Adam, dans un rapport établi au nom de la Commission d'Hygiène et présenté devant la Chambre des Députés en 1932, « l'imprécision du statut actuel » de l'herboriste est telle qu' « en réalité il n'y a pas aujourd'hui de statut de l'herboristerie » [*Chambre des députés*, rapport annexé au procès-verbal de la 2e séance du 13 mars 1932].

II. Du statut de l'herboriste

1. Inconvénients et avantages de l'ambivalence

Pourquoi une telle ambivalence ? En créant le certificat d'herboriste, le législateur s'est probablement moins soucié de reconnaître un acteur de santé publique, que de limiter, par un examen, l'accès à une activité déjà existante. C'est peut-être par manque d'intérêt que le métier de l'herboriste a eu, dès 1803, un contour légal peu précis, un statut flou, et s'est trouvé dans un espace incertain entre le commerce et le soin. « Trop, ou trop peu ; plus que l'épicier, pas autant que le pharmacien, la nature lui a créé une position mixte entre les deux règnes ; la société, un sanctuaire à égale distance de la boutique et de la pharmacie » écrit Louis Roux /Roux, 1840].

Pendant la majeure partie du XIXe siècle, l'incertitude autour du statut de l'herboriste est d'autant plus forte qu'il n'existe aucune forme d'institutionnalisation, aucun organe de communication propre aux herboristes. Il faudra attendre 1874 pour que soit créée l'Association Amicale des Herboristes, et 1911 pour voir apparaître le premier journal corporatif, *L'herboriste.*

Or, ce manque de clarté pose des problèmes pour définir les limites d'exercice de l'herboriste. D'autant que dans sa pratique quotidienne, l'herboriste rencontre une notion qui manque de précision : celle du « médicament ». Ainsi que l'écrit l'historien Olivier Faure :

> *« Certains produits, comme les sirops, s'étendent de part et d'autre de la frontière floue qui sépare le pharmaceutique de l'alimentaire. Certains sont dans le codex (bourrache, mou de veau, violettes), mais d'autres servent aussi bien aux usages domestiques qu'aux soins en cas de maladie, comme les sirops de gomme, de capillaire, d'orgeat. Il n'existe finalement aucun principe net pour séparer les pharmaciens des illégaux et les remèdes des produits de consommation courante »* [Faure, 1993, p. 45].

Les droits des pharmaciens sont définis : ils peuvent préparer les médicaments ordonnés par un médecin qui en décrit la composition (préparation magistrale), ou ceux dont la recette est inscrite dans le Codex (préparation officinale) [Gaudillière, 2006, p. 68]. En revanche, ceux des herboristes ne sont jamais clairement explicités dans la loi. Si l'article 37 du titre IV de la loi du 21 germinal an XI autorise l'herboriste à vendre des plantes médicinales, il ne semble pas, pour autant, l'autoriser à vendre des préparations ou compositions s'apparentant à des « médicaments ». Lebeaud, dans son manuel d'herboristerie [Lebeaud, 1825, p. 170] cite l'Ordonnance de Police du 18 pluviose an IX (7 février 1801) dont l'article 4 stipule qu'« il est défendu aux épiciers et à tout autre, de fabriquer, vendre ou débiter aucuns sels, compositions ou préparations entrant au corps humain, en forme de médicament; ni de faire aucune mixtion de drogues simples, pour administrer en forme de médecine […] ». L'article 25 du titre IV de la loi du 21 germinal an

XI semble confirmer que l'herboriste n'a pas le droit de vendre des « médicaments » :

« Nul ne pourra obtenir de patente pour exercer la profession de pharmacien, ouvrir une officine de pharmacie, préparer, vendre ou débiter aucun médicament, s'il n'a été reçu suivant les formes voulues jusqu'à ce jour, ou s'il ne l'est dans l'une des écoles de pharmacie, ou par l'un des jurys, suivant celles qui sont établies par la présente loi, et après avoir rempli toutes les formalités qui y sont prescrites ».

Mais dans le cadre de l'herboristerie, à quel moment passe-t-on de la plante médicinale au « médicament » ? En particulier, faut-il considérer le mélange de plantes comme un médicament ? En 1926, un article écrit par Maître Paul Bogelot, avocat à la Cour de Paris pour la Société de Prévoyance des Pharmaciens de la Seine, publié dans l'*Union pharmaceutique*[1], rend bien compte des enjeux du problème :

« La question de savoir si les Herboristes ont ou n'ont pas le droit de vendre des mélanges de plantes a été longtemps discutée. [...] D'une part on disait; puisque l'herboriste a le droit de vendre en trois, quatre ou cinq paquets distincts telles et telles plantes que l'acheteur réunira dès qu'il sera chez lui pour les faire infuser en tisane, pourquoi n'aurait-il pas le droit de réunir lui-même ces diverses plantes en un seul paquet ou boîte? A cela on répondait : si l'herboriste fait lui-même les mélanges dans la proportion qu'il juge convenable il fait un véritable remède composé et seuls les

---

[1] *L'Union Pharmaceutique* est le journal de la Pharmacie Centrale de France, une entreprise fournissant les pharmaciens, créée en 1852 par François-Laurent-Marie Dorvault

pharmaciens ont le droit de vendre des remèdes composés. » [*L'Union pharmaceutique*, 1926, p. 212]

C'est probablement à l'aune de cette question qu'il faut interpréter certaines associations entre pharmaciens et herboristes. Ainsi, Georges Brodhurst raconte, dans un mémoire écrit en 1848, avoir demandé à un « ami » pharmacien de lui préparer un cordial, afin de ne pas être accusé d'exercice illégal de la pharmacie [Brodhurst, 1848]. Ou encore Simon, qui, dans un fascicule publicitaire non daté, indique avoir créé un « laboratoire » avec un pharmacien pour vendre des produits de sa fabrication [Simon, non daté].

Car en cas de reconnaissance d'un exercice illégal de la pharmacie, l'herboriste incriminé risque une amende fixée par l'article 4 de l'ordonnance de police du 18 pluviose an IX (7 février 1801) à 500 francs [citée par Lebeaud, 1825, p. 170]. Les amendes mentionnées dans l'*Union pharmaceutique,* ou dans la littérature syndicale herboristique de la première moitié du XXe siècle, tournent effectivement autour de ce chiffre.

Pour les adversaires de l'herboristerie, ces montants sont bien trop faibles. D'autant que selon les rédacteurs du *Journal,* cette amende serait souvent réduite « grâce à diverses influences de quartier ». Des médecins comme Louis Rénon [Rénon, 1906, p. 3] ou des pharmaciens comme Jules Caroz [Caroz, 1864, p. 61-62] se plaignent, dans leurs écrits, du peu de réactivité des autorités à sanctionner les herboristes. De fait, l'historien Olivier Faure souligne qu'au XIXe siècle du moins, les autorités montrent peu d'empressement à punir l'exercice illégal de la pharmacie et de la médecine, partant du principe qu'une médication, fusse-t-elle de mauvaise qualité, est préférable à l'absence de médication [Faure, 1993, p. 191]. Ce qui laisserait une marge de manœuvre à l'herboriste dans la mise au point de préparations à base de plantes.

Cette particularité de l'encadrement juridique de l'activité des herboristes, qui les situe dans un espace indéterminé entre le pharmacien et l'épicier, pose la question de la qualification de l'activité herboristique. L'herboristerie relevait-elle d'une « profession » à part entière ?

2. L'herboristerie : une profession ?

La loi reconnaît une existence légale à l'herboriste : est herboriste, légalement parlant, celui qui détient et a fait enregistrer son certificat. De ce point de vue, les herboristes, à partir de 1803, forment désormais un groupe d'individus identifiables, associé à une activité spécifique : la vente des plantes médicinales indigènes fraîches ou sèches. Pour qualifier l'activité de ces herboristes, les rédacteurs de la loi de germinal utilisent le terme de « profession ». De même, à partir de la moitié du XIXe siècle, les documents délivrés par l'École Supérieure de Pharmacie de Paris portent la mention : « certificat d'aptitude à la profession d'herboriste ». Mais si ce terme est utilisé dans les sources pour qualifier l'activité de l'herboriste, est-il le plus adapté ?

Des sociologues comme Andrew Abbott [Abbott, 1988] ou Everett Hughes [Hughes et Chapoulie, 1996] ont étudié la notion de « profession ». La lecture de leurs travaux témoigne que, même en prenant une définition aussi peu contraignante que celle proposée par Andrew Abbott (« des groupes plus ou moins exclusifs appliquant des connaissances plutôt abstraites à des cas particuliers »[1] [Abbott, 1988, p. 318]), la notion de « profession » ne va pas de soi pour qualifier l'activité de ces herboristes, du moins durant la majeure partie du XIXe siècle.

En premier lieu, l'absence d'enseignement propre aux postulants au certificat et les lacunes de l'examen ne permettent pas de circonscrire ces « connaissances plutôt abstraites » qui leur seraient propres, et qu'Andrew Abbott place au cœur de la notion de « profession ». D'autant plus, rappelons-le, que l'évaluation du savoir des postulants, qui est aussi la porte d'entrée pour devenir « herboriste », n'est pas contrôlée par des herboristes, mais par des pharmaciens. En outre, durant la majeure partie du XIXe siècle, il n'existe aucun outil (institution ou revue spécialisée) permettant l'émergence et l'identification d'un corpus de savoirs propres aux herboristes.

Everett Hughes, pour sa part, n'insiste pas tant sur l'existence d'une cohérence interne à la profession, que sur son rapport avec les autres professions qui lui sont proches. Une profession se doit de défendre son domaine de compétence par rapport aux acteurs qui l'entourent, ainsi que le « rôle » qu'elle est supposée jouer dans la société [Hughes et Chapoulie, 1996]. Or, d'une part, il n'existe pas, au XIXe siècle, de témoignages d'herboristes portant sur les limites entre leurs pratiques et celles du pharmacien ou de l'épicier, quand bien même les limites avec ces deux métiers sont discutables dans la loi de germinal. D'autre part, l'herboriste ne peut revendiquer, en s'appuyant sur la loi, un domaine de compétence qui lui

[1] « Professions are somewhat exclusive groups of individuals applying somewhat abstract knowledge to particular case ». Traduction de l'auteure.

soit propre, puisqu'il partage la vente des plantes médicinales au détail avec les pharmaciens.

Dans son ouvrage *The system of professions,* Andrew Abbott souligne la nécessité d'une « juridiction » propre à chaque profession, c'est-à-dire d'un savoir et d'une compétence technique reconnus en droit et dans l'espace public, et dont les frontières peuvent être âprement discutées [Abbott, 1988, p. 3]. Or ce n'est pas le cas pour l'herboriste. La loi de germinal alloue aux détenteurs du certificat un monopole sur le titre d'« herboriste » mais ne lui alloue pas un monopole sur la vente des plantes. Le législateur a seulement créé une entorse dans le monopole des pharmaciens, en permettant aux herboristes d'y accéder pour partie. Et, de fait, lorsque le certificat sera supprimé en 1941, la vente des plantes à usage thérapeutique retournera dans le seul monopole pharmaceutique.

Pour l'ensemble de ces raisons (pas de connaissances spécifiques, pas d'institutions propres, pas même de domaine de compétence propre), il serait inexact de qualifier, du moins pour la majeure partie du XIXe siècle et avant l'arrivée des syndicats, l'activité de ces herboristes comme une « profession ».

Si l'herboristerie ne peut être qualifiée de « profession » du moins durant le XIXe siècle, elle est davantage qu'une simple « activité », puisqu'elle exige un investissement dans un examen et est encadrée par la possession d'un certificat. Le terme le plus approprié est vraisemblablement celui de « métier », selon le définition qu'en donne l'Académie Française[1] : « travail dont une

[1] Bernard Zarca, pour sa part, définit le « métier » comme un groupe organisé et s'appuyant sur des représentations, c'est-à-dire un « travail symbolique nécessaire à la constitution puis au maintien de la cohésion

personne tire ses moyens d'existence et qui définit son état, sa condition ». Dans ce cadre, à l'image de l'utilisation qu'en fait le psychologue du travail Yves Clot dans un article de 2007, le « métier » vient s'intercaler à mi-chemin de l'« activité » et de la « profession ».

En revanche, après la création en 1874 du premier syndicat d'herboristes, une herboristerie inscrite dans des institutions va alors pouvoir se développer. L'herboristerie syndicale se caractérisera alors par la création d'un ensemble de signes distinctifs (hymne, école syndicale d'herboristerie, revues corporatives, identification de valeurs-clés supposées caractériser l'herboriste, etc.). La présence de ces signes, visant à organiser et rendre visible le groupe, questionne, alors, l'application du terme de « profession » à l'activité des herboristes syndiqués. Cette discussion sera donc abordée dans la seconde partie de cet ouvrage.

Mais si la qualification de l'activité des herboristes est difficile à cerner, il n'en demeure pas moins que, dès le XIXe siècle, le certificat connaît un véritable succès, attirant sans cesse de nouveaux postulants.

---

du groupe, voire à sa redéfinition lorsqu'il devient important d'en modifier les frontières pour lui conserver sa visibilité et son poids fonctionnel, et processus de désignation des agents habilités à effectuer un tel travail, à parler et à agir au nom du groupe » [Zarca, 1988, p. 247]. Il apparaît clairement que cette définition du « métier » ne correspond pas à l'activité des herboristes durant la majeure partie du XIXème siècle, puisqu'il n'y a pas réellement de cohésion de groupe et de « travail symbolique ».

III. À propos de profils socio-économiques

1. Quelques éléments de statistique

L'analyse des registres de l'École Supérieure de Pharmacie de Paris, montre que celle-ci a organisé jusqu'à 245 examens d'herboristerie en une année[1]. Ce graphique, établi en comptabilisant les passages d'examen mentionnés dans les registres, montre que les chiffres présentent globalement une progression générale, ralentie cependant par les guerres et, probablement, les crises économiques et sociales des années 1880 :

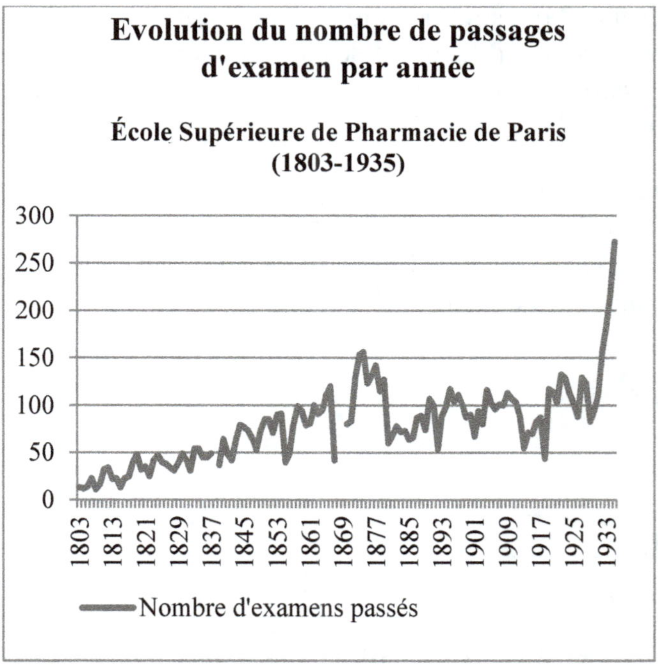

[1] 1935

Les listes préfectorales, disponibles entre 1805 et 1860, témoignent qu'à l'augmentation du nombre de postulants répond l'augmentation du nombre d'herboristes établis à Paris : Paris et les communes rurales du département de la Seine comprennent 204 herboristeries en 1805, 370 en 1835, 571 en 1860. Ces listes préfectorales mentionnent le lieu d'obtention du certificat, ce qui permet d'affirmer que près de 90% des herboristes installés à Paris et dans les communes rurales, entre 1805 et 1860, étaient diplômés de l'École Supérieure de Pharmacie de Paris[1].

En l'absence de travaux sur la question, il n'est pas possible de comparer le nombre de postulants à Paris et dans les autres villes. Mais il semblerait, cependant, que Paris et ses alentours ont concentré une part importante des herboristeries françaises, du moins à la fin du XIXe siècle et dans la première moitié du XXe siècle. D'après un rédacteur de *l'Union pharmaceutique* [*Union pharmaceutique n°6,* 1888, p. 188], sur les 983 herboristes diplômés en 1888, 729 étaient établis dans le seul département de la Seine, soit 74,2%. Selon *Le guide de l'inspecteur en Pharmacie* de Roux et Guignard [reproduit par Compain, 1939, p. 646-647], en 1906, la préfecture a recensé 488 herboristeries dans le seul département de la Seine sur les 943 existantes sur le territoire, soit près de 52%. Le Ministère de l'Intérieur a établi, en 1916, que sur les 1 220 herboristes installés en France, 43,3% se trouvent dans le département de la Seine, chiffre porté à 46% si l'on considère la région Ile-de-France [Sénat, *Impressions : projets, propositions, rapports [...],* 29 juin 1916, p. 5] :

---

[1]Rappelons que Paris n'est pas le seul lieu qui délivre des certificats d'herboriste. L'examen existe dans les autres Écoles Supérieures de Pharmacie, dans les Écoles Préparatoires de Médecine et de Pharmacie (à partir de 1854), puis dans les Facultés de Pharmacie, les Facultés mixtes de Pharmacie et de Médecine, les Écoles de plein exercice et les Écoles Préparatoires de Médecine et de Pharmacie (à partir de 1920).

Répartition des herboristes diplômés

France métropolitaine, 1916

D'après des chiffres donnés par le Ministère de l'Intérieur

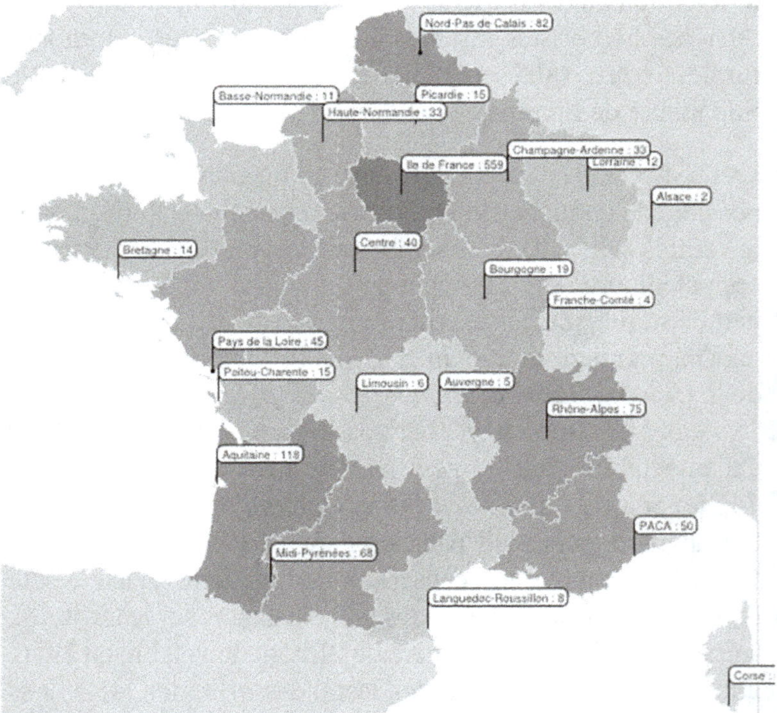

Les dossiers des archives de l'École Supérieure de Pharmacie de Paris (couvrant la période 1883-1941) révèlent la diversité des milieux sociaux d'où proviennent les postulants : le fils du médecin côtoie la fille du journalier. Le père de celle-là est ouvrier, de celui-ci cordonnier, tel autre est le fils d'un serrurier et celui-là d'un boulanger… Mais si les métiers exercés par les pères[1] des candidats sont d'une grande diversité, leurs proportions témoignent que les postulants en herboristerie sont essentiellement issus de milieux qualifiables de « modestes ». Les groupes professionnels les plus représentés sont les artisans (21,8% des métiers mentionnés) et les petits commerçants (15,5% des métiers mentionnés). Ils sont marchands de nouveautés, épiciers, cordonniers, gérants d'un débit de tabac, ébénistes, teinturiers, marchands de légumes, tapissiers, receveurs-buralistes, marchands de beurre, horlogers, etc. Viennent ensuite les journaliers et les ouvriers (7% des métiers mentionnés), ces derniers étant surtout des ouvriers spécialisés : caoutchoutiers, tréfileurs, ouvriers-forgerons, corroyeurs, polisseurs, couseurs à la machine, ouvriers-terrassiers, chaufourniers, fondeurs, etc. Suivent ensuite de multiples corps de métiers comme les agriculteurs, les enseignants, les soldats, les employés de maison, les policiers et gendarmes, les employés de l'administration, les marins, les entrepreneurs, les inventeurs, les journalistes, les garçons de restaurant, les concierges, les artistes, etc. Auxquels s'ajoutent ceux qui n'ont pas de métier.

---

[1] Les professions des mères ne sont souvent pas mentionnées, ou elles sont notées comme ne travaillant pas. Ces données répondent davantage à une situation où la femme qui travaille était mal considérée [voir notamment Schweitzer, 2002] qu'à une réalité sociale. Les professions des mères des postulants n'ont donc pas été prises en compte dans l'analyse.

De même, différents documents trouvés dans les dossiers des postulants au certificat (1883-1941), notamment les certificats d'identité, indiquent que nombre de postulants exercent déjà un métier. Dans les faits, il est difficile de préciser exactement la part des postulants travaillant ou ne travaillant pas, ainsi que les métiers exercés. Les certificats d'identités et/ou de moralité ne précisent pas nécessairement l'activité professionnelle. Par ailleurs, les femmes, en particulier, préfèrent souvent passer sous silence le fait qu'elles travaillent. On peut ainsi trouver, pour une même candidate, plusieurs certificats d'identités, parfois dans un intervalle de temps n'excédant pas une année, dont certains indiquent qu'elle ne travaille pas, tandis que d'autres mentionnent l'exercice d'un métier. Mais, si l'exactitude des chiffres est sujette à caution, l'aperçu général donné par les dossiers des postulants de l'École de Pharmacie (1883-1941) témoigne de la grande diversité des métiers exercés par les postulants, lesquels confirment leur origine sociale souvent modeste. L'activité de certains est en lien avec l'herboristerie, comme la culture des plantes au sens large (jardiniers, fleuristes, cultivateurs, etc.), la santé en général (employés de pharmacie, sages-femmes, infirmières, gardes-malades, masseurs, etc.) ou le petit commerce (droguistes, épiciers, parfumeurs, débitants, employés de commerce, etc.). Mais, chose étonnante, ces métiers ne représentent pas la majorité. Elles sont plutôt couturières, corsetières, domestiques, téléphonistes, blanchisseuses, giletières, secrétaires, etc. Ils sont plutôt confiseurs, employés au ministère, ouvriers céramistes, chefs tôlier, ingénieurs civils, fabricants de casquettes, aides comptables, etc.

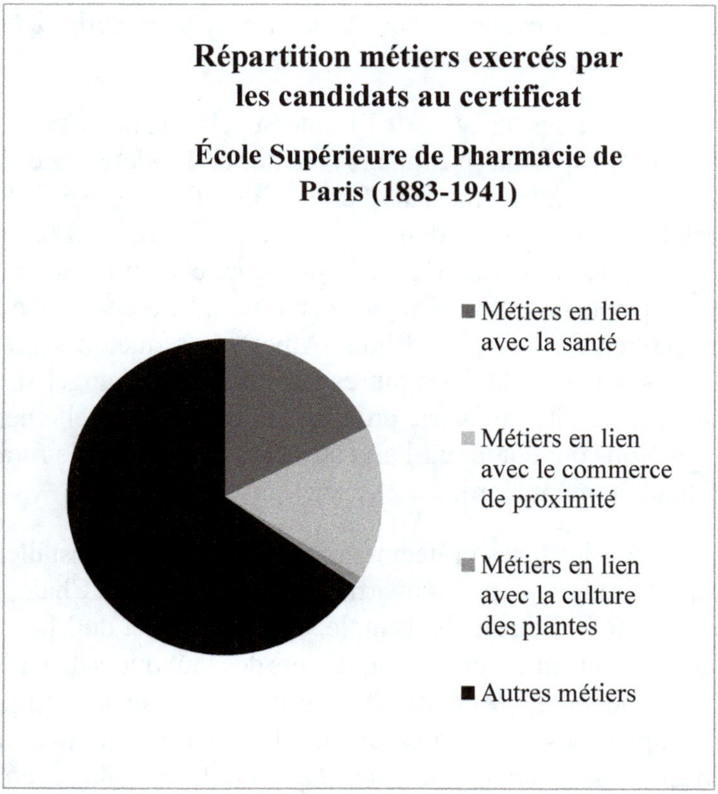

Les âges des postulants, comme les métiers exercés, présentent de grandes variations. L'âge minimum légal pour passer le certificat était de 21 ans. Quelques rares dispenses d'âge, dans la première moitié du XIXe siècle, ont permis à des postulants âgés de 18 à 20 ans de passer le certificat. À l'autre bout de la fourchette, certains candidats ont passé leur certificat à des âges plus avancés : Mme Gamo avait 59 ans, M. Humbert 58 ans, M. Aubry 56 ans, etc. Cependant, une constante se dégage : la moyenne d'âge tourne autour de 30 ans pour l'ensemble de la période 1803-1941. Un âge étonnamment tardif pour un examen qui n'exigeait ni passage par une formation spécifique, ni parcours scolaire approfondi. Cette caractéristique prend probablement sens à la lumière des utilisations économiques du certificat par les herboristes, objet du chapitre suivant.

L'analyse des registres de l'École Supérieure nous indique que près de 45% des postulants sont nés en Ile-de-France, 20 % à 35 % d'entre eux dans Paris même. Près de 6,5% des postulants sont nés dans la région Centre, 4,1% en Champagne-Ardenne, 5% en Bourgogne, 6% en Picardie et 4% en Rhône-Alpes. Ces régions entourent l'Ile-de-France (à l'exception de la région Rhône-Alpes). Les quelques 30% restants sont nés dans les autres régions et à l'étranger. Les postulants en herboristerie proviennent donc essentiellement des régions qui entourent Paris et sont issus de l'exode rural, particulièrement marqué à cette époque.

D'après les listes préfectorales, les herboristes s'installent majoritairement dans les quartiers de St Martin des Champs, de la Porte St Martin, du Temple, de Babylone et du Marais. Ceux-ci sont, en général, des quartiers des faubourgs de Paris, plus populaires que ceux du centre. Cette caractéristique n'échappe pas aux observateurs de l'époque. Ainsi, un rédacteur de l'*Union pharmaceutique* écrit, en 1888 : « on a remarqué que c'est dans les quartiers les plus pauvres que les herboristes s'établissent de préférence. Le VIIe et le VIIIe arrondissement, quartiers riches, n'en comptent que 19 et 14. Le XIIe arrondissement, qui comprend le faubourg Saint-Antoine, en a 72 » [*L'Union pharmaceutique* n°6, 1888, p. 188].

Cette caractéristique trouve un large écho dans la littérature romanesque, les auteurs soulignant le niveau social de leurs personnages. Angèle l'herboriste, décrite par Montépin, tient une boutique aux Batignolles, dans une rue fréquentée par des ouvriers [Montépin, 1888]. Le Père Eloi, décrit par Constant Nainville, habite « dans une rue des vieux quartiers, dans cette partie de la ville où loge une population essentiellement ignorante, arriérée » [Nainville, 1878, p. 29]. André Dumon habite « une baraque, toute décrépite, dont un chiffonnier bien né n'eût pas voulu pour chiffonnière » [Houssaye, 1864, p. 25]. Au quartier populaire répond une origine humble. Madame Vireloche, décrite par Alexandre Boutique, est une fille d'ouvrier [Boutique, 1893]. L'herboriste Picard n'a pas fait d'étude [Foa, non daté]. Ainsi, la littérature romanesque dépeint l'herboriste essentiellement comme un personnage d'origine modeste, confiné aux quartiers les plus populaires.

2. Du niveau scolaire des postulants en herboristerie

Au début du XIXe siècle, certains postulants au certificat écrivent avec difficulté, ainsi qu'en témoigne les listes d'émargement de l'École Supérieure. D'autres ne savent pas signer. On peut ainsi lire, dans le registre des admissions pour l'année 1834, en marge de l'inscription de Louis Léonard Turillou : « Nous soussignés reconnaissons que le dit signa tient lieu de signature : la personne ayant déclaré ne pas savoir signer ». Ce qui, si l'on prend exemple sur le travail de François Furet et Jacques Ozouf [Furet et Ozouf, 1977], indique vraisemblablement également une incapacité à écrire et à lire.

Mais du début du XIXe siècle à sa fin, le niveau d'étude des postulants a fortement progressé. L'analyse des classes mentionnées dans les registres montre qu'à la fin du siècle, la majorité des postulants appartiennent à la première classe (78% environ des passages d'examen à partir de 1891), ce qui signifie qu'ils savent lire, écrire et compter. Après 1894, ils sont majoritairement dispensés de l'examen préparatoire, ce qui implique qu'ils possédaient un diplôme au moins[1] équivalent au certificat d'études primaires. Rien d'étonnant en cela : les postulants ayant tenté leur certificat d'herboriste dans les années 1890 ont passé leur certificat d'études primaires dans les années 1870[2], lesquelles représentent l'apogée de la diffusion du certificat d'études [Cabanel, 2002]. L'évolution globale du niveau d'étude des postulants au certificat d'herboriste suit donc le mouvement national d'alphabétisation, qui est, selon François Furet et Jacques Ozouf, couronné bien plus qu'impulsé par les lois de Jules Ferry de 1881-1882 [Furet et Ozouf, 1977].

Cette évolution générale du niveau scolaire des postulants cache de très fortes disparités entre eux. La consultation de leurs lettres en livre un premier témoignage : la maîtrise de la plume y est variable. Certains candidats, comme Abel Terrasson, sont visiblement à l'aise avec l'écriture d'une lettre. En 1933, il termine sa demande de renseignement par :

> *« Dans l'espoir Monsieur le Doyen que vous voudrez bien guider mes pas, je vous adresse mes remerciements anticipés et l'assurance de ma haute considération »*

Il en est de même de Mlle Faroche, qui conclue sa lettre, datée de 1903, par les mots suivants :

---

[1] Si l'on se fie aux fiches des étudiants des archives de l'École Supérieure de Pharmacie de Paris, la majorité ne mentionne que le certificat d'études primaires ou le brevet élémentaire. Il est très rare de voir, dans ces fiches, la mention d'une licence ou même d'un baccalauréat. Mais étant donné que de tels diplômes n'étaient pas exigés, il est possible que certains postulants ne mentionnaient pas leur niveau d'étude réel, se contentant de présenter leur certificat d'études primaires.

[2] Du fait que la majorité des enfants passant leur certificat d'études primaires avait 11 ans, et que la moyenne d'âge du passage du certificat d'herboristerie était de 30 ans.

« Je viens donc vous prier Monsieur le Doyen de vouloir bien prendre en considération notre situation et m'accorder la faveur d'une dispense. Je vous présente Monsieur le Doyen avec tous mes remerciements mes bien respectueuses salutations »

D'autres, en revanche, sont bien moins à l'aise avec le choix du vocabulaire et l'organisation de leurs phrases. Mme Henriette Choisy raconte, en 1906 :

« Lorsque j'ai pris cette boutique c'était en novembre 1900 moment que je me présentais à l'examen mais étant arrivée en retard par suite d'un accident survenu au cocher de fiacre en cours de route ; j'arrivais donc tout émotionnée, je subis malgré cela les épreuves sans toutefois être reçue »

Quant à Mme Marie Adeline Fouache, elle écrit en 1908 :

« Monsieur voulez-vous avoir la bonté de me dire si le certificat ci joint peut suffire pour l'autorisation maritale comme j'ai l'intention d'obtenir mon certificat d'herboriste et que mon mari est à Ville-Evrard[1] *comme vous le verrez sur le dit certificat et que la Préfecture ne peut me délivrer autre chose que ce certificat : est-ce suffisant »*

Un rapport établi par le sénateur Paul Strauss en 1916 mentionne qu'un grand nombre d'herboristes de deuxième classe ignore « les notions les plus élémentaires de l'orthographe ». Selon le *Dictionnaire usuel de législation* d'Ernest Cadet, ces derniers représentaient, en 1905-1906, encore 32,5% des herboristes diplômés [Cadet, 1911, p. 575].

---

[1] Il s'agit vraisemblablement d'un hôpital, possiblement psychiatrique, puisque son mari est dans l'incapacité de signer une autorisation maritale.

Mais ce chiffre est probablement exagéré. L'analyse des archives de l'École Supérieure de Pharmacie de Paris montre que les postulants à la deuxième classe représentaient plutôt autour de 22% des passages d'examen de la première moitié du XXe siècle.

En 1916, la suppression de la seconde classe nivelle les niveaux d'études, en impliquant la nécessité pour tous les postulants de passer l'examen préparatoire ou, à défaut, de posséder au moins le certificat d'études primaires. Après 1916, l'herboriste saura lire, écrire et compter, ou ne sera pas. Mais en 1916, l'obtention du certificat d'études primaires est accessible à un grand nombre et ne représente pas le même enjeu que lors de la création des deux classes en 1854 [Cabanel, 2002 ; Savoie, 2000]. La suppression de la deuxième classe en 1916 n'a donc pas entraîné la fermeture du métier d'herboriste pour les personnes n'ayant pas une forte culture scolaire.

Généralement peu diplômés à la base, les herboristes vont alors investir leur certificat d'une valeur de prestige. Il semble bien que de leur point de vue, c'est bien un titre et non un simple papier autorisant la vente de plantes indigènes. En 1924, un herboriste syndiqué écrira que les herboristes reçus « ont le droit d'être fiers de leur diplôme » [*L'herboristerie française,* février 1924]. Dès son instauration, la première classe, loin de n'être qu'une question administrative, véhicule l'image d'une qualité supérieure. Nombreux sont ceux qui, comme Chamboeuf [Chamboeuf, 1877], Simon [Simon, non daté] ou ici Claverie [Claverie, non datée], mentionnent leur classe dans leurs brochures publicitaires. La classe devint un argument commercial attestant de la valeur de l'herboriste :

Publicité pour Mme Claverie, « herboriste de 1re classe », non datée

Cette caractéristique entraîne une course à la première classe. À Paris, passer le certificat de première ou de deuxième classe coûte le même prix : 100 francs[1]. En observant les fiches de suivi des élèves contenues dans les dossiers des postulants, il apparaît que la majorité des postulants tente la première classe. Cela semble répondre à une stratégie. S'ils échouent à l'examen préparatoire, ils n'y perdent rien au passage : ils passent simplement en deuxième classe. Ainsi, les deux classes ne présentent pas réellement, au départ, deux groupes distincts de postulants.

Outre la première classe, les herboristes semblent récupérer une part du prestige lié à l'établissement dans lequel ils ont passé leur certificat, qu'ils mentionnent couramment dans leurs publicités ou écrits. De même, ils préfèrent se dire « diplômés » que « certifiés ». Le

[1] En province, le certificat de deuxième classe coûte deux fois moins.

phénomène est surtout visible dans la première moitié du XXe siècle, ce qui n'est guère étonnant : c'est à la fois la période où le nombre d'herboristes est le plus important, et celle pour laquelle les données plublicitaires sont les plus nombreuses. Ainsi L. Lauguens, dans une publicité datant de 1907, note qu'il est « herboriste diplômé de la Faculté de Médecine et de Pharmacie de Bordeaux » [*La lecture française,* n°8, janvier 1907, p. 266].

Cette volonté de témoigner de la valeur du certificat, par l'École qui l'a délivré, passe parfois par une légère torsion des faits. Toujours dans une publicité, un certain Sueur se dit « Herboriste Diplômé de la Faculté de Médecine, Bandagiste récompensé aux Expositions Internationales, 2 Médailles d'Or, 2 Diplômes d'honneur, Grand Prix Hors Concours Paris 1900 » [*A la voile,* n°11, février 1903, dos de couverture]. L'accumulation des titres et des lettres majuscules témoigne bien de cette recherche du prestige. Mais lorsque Sueur se dit diplômé « de la Faculté de Médecine », il omet une partie de l'information : il ne peut avoir eu son certificat que dans une Faculté mixte de Pharmacie et de Médecine. Probablement a-t-il trouvé que la « médecine » était plus valorisante que la « pharmacie ». Dans une petite annonce, une professeure donnant des cours d'herboristerie à Paris va jusqu'à écrire qu'elle possède un « Diplôme supérieur de l'École de Pharmacie de Paris » [*L'herboriste,* n°13, janvier 1912, p. 4], ce qui, bien sûr, n'existe pas. Après la suppression du certificat, la valorisation du diplôme continuera à s'ancrer dans le prestige de la Faculté qui l'a délivré. Ainsi, Marie Antoinette Mulot précisera régulièrement, dans ses interviews, qu'elle a été diplômée à la Faculté de Montpellier, Suzanne Robert mentionnera sur la couverture de son livre qu'elle est « herboriste diplômée de la Faculté de Pharmacie de Paris » [Robert, 1986], Eugène Blisson ira jusqu'à écrire, dans son ouvrage, qu'il est « herboriste de la Faculté de Montpellier »[1] [Blisson, 1961], etc.

La création du certificat d'herboriste a donc permis le développement d'une forme de valorisation du métier, en fonction de la classe et de l'École (ou Faculté) qui l'a délivré. Ce qui ne laisse pas indifférent. Un certain Miramont-Graux, dans un ouvrage écrit en 1863 et portant sur la situation de la pharmacie française, écrit que ces diplômes « font supposer la science du métier ». Et lorsque la situation ne suscite pas la colère, elle suscite les railleries. « L'herboriste - de première classe, toujours !- est au pharmacien - il n'y en a pas de deuxième classe- ce qu'une pluie de confetti peut être a une grêle de mitraille » ironise le romancier Alexandre Boutique [Boutique, 1893, p. 104].

L'image d'un herboriste diplômé, mais fondamentalement ignorant, trouve sa place dans la littérature romanesque, l'herboriste apparaissant parfois bien loin de l'Homme de Science respecté. Dans les romans-feuilletons, mais surtout dans les pièces de théâtre et les vaudevilles, le personnage de l'herboriste est bien souvent le « dindon de la farce ». Ainsi, les auteurs d'une comédie-vaudeville, écrite en 1855, se moquent d'un herboriste prétentieux qui se dit « reçu par la Faculté de Paris » et qui « fait des élèves » [frères Cogniard, 1855, p. 2]. Dans le vaudeville *Prosper et Vincent* de F. A. Duvert [1877], le héros, Vincent, est un garçon herboriste maladroit et pas très malin, pauvre de naissance, mais pris pour le fils d'un couple riche (s'ensuivent des situations burlesques au détriment de l'herboriste….). Le tableau *La providence des ménages* raconte l'histoire de Théodule Beauminet, « ancien herboriste patenté », inventeur du

[1] L'absence de la mention « diplômé de » ou « certifié de » est d'ailleurs ici particulièrement représentative, le rattachement à l'institution étant, alors, encore plus flagrant.

« sirop philharmonique » et d'un cirage un peu spécial (« il ne brille pas ; mais il pue ! ») [Le Duc, 1887]. Dans *Le bal du sauvage* des frères Cogniard et d'A. Bourgeois [1854], l'héroïne est la jolie nièce d'un herboriste, courtisée par trois hommes. Son oncle ne veut pas qu'elle fréquente ces garçons. Elle déjoue néanmoins sa surveillance pour aller à un bal masqué. Son oncle la pourchasse mais ne reconnaît ni sa nièce, ni les amoureux sous leurs déguisements, lesquels se jouent du pauvre herboriste. Dans le roman *Jean* [1855], P. de Kock décrit un herboriste bon enfant, mais un peu simplet, déconnecté de la réalité, uniquement occupé par ses tisanes et ses plantes. Il est l'objet des railleries de sa femme et de sa servante, par exemple lorsqu'il décide de donner un bain de sureau à son nouveau-né. Dans *Un mari infortuné*, la femme d'un herboriste « pas très vieux, mais ayant l'air d'un pantin » le trompe avec un médecin, sous le toit conjugal. L'amant pousse l'audace jusqu'à faire payer au mari trompé les dites « consultations » qu'il accorde à sa femme [Henry, 1882, p. 226]. Autre histoire encore, celle d'un herboriste qui, ayant vu des suçons sur les seins de sa femme, apprend qu'elle le trompe avec son voisin. Pour toute vengeance, il va chez son voisin et lui donne…une simple claque [*Le Rire : journal humoristique*, 2 février 1907, p. 6]. La liste des exemples est longue. Mais le plus représentatif reste le vaudeville *L'ahuri de Chaillot* (1867) de A. Delormel, l'« ahuri » en question étant précisément l'herboriste. Cet homme, qui s'appelle Chrysostôme Pantaléon Détraqué (le nom seul situe le personnage), est amoureux d'une jeune femme, Herminie, elle-même amoureuse de Didier. Didier et ses amis vont jouer des tours à l'herboriste afin de l'empêcher d'interrompre la cérémonie de mariage entre Herminie et Didier. L'auteur est sans pitié pour l'herboriste qui y est présenté comme un personnage parfaitement ridicule.

Bien sûr, il ne s'agit ici que de romans ou de pièces de théâtre, et les traits de caractère des personnages s'intègrent dans des conventions littéraires qui en accentuent l'aspect ridicule. Mais ces personnages dont on se joue, ou qui se retrouvent dans des situations risibles, ne témoignent-ils pas, dans une certaine mesure, d'une perception populaire et caricaturale de l'herboriste ? Le personnage ici décrit n'est pas un homme méchant. Mais c'est un être peu cultivé et caractérisé par sa bêtise, un « homme naïf, qui avait puisé un grand fonds de candeur dans la fréquentation des simples » [*La Lanterne de Boquillon*, 26ème année, n° 1049, 18 juin 1893, p. 11].

3. Un métier de femme

L'examen du certificat d'herboriste était ouvert aux femmes autant qu'aux hommes, avec l'autorisation de leurs maris le cas échéant. Ce graphique présente l'évolution du nombre de femmes et d'hommes candidats au certificat à l'Ecole Supérieure de Pharmacie de Paris :

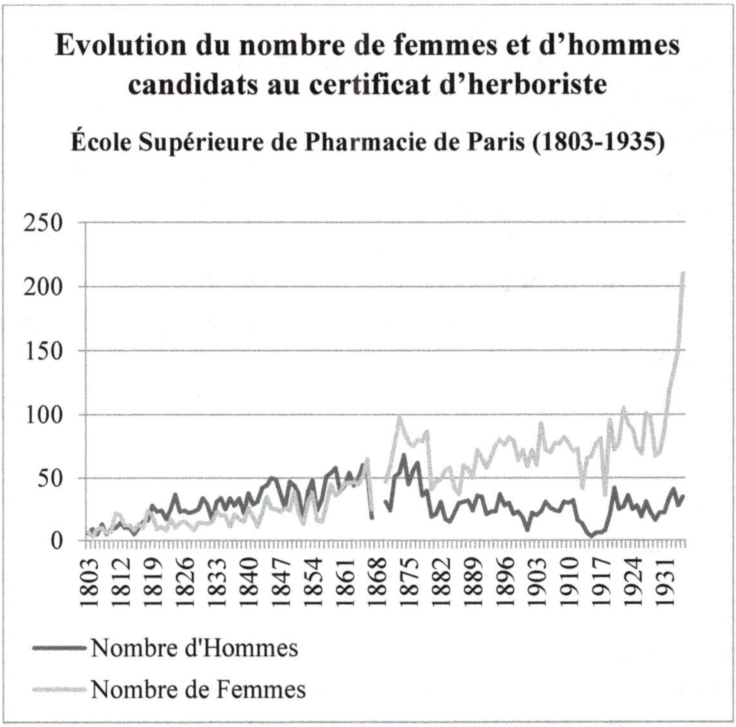

Si le nombre de candidats hommes au certificat est légèrement plus grand que le nombre de femmes entre 1803 et les années 1860, la tendance s'inverse fortement par la suite. Sans cesse plus nombreuses, elles représentent la majorité des postulants des années 1870 jusqu'à la suppression du certificat. Le pic est atteint en 1935, où elles constituent 87,6% des 245 candidats. À L'inverse, le nombre d'hommes suit une ligne globalement descendante à partir des années 1870, marquée, ici encore, par la présence des guerres (celle de 1870 mais surtout celle de 1914-1918).

À titre anecdotique, un syndicaliste du nom de Fortuné Fornier écrira, dans un journal corporatif de 1924, que les examinateurs sont plus indulgents pour les femmes que pour les hommes [*L'herboristerie française,* n°2, février 1924, p. 1]. L'étude des registres n'abonde pas dans son sens, mais la remarque témoigne bien de la perception de cette arrivée massive des femmes. « Je n'ai jamais vu d'homme. Ah non jamais jamais. Il n'y avait pas d'homme dans notre cours » dira Mme Marie Durand[1], diplômée en 1941, à Laurent Rebillard[2], lors d'un entretien enregistré. En analysant plus finement les registres, il apparaît que cette arrivée est surtout le fait de demoiselles, mais aussi de femmes veuves et divorcées :

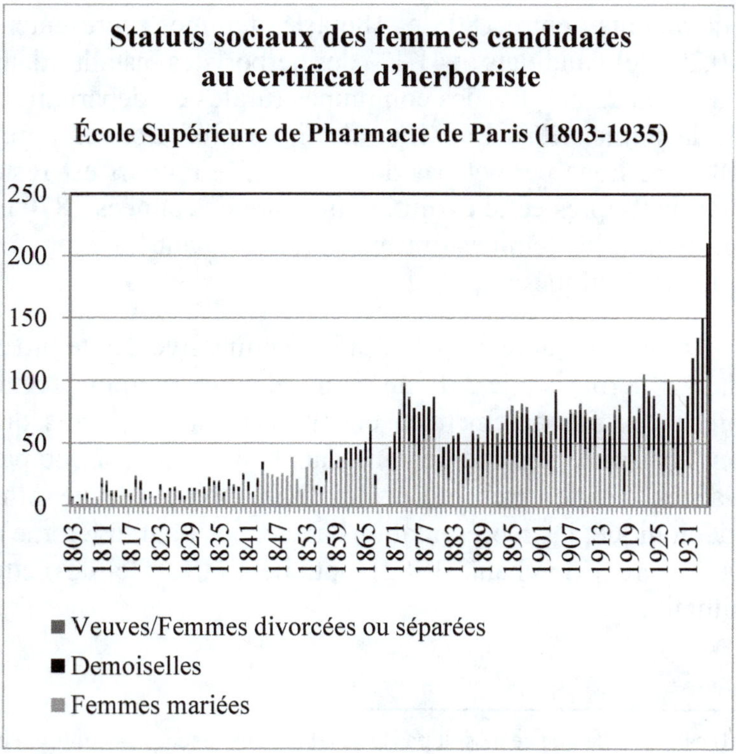

[1] Le nom a été modifié.

[2] Entretien enregistré et communiqué par Laurent Rebillard.

La moyenne d'âge de ces demoiselles tend vers 29 ans dans la seconde moitié du XIXe siècle. Sachant que l'âge moyen du mariage à cette époque était de 24-25 ans [Houdaille et Henry, 1979], l'arrivée de ces demoiselles ne représente pas tant une marque d'intérêt de jeunes femmes pour ce métier, qu'un investissement dans l'herboristerie par des femmes non mariées.

La proportion entre les postulants hommes et femmes se retrouve chez les herboristes installés, du moins dans la première moitié du XIXe siècle. Les ordres de grandeur sont équivalents : entre 1803 et 1860, les femmes représentent 40,2% des candidats et 41,1% des herboristes installés dans Paris, ou dans l'une des communes rurales du département de la Seine. Mais l'absence de listes préfectorales après 1860 ne nous permet pas de savoir si le rapport est resté équilibré après cette évolution majeure des années 1870 et si, de fait, les femmes ont bien investi autant les examens que les boutiques[1].

Qu'est-ce qui explique la présence massive des femmes dans l'herboristerie ? D'un point de vie pratique, cette présence a probablement été encouragée par les guerres, qui ont abaissé le nombre de candidats hommes, ainsi que par l'accès des femmes à l'école. D'un point de vue plus idéologique, les représentations anciennes liant la femme à la Nature [Merchant, 1982] ont, peut-être, facilité cette situation.

[1] Il est possible que ce ne soit pas le cas. Plusieurs exemples témoignent de femmes qui ont passé leur certificat « au cas où », si l'économie domestique en vient à nécessiter l'ouverture d'une boutique (par exemple, suite à la disparition du mari). D'autres ont quitté l'herboristerie après leur mariage (ces différents aspects sont abordés dans le chapitre II). Mais en l'absence de chiffres, il est impossible de dire si de telles situations étaient significatives.

Mais qu'il s'agisse là d'une cause ou d'une conséquence, le fait est que l'herboristerie devint, sous certains aspects, un « métier de femme ». Et les différents *guides pour jeunes filles dans choix d'une profession* [comme Paquet-Mille, 1891, p. 25 ; Bonnefoy, 1912, p. 361] ne s'y trompent pas. Au-delà des guides, des journaux divers, particulièrement dans la première moitié du XXe siècle, s'en font l'écho. « Une profession féminine : l'herboristerie » titre *Les dimanches de la femme* [*Les dimanches de la femme : supplément de la « Mode du jour »,* 12 août 1934, p. 15]. « Le choix d'un métier pour votre fille : l'herboristerie » renchérit *L'Ouest-Eclair.* Le journaliste va jusqu'à conclure que, dans ce métier, « on ne rencontre pas de concurrence masculine » [*L'Ouest-Éclair,* 6 avril 1938, p. 5].

Des historiennes comme Michelle Perrot [Perrot, 1987], Josiane Pinto [Pinto, 1987], Delphine Gardey [Gardey, 2001] ou encore Françoise Battagliola [Battagliola, 2008] ont cherché à mettre à jour les caractéristiques de ces métiers exercés, ou supposés être exercés, par des femmes. Josiane Pinto, dans son étude sur la profession de secrétaire, montre que le « métier féminin » n'est pas tant caractérisé par une forte présence statistique des femmes, mais plutôt par le fait que son exercice est supposé nécessiter des qualités proprement « féminines », selon une représentation de la femme domestiquée par des formes conventionnelles [Pinto, 1987]. Ainsi, les femmes sont supposées être ponctuelles, dociles, minutieuses, des caractères supposés naturels qui feraient d'elles, par exemple, de bonnes dactylographes [Gardey, 2001, p. 74]. Selon Michelle Perrot, la notion de « métier de femme » a pris corps au XIXe siècle, encouragée par une conjoncture générale de professionnalisation, et par un équilibre démographique qui favorisait l'appel aux femmes [Perrot, 1987, p. 5]. Dans ces types de métier, les compétences individuelles des femmes sont gommées, et seules sont valorisées leurs compétences ordinaires supposées [Gardey, 2001, p. 85-86]. Ces représentations les tiennent éloignées des postes à responsabilité, dans un contexte où le travail de la femme est supposé n'être qu'un complément dans l'économie familiale.

Ce type de représentations trouve son écho dans l'herboristerie. Pour être herboriste, il faut être « ordonnée, soigneuse » [*L'Ouest-Eclair,* 6 avril 1938], « modeste » [Paquet-Mille, 1891, p. 25]. Le métier est « compatible avec les occupations de mère de famille » selon un journaliste de *L'Ouest-Eclair* [*L'Ouest-Eclair,* 17 avril 1931, p. 11], supposée être la première tâche de la femme [Perrot, 1987, p.3]. Car, de fait, ainsi qu'il en sera fait mention ultérieurement[1], le lieu de la boutique est aussi le lieu où vit la famille, ce qui permet d'éviter à la femme d'avoir à se déplacer, ou à se séparer de ses enfants pour aller travailler. C'est donc sans surprise qu'une annonce du *Petit journal* du 23 février 1869 nous apprend que la Société pour l'Enseignement Professionnel des Femmes a ouvert un cours pour préparer les jeunes filles au métier d'herboriste, au 23 rue de Turenne [*Le Petit journal*, 23 février 1869, p. 2].

Que la femme ait investi l'herboristerie n'est guère étonnant en soi. Plusieurs recherches ont ainsi rappelé l'importance des femmes dans le domaine de la santé, s'intéressant aux guérisseuses des campagnes [par exemple Loux, 1990, p. 153], aux empiriques [par exemple Ramsey, 1988], mais aussi aux infirmières [par exemple Leroux-Hugon, 1987 ; Hughes, 1951] ou aux sages-femmes [par exemple Gélis, 1988]. L'herboristerie entre alors dans une partition globale du monde de soin qui sépare d'un côté les médecins, les chirurgiens, les pharmaciens, métiers

---

[1] Voir Chapitre II, III, 3.

masculins par excellence, et de l'autre les sages-femmes, infirmières ou herboristes, métiers féminins, plutôt de l'ordre du paramédical, supposés nécessiter des compétences moindres, moins valorisés et moins valorisants. Ainsi, dans son ouvrage *Comment la femme peut gagner sa vie*, Georges Régnal précise que l'herboristerie repose sur un « examen facile portant sur l'instruction élémentaire » [Régnal, 1908, p. 218-219]. « À la différence de la pharmacie, profession savante, […] l'herboristerie est bornée au commerce des plantes, sans officine et sans manipulation. Aussi une femme peut-elle se faire recevoir herboriste » peut-on lire dans un livre écrit par un docteur en Droit et intitulé *Droits et devoirs de la femme devant la loi française* [Lesenne, 1902, p. 301].

Une telle déclaration tend à faire de l'herboristerie le modeste pendant féminin de la pharmacie. Dans son roman, Alexandre Boutique écrit, non sans humour :

> *« Le commerce de l'herboristerie est donc, pour son innocuité et le peu qu'il rapporte, galamment concédé aux femmes par la corporation des potards[1]. Aussi, voit-on l'herboriste, en général, sous les traits d'une personne appartenant - au moins par le costume - au sexe gracieux, rarement toute jeune - ces études, ça demande de si longues années !- un tantinet parente, par l'allure et le langage choisi, avec l'institutrice et presque toujours sa rivale devant le binocle, -cette grâce de plus ! Au demeurant, un personnage, dans un quartier populaire; venant tout de suite après la sage-femme, dans la répartition d'estime du voisinage, l'herboriste est une femme considérée, aimée parfois, respectée*

[1] Pharmaciens.

toujours, et que l'on ne dédaigne pas de consulter. »
[Boutique, 1893, p. 105]

La hiérarchie entre le « diplôme » du pharmacien et le « certificat » de l'herboriste se double, ici, d'une hiérarchie de genre.

Cette présence féminine a également impacté l'utilisation socio-économique du certificat, dont témoigne la reconstitution des parcours professionnels.

Chapitre II. L'INTÉRÊT ÉCONOMIQUE DU CERTIFICAT

I. Pourquoi devenir herboriste ?

1. Un investissement en argent, en temps et en énergie

La lecture de leurs lettres atteste que le certificat est un réel investissement pour les postulants. Dans un premier temps, il s'agit de jongler avec les sessions d'examen. Si, au début du XIXe siècle, il y a des sessions organisées tout au long de l'année (même si l'essentiel des candidats se présente en été[1]), on voit peu à peu apparaître, à partir des années 1850, deux sessions d'examens : une première au mois de novembre, voire décembre, et une seconde durant l'été, de mai à août. Les registres, qui mentionnent les examens préparatoires à partir de 1882, montrent que ces derniers ont lieu lors de sessions similaires.

Pour pouvoir s'inscrire à une session, le *Guide scolaire et administratif* de l'Université de Paris mentionne que les postulants doivent se présenter « au Secrétariat et retirer le bulletin de versement pour consignation du 1er au 15 mai, du 3 au 15 novembre, les lundis et mercredis, de 1 heure à 3 heures ». Cela laisse peu de temps aux postulants : ils n'ont qu'une fenêtre de 8 heures pour chaque session. D'autant que

---

[1] Ce qui semble effectivement une période plus propice que l'hiver pour trouver des plantes fraîches à présenter aux candidats.

les postulants s'inscrivent pour des sessions, et non pour des dates de passage. Ces dernières ne leur sont communiquées qu'ultérieurement. Gérer son inscription est, donc, la première difficulté que rencontre le futur candidat, surtout s'il exerce une activité professionnelle en parallèle. « Je me permets de vous écrire pour vous demander d'avoir la bonté de me renseigner sur la date d'examen d'herboriste de la prochaine session. Je suis infirmière aux colonies et ce ministère m'ayant informée, il y a deux jours, de la date de mon embarquement (10 juin 24) à Marseille, je désirerais, si possible, être fixée » écrit Hélène Venet dans une lettre qu'elle adresse au Doyen de la Faculté de Pharmacie en 1924. « Etant en voyage en permanence » écrit, en 1933, Abel Terrasson, un voyageur de commerce de métier, « je vous demanderais, Monsieur le Doyen, de vouloir bien m'informer de la date de l'examen que je puisse demander à ma maison de commerce de me faire remplacer sur ma tournée ». Henriette Choisy, après avoir échoué à son examen, souhaite le repasser rapidement. Elle écrit, en 1905 : « J'espère, sans nouveau malheur me représenter à l'examen de novembre prochain et j'avais cru en allant vous rendre visite pouvoir consigner mais j'ai appris par Monsieur le Secrétaire que les inscriptions avaient lieu que le mois prochain ».

Le certificat représente également un investissement financier. « Il est à souligner que le montant des droits à honorer est assez élevé pour l'époque » spécifie Laurent Rebillard dans son mémoire [Rebillard, 2002, p. 39]. L'arrêté du 25 thermidor an XI (13 août 1803) fixe les frais d'examen à 50 francs à Paris et à 30 francs dans les autres écoles. Le décret impérial du 22 août 1854 augmente ce coût à 100 francs[1] pour un herboriste de première classe, et à 50 francs[2] pour un herboriste de seconde classe, sauf à Paris où il reste de 100 francs. Cela représente un poids financier. Bien sûr, comparativement bien inférieur à celui des études pharmaceutiques, que la loi du 21 germinal fixe entre 200 francs et 900 francs. D'autant que ce montant évoluera ensuite avec le décret impérial du 22 août 1854 qui fixe les droits à percevoir, dans les Écoles Supérieures de Pharmacie, à 1 390 francs pour le titre de pharmacien de première classe, et à 460 francs pour celui de pharmacien de deuxième classe. Le prix du certificat d'herboriste est peu de chose en comparaison. D'ailleurs, Olivier Faure n'hésite pas à le qualifier de « dérisoire » [Faure, 1993, p. 42]. Mais les postulants au certificat d'herboriste sont issus de milieux sociaux humbles.

En outre, au frais d'examen à proprement parler, le postulant doit ajouter les frais de copie des papiers administratifs, ainsi que les frais des timbres fiscaux dont le prix varie entre 50 centimes et 1 franc. Et l'inscription au certificat nécessite de nombreux documents : un acte de naissance, un extrait de casier judiciaire, un certificat d'identité, de résidence et/ou un certificat de bonne vie et de bonnes mœurs, un certificat d'études primaires ou une dispense de l'examen préparatoire si elle existe, et pour les femmes, une autorisation maritale et un certificat de mariage (ou de décès, ou de divorce). Si le postulant échoue et souhaite recommencer, il doit payer de nouveau les droits d'inscription et fournir un nouveau certificat de bonne vie et de bonnes mœurs, de résidence et/ou un certificat d'identité, timbrés.

---

[1] 50 francs pour l'examen, 40 francs pour le certificat d'aptitude et 10 francs pour le visa du certificat.

[2] 40 francs pour le certificat d'aptitude et 10 francs pour le visa du certificat.

Loin d'être anecdotiques, les candidats se soucient du prix et du déplacement qu'implique la récupération de ces documents officiels. « À défaut de la copie de mon acte de naissance qui coûte douze francs, que j'ai dû laisser à la mairie du 4ème arrondissement lors de mon mariage, j'espère que ma feuille de patente suffira comme pièce identique » écrit un postulant en 1897. Il est d'ailleurs courant de venir reprendre ou de demander le renvoi de ces documents administratifs une fois l'examen passé, ce qui permet de les réutiliser en d'autres occasions. Albertine Guilland écrit ainsi en 1916 :

> *« Je viens solliciter de votre bienveillance le rendement de tout les papiers que j'ai déposé à l'École en novembre 1915. Etant sur le point d'obtenir un emploi et devant fournir mes papiers et mon certificat d'Etude primaire, pour avoir à me constituer un dossier. J'ai pensé que vous pourriez afin de ne pas me refaire faire 2 fois les frais, ce qui à l'époque actuelle est très à regarder car j'ai mon mari sur le front, me rendre tout ce que j'ai déposé afin de me faciliter à gagner ma vie »*

D'autres postulants demandent explicitement à ce que leurs papiers leur soient renvoyés. « Veuillez être assez bon pour bien vouloir m'envoyer mes papiers et mon diplôme Stervinou » écrit Marie Jeanne Stervinou en 1891. « Je viens vous demander si vous voulez bien avoir la bonté de me faire envoyer mon diplôme d'herboriste quand il sera prêt, ainsi que les papiers que j'ai déposés au secrétariat » écrit Xavier Vachet en 1895. De nombreux dossiers des archives de l'École Supérieure contiennent de courtes attestations, griffonnées sur un papier libre, avec une liste des documents retirés.

L'obtention du certificat n'est pas la seule charge financière, ni la fin des démarches administratives. Le nouvel herboriste doit faire enregistrer son diplôme à la Préfecture de Police de Paris, ou à la Mairie, ou à la Sous-préfecture s'il s'installe en province, demander l'autorisation de dépôt pour les eaux minérales, s'inscrire au registre du commerce du tribunal, faire une déclaration au contrôleur des contributions directes pour établir la patente, faire enregistrer le bail, se déclarer auprès des compagnies de gaz et d'électricité, puis, avec l'arrivée des premiers syndicats dans les années 1870, de préférence, prévenir le syndicat le plus proche de son installation [Rebillard, 2002, p. 68], et donc payer l'inscription au syndicat. Il lui est, par ailleurs, interdit de servir de prête-nom ou de s'associer à un tiers non diplômé. L'herboriste est soumis annuellement à des visites d'inspection qui sont à sa charge : trois francs de droit de visite selon le manuel d'herboristerie écrit par Lebeaud [Lebeaud, 1825, p. 169], quatre francs selon celui écrit par M. Reclu [Reclu, 1889, p. 7]. En outre, il doit s'acquitter de la patente actualisée par la loi du 25 avril 1844. À Paris, l'herboriste qui limite son activité à la seule vente des plantes médicinales doit payer un droit fixe de vingt francs ainsi qu'un droit proportionnel en fonction de la valeur locative de son habitation et de son magasin [Dupont, *Patentes. Nomenclature générale des commerces, industries et professions passibles des droits de patente. Annexe à la loi du 15 juillet 1880*, 1881, p. I].

Outre la question financière et les démarches administratives, l'apprentissage de la reconnaissance des plantes demande un investissement en temps et en énergie. Ce n'est pas parce que l'examen était accessible à ceux qui avaient peu de diplômes scolaires, qu'il était facile. Savoir reconnaître toutes les plantes de la pharmacopée, fraîches comme sèches, et ne pas se tromper sur leurs noms, nécessite beaucoup de temps passé à étudier. Ici encore, ce sont les lettres des postulants, retrouvées dans les dossiers de l'École Supérieure de Pharmacie de Paris conservés aux Archives

Nationales (1883-1941), qui nous l'apprennent. « Ces études des plantes me fatiguent beaucoup » écrit une candidate, vers 1924, Mlle Marceline Rouaix. « Monsieur je me présente devant vous mardi 3 juin pour le diplôme d'herboriste et je viens vous prier de m'accorder toute l'indulgence possible », sollicite Mlle Olympe Richier en 1890. « J'ai étudié beaucoup cependant ; mais j'ai tant de préoccupations que malgré l'assurance de mon professeur je ne me présente pas sans crainte devant vous ». D'autant qu'il était très facile de perdre des points. Ainsi que l'explique Anne Dupond, herboriste certifiée en 1941, lors d'un entretien :

> « *Il y avait donc 100 plantes, ça faisait 200 points, et on avait droit à 14 points en moins. Fallait qu'on arrive à 186. 14 points en moins, ça va vite. Une famille que l'on interprète... enfin où on se trompe. Ce n'est pas celle-là, ça fait un point en moins. La plante qui ne correspond pas à la bonne famille que vous avez donnée, ça fait encore un point en moins.* ».

Il arrivait souvent que les candidats repassent l'examen deux, trois, voire quatre fois. D'après sa fiche de suivi, Henri Schepky passa son examen cinq fois entre 1908 et 1910, avant d'obtenir son certificat. Ce qui semble témoigner d'une grande détermination de sa part. D'autant qu'avec le temps, l'obtention du certificat devint de plus en plus difficile. Le graphique ci-dessous a été réalisé à partir des registres de passages de l'École Supérieure (1803-1935), et représente le rapport entre le nombre d'examens passés et le nombre d'examens réussis. De 1803 aux années 1860, le nombre d'examens réussis voisine celui des examens passés. Mais l'écart se creuse à partir des années 1860 : le taux d'échec s'accentue.

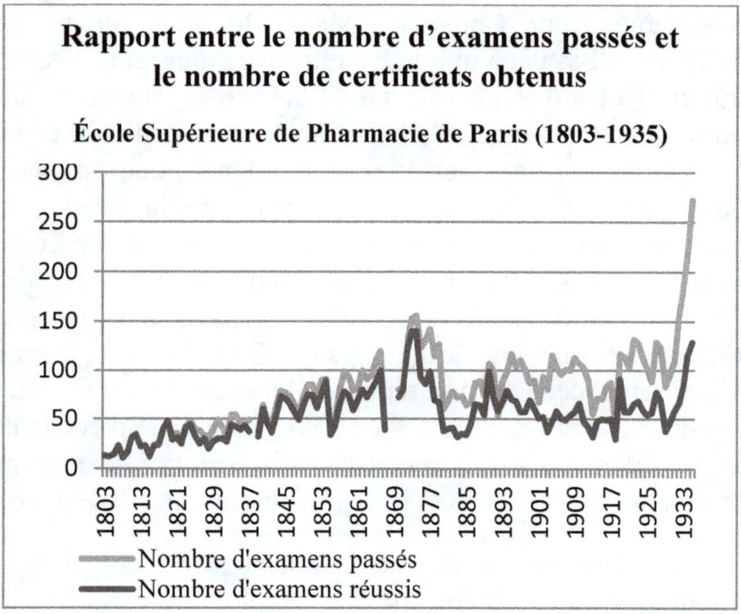

Si l'examen reste le même, les conditions d'obtention semblent s'être durcies. À partir de juin 1886, des appréciations apparaissent sur les fiches de suivi des étudiants. Les mentions « passable », « médiocre » ou « assez bien » sont courantes. En revanche, obtenir une mention « très bien » est extrêmement rare. À titre d'exemple, les registres montrent que sur la période de dix ans que couvre 1887-1897, il ne fut accordé que 2 mentions « très bien » pour 819 examens passés.

Une telle sévérité est probablement le fruit de la concurrence entre les pharmaciens et les herboristes, accrue par l'augmentation du nombre de pharmaciens et de celui d'herboristes s'installant sur Paris[1]. Il est vraisemblable que les professeurs de pharmacie, chargés de délivrer les certificats, aient cherché à limiter l'accès au métier d'herboriste. C'est du moins ce que semble penser une

[1] Voir Partie II, Chapitre I.

postulante, Mme Constance Marie Rébillon, lorsqu'elle écrit, en 1888, dans une lettre retrouvée dans son dossier, qu'elle sait « que l'on ne fait d'herboriste que le moins possible ». De même, Michelle Wiatr-Benoit, diplômée en 1936, rapporte dans son livre autobiographique qu'elle a passé son examen « devant le doyen de la faculté de pharmacie de Paris, réputé très sévère, car il n'appréciait sans doute pas cette "branche dissidente" » [Wiatr-Benoit, 2004, p. 25]. Et elle ajoute : « Il nous tendait des pièges ». Elle raconte que, lors de son passage, il lui demanda le nom d'une semence. Face à sa réponse, il tenta de la faire hésiter en lui faisant remarquer que des postulants précédents avaient donné d'autres réponses. Elle maintint néanmoins sa réponse, qui se révélera juste [Wiatr-Benoit, 2004, p. 26].

La détermination de ces candidats est d'autant plus importante que, rappelons-le, la plupart travaille en parallèle. Ainsi en est-il d'Abel Terrasson, voyageur de commerce, et d'Hélène Venet, infirmière, précédemment cités. Le fait est que l'absence d'une formation obligatoire permet l'exercice d'un métier parallèlement à la préparation au certificat. Ce qui était probablement une nécessité pour ces postulants issus d'un milieu modeste. « J'exerce la dure profession d'ouvrier d'usine et c'est le soir que je suis les cours d'herboristerie » écrit Henri Fouilleul, dans une lettre adressée au Doyen de la Faculté de Pharmacie. Cette caractéristique est rappelée par les syndicalistes de la première moitié du XXe siècle[1]. En 1924, Fabius de Champville, le rédacteur en chef du journal corporatif *L'herboristerie française,* écrit que les étudiants sont en général occupés le jour et prennent des cours le soir [*L'herboristerie française,* février 1924]. En 1937, un autre syndicaliste, Georges Bouvrain, souligne l'importance du

[1] L'analyse du syndicalisme herboristique constitue la deuxième partie de cette thèse.

travail demandé au postulant, mentionnant que nombre d'entre eux travaillent dans la journée [Bouvrain, 1937, p. 161-162].

Ainsi donc, l'examen pour devenir herboriste exige un investissement économique, de temps et d'énergie. On peut d'autant plus s'interroger sur cet investissement que le certificat ne semble pas s'inscrire nécessairement dans un projet professionnel : une grande partie de ces candidats exercent des métiers sans rapport avec l'herboristerie. Quelles sont donc les motivations qui les poussent à s'intéresser à l'herboristerie ?

2. À propos des motivations des postulants

L'herboristerie n'est pas nécessairement un métier dont on hérite. Certes, dans les archives de l'École de Pharmacie de Paris, les métiers des mères des postulants ne sont que rarement mentionnés. Mais sur les 838 mentions de métiers des pères recensées dans les dossiers des postulants, seulement 38 (soit 4,5%) concernent le domaine de la santé, et 11 (1,3%) l'herboristerie[1]. Alors pourquoi passer le certificat ?

Bien sûr, il y a l'intérêt pour les plantes, et par la suite, pour le métier. Les témoignages mentionnant cet attrait manquent pour le XIXe siècle. Les seuls éléments se trouvent dans la littérature romanesque. Des personnages comme François Durand [Kock, *Jean,* 1855], Angèle Bernier [Montépin, *La belle Angèle,* 1888], l'oncle de

[1] Il existe cependant des cas où la boutique d'herboristerie semble avoir été reprise par un autre membre de la famille qui n'est pas forcément dans un lien de parenté immédiat. Voir Partie I, Chapitre II, II, 1.

Camomille [Cogniard frères et Bourdois, *Le bal du sauvage,* 1854] ou Picard [Foa, *Travail et célébrité,* non daté] aiment leur métier et leurs plantes. En revanche, à partir des années 1870, avec la multiplicaion des publications syndicales, la revendication de cet attrait pour les plantes semble avoir pris son essor. « J'aime les plantes, c'est mon droit (est-ce bien que cela, ou peut-être un devoir?) » écrit Edmond Marcus en 1911 [*L'herboriste,* n°5, mai 1911, p. 3]. Marie-Thérèse Errard livre, dans *La Revue herboristique* de 1930, un touchant témoignage de sa passion pour les plantes, qui l'a conduite à abandonner le professorat pour l'herboristerie [*La Revue herboristique* n°58, avril 1930, p. 31-37]. Dans sa lettre datée de 1933, Abel Terrasson se dit « ami des plantes et collectionnant ces dernières depuis l'âge de 8 ans avec un oncle instituteur qui fut 12 fois médaillé pour ses herbiers ». Marie Durand, certifiée en 1941, dans une lettre adressée à l'Association pour le Renouveau de l'Herboristerie, raconte sa première rencontre avec une herboriste, amie de ses parents : « j'ai été séduite d'emblée par les odeurs des plantes, l'attrait de tous les bocaux, les préparations effectuées sous nos yeux conquis. C'est ce jour-là que ma décision fut prise quant à mon avenir professionnel » [ARH Bulletin de liaison n°19, germinal, floreal, prairial an CLXXXVII]. « J'adorais les plantes » me dit Anne Dupond lors d'un entretien, elle aussi certifiée en 1941. « J'aurais aimé, je ne sais pas quoi… faire jardinière ou n'importe quoi ». Michelle Wiatr-Benoit, certifiée à Paris en 1936, parle elle aussi de ce lien très particulier qu'elle a avec les plantes dans son livre autobiographique. Elle ne peut s'empêcher de les cueillir, de les garder dans ses poches et dans son bureau d'écolière : elles l'aident à faire face aux difficultés de la vie. Lorsque l'heure de la retraite sonne, c'est avec beaucoup de regrets qu'elle quitte son herboristerie : « j'avais la passion des belles plantes, les sentir, les palper était un plaisir » [Wiatr-

Benoit, 2004, p. 70]. Une autre herboriste diplômée, qui a, de même, livré un témoignage biographique sous forme de livre, Suzanne Robert [1986, p. 25], parle de ses « chères plantes » [Robert, 1986, p. 96], ajoutant : « mes plantes et mon herboristerie, c'était toute ma vie [...] » [Robert, 1986, p. 13].

Mais la passion pour les plantes n'est pas la seule motivation des postulants. La lecture de leurs lettres montre que pour certain d'entre eux, le passage du certificat répond à une situation d'urgence visant à assurer l'économie familiale. Cette lettre d'une postulante, écrite en 1903, en est un témoignage flagrant :

« Mon père tient une Herboristerie depuis 26 ans et il est diplômé depuis 1876. Ma mère s'étant fait recevoir aussi ces années dernières. Il y avait donc ainsi deux diplômes en cas de décès de mon Père atteint d'une maladie de cœur.

Depuis ce temps ma mère est décédée, la maladie de mon père ne fait que s'aggraver et nous sommes trois enfants dont je suis l'ainée mariée. Mon frère est soldat depuis un an et demi, ma jeune sœur est encore en pension. Pour sauvegarder nos intérêts j'avais donc résolu de remplacer ma mère en cas d'accident. »

Et elle n'est pas la seule. Un député écrit à l'École de Pharmacie en 1923 pour appuyer la candidature de Charles Coninx : « Excusez-moi de vous signaler un pauvre candidat dont je me suis apprécié les titres, c'est Coninx, Charles. Il a élevé 8 enfants. Il vient de perdre sa femme. Il voudrait pouvoir avoir une petite boutique d'herboriste pour vivre ». Le cas de Charles Coninx est atypique car les témoignages retrouvés sont surtout le fait de femmes. En règle générale, le mari ou le père se trouve dans l'incapacité de jouer son rôle dans l'apport économique à la famille, qu'il soit gravement malade, disparu, interné ou mort à la guerre[1]. Pour ces femmes, le recours à l'activité herboristique est un moyen de subvenir aux besoins familiaux. « Je suis sûre, Monsieur, que vous prendrez en considération ma situation de famille nombreuse (5 enfants, une mère âgée, mon mari en situation militaire) » écrit, en 1938, Mme Marguerite Lacroix dans sa lettre. « Mon mari, [...] est prisonnier de guerre depuis 19 mois » ajoute Mme Henriette Marie Mansy en 1916. « Veuve de guerre depuis 1916 j'ai eu beaucoup à lutter pour élever seule mon enfant [...] » témoigne Mme Emily Bodin en 1930. Trop âgée pour continuer à travailler, elle compte sur son fils pour reprendre l'économie familiale : « après de longues réflexions il me semble que ce qu'il y aurait de plus compatible avec ses aptitudes serait un commerce me permettant à moi-même, seule dans la vie, de continuer à partager son existence. Je me suis donc arrêté à l'herboristerie. » Mais il y aussi les filles-mères qui ajoutent à la honte, la nécessité matérielle de subvenir aux besoins de l'enfant : « J'ai grand besoin d'arriver vite, [...]. Je voudrais tant pouvoir donner le bien être nécessaire a cette chère déshéritée qui n'a que moi, car je suis une fille mère » écrit Mlle Olympe Richier, candidate en 1890.

L'examen peut aussi être passé pour anticiper une situation de crise, donnant lieu à une possible utilisation différée. Ici, ce ne sont plus les lettres qui nous l'apprennent, mais plutôt des témoignages d'herboristes de la première moitié du XXe siècle. C'est ce que les syndicaistes appellent « une assurance contre quelques calamités éventuelles » [Destouches, 1937, p. 180] ou une manière d'« ajouter une corde à son arc » [Angéliaume,

[1] N'oublions pas que la période 1803-1941 est traversée par trois grandes guerres.

1937, p. 166]. L'un d'entre eux, Camille Destouches, explique :

« Un certain nombre de jeunes gens, disent-ils, cherchent à acquérir le diplômé d'Herboriste, non pour l'exploiter immédiatement, mais d'abord, pour accroître leur savoir et ensuite, pour développer celui-ci dans certaines branches qui puissent, éventuellement être utilisées. Le diplôme, pour cette catégorie d'étudiants, serait considéré comme élément de secours, appelé à venir en aide en cas de revers ou de situation matérielle difficile. Ce sont alors plus spécialement les jeunes filles qui envisagent l'obtention du diplôme d'herboriste dans ces conditions. » [Destouches, 1937, p. 175]

Ces différentes motivations, et notamment l'utilisation du certificat pour pallier ou anticiper des situations économiquement difficiles, expliquent l'investissement dans l'examen. Mais elles offrent aussi un nouvel éclairage sur la loi de germinal. En liant l'exercice du métier d'herboriste à la possession d'un certificat valable à vie, seule forme de validation du métier, la loi de germinal rend théoriquement possible une utilisation différée ou ponctuelle du métier d'herboriste : il est possible de ranger son certificat dans un tiroir et de le ressortir des années plus tard. On n'en reste pas moins « herboriste » aux yeux de la loi. Une anecdote atypique témoigne de cet enjeu économique. Dans une annonce de l'*Ouest-Eclair* du 15 janvier 1939 [p. 18], on peut lire : « Herboriste céderait diplôme à Préparateur pharmacie ou autre désirant créer herboristerie ». Bien sûr, une telle pratique est illégale, puisque le certificat est nominatif. Elle n'a probablement pas réellement eu cours : il serait étonnant que, lors de l'enregistrement du certificat à la Préfecture, l'identité de son propriétaire n'y soit pas vérifiée.

II. Parcours d'herboristes

1. Du métier d'une vie au métier d'un couple

Les parcours professionnels des herboristes peuvent être, en partie, reconstitués en croisant les données issues des registres de l'École Supérieure de Pharmacie de Paris, les listes préfectorales, ainsi que les annuaires Firmin-Didot et Didot-Bottin. Si les lacunes et le manque de fiabilité des sources ne nous permettent pas de quantifier proprement le phénomène, la reconstitution d'itinéraires professionnels témoigne de la diversité des parcours possibles.

Certains ont su faire de leur activité un commerce florissant après s'y être longuement investi. Si l'on en croit les propos de son avocat, Catherine Glaive commença l'herboristerie en 1775, soit 28 ans avant la création du certificat. Ces chiffres sont certainement exagérés car elle quitta son métier en 1846, ce qui l'amènerait à un âge vraiment avancé. Catherine Glaive a donc plus vraisemblablement commencé le métier d'herboriste quelques temps avant la loi de 1803. En 1804, elle se met en conformité en obtenant son certificat, mentionnant qu'elle est installée place de la Halle aux Draps. Sa boutique se trouve dans un quartier populaire mais proche du cœur de Paris, celui des Marchés. Vers 1815, elle se marie à un nommé Bicquelin, et conserve sa boutique place de la Halle aux Draps. Son mari, en revanche, n'apparaît à aucun moment dans les listes préfectorales ou dans les archives de l'école : dans le couple, elle seule exerce le métier d'herboriste. En 1820, elle est accusée d'empoisonnement. Elle aurait vendu des plantes narcotiques, au lieu d'émollientes, aux époux Schroeder. Dans la plaidoirie de son avocat, on apprend qu'un voisin pharmacien des époux Schroeder, ainsi que plusieurs médecins, ont témoigné contre elle, ajoutant que les plantes délivrées étaient en mauvais état. Son avocat la défend en arguant que des plantes en mauvais état ne peuvent avoir un effet narcotique. Et il semble que l'argument ait porté car elle continue d'exercer. Elle change néanmoins d'adresse (mais reste dans le quartier des Marchés) : la liste préfectorale de 1827 annonce que sa boutique est désormais au 1 rue de la Grande Friperie. Après 1827, Catherine Bicquelin n'apparaît plus sur les listes préfectorales. Et pourtant, il semble bien qu'elle continue d'exercer, et même que ses affaires se portent bien. D'après l'annuaire de 1839, elle dirige deux établissements d'herboristerie : l'un situé au 31 rue des Fossés-St-Victor, l'autre au 33 rue de la Tonnellerie. Veuve en 1842, elle dirige toujours une herboristerie au 31 rue des Fossés-St-Victor, mais a repris son ancienne herboristerie, au 1 rue de la Grande Friperie. L'année suivante, elle ne conserve plus que cette dernière boutique comme herboristerie : au 31 rue des Fossés-St-Victor, elle est annoncée comme jardinier-fleuriste. Elle a donc diversifié son offre. En 1846, la boutique d'herboristerie disparaît. S'il y a toujours un Bicquelin à la tête de la boutique de fleuriste rue des Fossés-St-Victor, il ne s'agit plus d'une veuve. Il semble donc qu'un membre de sa famille ait pris sa suite, mais sans le versant herboristerie. Catherine Bicquelin aura travaillé comme herboriste pendant plus de 42 ans.

Le métier peut aussi être exercé en étant porté non pas par une personne seule (comme c'est le cas avec Catherine Bicquelin), mais par un couple. Dans de tels cas, le certificat de l'un remplace ou cache le certificat de l'autre. Narcisse Joséphine Freniet, née dans l'Hérault en 1804, obtint son certificat à 36 ans. Un peu plus d'une semaine plus tard, elle le fait enregistrer à la Préfecture de Paris et prend la suite de Mme Virot, au 7 rue des Gravilliers, dans le quartier de St Martin des Champs. Il s'agit vraisemblablement d'une affaire bien située, dans une rue très commerçante : le bâtiment lui-même est déjà occupé par une marchande de mèches et de veilleuses, un émailleur en bijoux, puis, plus tard, un fabricant de jouets pour enfant. En 1842, Narcisse Joséphine Freniet se marie avec Louis Taillandier, originaire de Seine et Oise. Elle a alors 38 ans, il en a 50. Louis Taillandier passe son certificat d'herboriste à l'École Supérieure de Pharmacie de Paris l'année même de son mariage, et l'obtint le 12 novembre 1842. Tous deux exploitent ensemble l'herboristerie du 7 rue des Gravilliers. C'est son diplôme à lui qui est désormais enregistré sur les listes préfectorales, mais c'est elle qui apparaît dans l'annuaire Didot-Bottin. Louis Taillandier disparaît des listes entre 1852 et 1860. De son côté, elle n'apparaît plus sur l'annuaire Didot-Bottin après 1857. Elle a alors 53 ans, il en aurait 65.

Le partage de l'activité au sein du couple semble aussi apparaître lorsque le titulaire du diplôme décède : son (ou sa) conjoint(e) passe alors l'examen, vraisemblablement pour lui succéder. Ces phénomènes de succession pourraient expliquer donc, pour partie, les âges avancés des postulants. Albert François, diplômé en 1804, est installé au 68 grande rue de Chaillot. En 1811, sa veuve, Marie Augustine Catherine Albert, alors âgée de 41 ans, passe son certificat à l'École de Pharmacie de Paris et s'installe, moins d'un mois après l'avoir obtenu, au 48 de la même rue[1]. Si Marie Albert a pu passer son certificat aussi rapidement après le décès de son mari et prendre sa suite, c'est probablement parce qu'elle travaillait avec lui dans la boutique. L'histoire de Michelle Wiatr-Benoit est un autre exemple d'un partage des tâches dans le couple, cette fois pour une période plus tardive (elle a passé son certificat à

[1] Il est possible qu'il s'agisse d'une erreur de frappe, et que l'adresse soit bien la même.

Paris en 1936). Elle tient la partie herboristerie tandis que son mari est en charge de la partie optique de la boutique [Wiatr-Benoit, 2004, p. 52].

Enfin, même si le cas semble rare[1], il existe quelques cas de transmission du métier d'une génération à l'autre. On peut vraisemblablement supposer que c'est le cas lorsque la boutique est reprise par une personne portant le même nom. En 1841, la boutique de Mathurin Collard, alors âgé de 50 ans, située au 19 avenue de la Motte-Piquet, passe entre les mains d'Etienne Jean Collard[2]. Lorsque Marguerite Currivan quitte, en 1860 et à l'âge de 63 ans, le 42 rue Coquillière, c'est un certain Eugène Currivan, diplômé en 1855 et âgé de 30 ans qui prend sa suite. Iris Chennevière obtient son certificat à Paris en 1840. Elle prend alors la suite d'une Etiennent Caroline Chennevière, probablement une femme de la famille de son mari, au 138 rue du faubourg St Denis, dans le quartier du même nom. L'histoire de la maison Noël-Hacquin, fournisseur de plantes en gros, en est représentative. Le 24 août 1824, Didier Noël, 29 ans, originaire de la Haute Marne, obtient son certificat d'herboriste à Paris. En 1827, il s'istalle au 4 place du Marché St Jean, dans le quartier du même nom. Il a racheté la boutique d'une herboriste, Marie Geneviève Nativel, née Noblesse. Didier Noël semble avoir prospéré : en 1845, on peut lire dans l'annuaire Didot-Bottin qu'il est le fournisseur de l'École Supérieure de Pharmacie de Paris. L'année suivante, il passe au 2 place du Marché St Jean, ce qui est peut-être le signe d'un agrandissement de la boutique. En 1852, alors qu'il a 57 ans, Didier Noël décide de transmettre la boutique à son gendre, Jules Elie Hacquin.

---

[1] Ce genre de cas est difficile à quantifier, car il n'est rendu visible que lorsque l'ancien et le nouveau propriétaire portent le même nom.
[2] Il n'a pas obtenu son diplôme à Paris, ce qui ne permet pas de connaître son âge.

Celui-ci a 37 ans, et est né à Argenteuil. Il est certifié en herboristerie depuis quatre ans, certificat qu'il a passé lui-aussi à Paris. Il prend la tête de l'entreprise et se revendique comme successeur de son beau-père, se faisant même connaître sous le nom de Hacquin-Noël. Il développe les activités de la boutique, s'annonce « herboriste-botaniste, magasin de plantes médicinales, drogueries, sangsues, pois à cautères, sirops, etc., en gros et en détail ; culture de plantes » [*Annuaire du commerce Didot-Bottin*, 1855, p. 642]. Didier Noël ne s'est pas arrêté pour autant. Si son diplôme d'herboriste ne fait plus l'objet d'un enregistrement à la préfecture, il est encore présent dans l'annuaire Didot-Bottin, se vantant toujours d'être le fournisseur de l'École de Pharmacie, spécifiant néanmoins qu'Hacquin-Noël est désormais son successeur. La situation change brutalement en 1856. Jules Elie ouvre une herboristerie au 9 rue de Bourtibourg (quartier de St Gervais) sous son seul nom : Hacquin. Le 2 place du Marché St Jean n'abrite plus d'activités commerciales. L'herboriste-botaniste, fournisseur de l'École Supérieure de Pharmacie, n'est plus mentionné dans l'annuaire. Hacquin continue de tenir sa boutique au moins jusqu'en 1861, mais le manque de données ne nous permet ni de reconstituer le reste de l'histoire, ni de comprendre ce brusque changement de situation.

Pour des personnes comme Catherine Bicquelin, Narcisse Joséphine Taillandier ou Didier Noël, l'herboristerie est le métier d'une vie. Pour autant, nombreux sont ceux qui ne font pas preuve d'une telle cohérence et d'une telle longévité dans l'exercice de l'activité herboristique.

2. Un métier temporaire ?

Les listes préfectorales des années 1827[1] à 1860[2] indiquent que les herboristes installés ont, en moyenne, passé leur certificat entre 10 et 11 ans auparavant. Mais cela ne signifie pas pour autant qu'ils ont exercé l'herboristerie pendant toutes ces années. En effet, le premier élément que l'on peut remarquer en consultant ces listes, c'est qu'une minorité des herboristes certifiés à Paris s'y installe dès l'obtention de leur certificat. Sur les 22 herboristes certifiés à Paris en 1814, seuls 12 sont enregistrés à la Préfecture de Paris l'année suivante. Sur les 49 herboristes diplômés en 1834, seuls 21 sont enregistrés l'année suivante. Sur les 72 herboristes certifiés en 1844, seuls 24 sont enregistrés, dont 8 dans les communes rurales du département de la Seine. Il y a donc globalement moins de la moitié des herboristes nouvellement certifiés à Paris qui se font inscrire auprès de la Préfecture de Police de Paris[3] l'année qui suit leur examen. Connaissant la capacité d'attraction de Paris pour les herboristes, ce chiffre est faible.

Il y d'abord ceux qui passent l'examen, obtiennent leur certificat, mais semblent attendre plusieurs annnées avant de le faire enregistrer auprès de la Préfecture. De telles données doivent être interprétées avec précaution, car un herboriste qui n'apparaît pas dans les listes préfectorales de Paris peut très bien exercer dans une autre partie de la France, ou de manière illégale (c'est-à-dire, sans enregistrement auprès de la Préfecture). Alexandre Louis

---

[1] Les listes préfectorales des années 1804 et 1815 n'ont pas été prises en compte puisque nécessairement, du fait que l'instauration du certificat date de 1803, les moyennes y sont très faibles.

[2] Dernière liste préfectorale d'herboristes existante.

[3] Ce qui est, rappelons-le, la condition légale d'installation dans une boutique.

Adenet obtient son certificat en 1816, et ne le fera enregistrer à la Préfecture de Paris que 10 ans plus tard. Rosalie Bouin obtient son certificat à Paris en 1828, mais mettra 6 ans à le faire enregistrer à la Préfecture. D'autres obtiennent leur certificat, mais ne le font jamais enregistrer. C'est le cas de Georges Brodhurst. Son histoire nous est connue grâce à un mémoire qu'il a écrit en 1848 [Brodhurst, 1848]. D'après ce mémoire, il est né en Angleterre, dans le comté de Nottingham, d'un père médecin auprès de qui il a appris les rudiments de la médecine. Il raconte ensuite qu'il quitta l'Angleterre pour la France, avec l'argent hérité de son père, dans le but d'y poursuivre ses études de médecine. Sans donner de précision, il déclare qu'il fut ensuite poussé à abandonner la médecine en 1838, car elle ne lui apportait qu'« une ruine imminente ». Il ajoute qu'il s'intéressa alors à l'agriculture, et passa son certificat d'herboriste deux ans plus tard, le 21 avril 1840. On trouve effectivement son nom mentionné dans les registres de l'École Supérieure à cette date. Il a alors 46 ans. Pourtant, Georges Brodhurst n'a jamais fait enregistrer son certificat à la Préfecture, car il n'apparaît sur aucune liste préfectorale. En 1848, alors qu'il a 57 ans, il est accusé d'exercice illégal de la pharmacie et de la médecine : il a fourni un cordial de sa préparation et des bandages à une femme, Mme Richalet. La lecture de son mémoire, qu'il écrit aux membres du tribunal pour l'occasion, montre que Brodhurst s'est fait une place en tant qu'acteur de soin. Si le sieur Richalet est venu le voir, c'est parce qu'il juge que seul Broshurst peut guérir sa femme dont le cas est délaissé par les médecins de l'hôpital Beaujon. Brodhurst ne fait pas payer ses soins mais fabrique ses propres remèdes, ou les fait fabriquer au besoin par un « ami » pharmacien. Par ailleurs, deux médecins prennent sa défense et attestent que ses médications ne peuvent avoir provoqué la mort de Mme Richalet. Si Brodhurst n'exerce pas officiellement l'activité d'herboriste, c'est pourtant bel et bien en mentionnant son titre d'herboriste qu'il se présente devant les juges. La position de Brodhurst est donc peu explicite, puisqu'à la fois il revendique son titre d'herboriste, sans pour autant être officiellement enregistré en tant que tel.

D'autres font bel et bien enregistrer le certificat obtenu, mais pourraient l'avoir utilisé de manière discontinue, ponctuelle ou différée. Certains apparaissent, puis disparaissent des listes préfectorales, pour réapparaître ensuite. Rappelons qu'ici encore, il est difficile d'interpréter ces allers-retours car ces périodes d'absence des listes parisiennes peuvent traduire le fait qu'ils exercent alors dans une autre partie de la France. Mais, connaissant la proportion de femmes parmi les herboristes, une certaine instabilité dans l'exercice de leur métier serait cohérente avec ce que nous apprennent les historiens ayant étudié les activités salariées des femmes au XIXe siècle, voire dans la première moitié du XXe siècle. Tous soulignent le caractère discontinu et varié de ces activités, les femmes adaptant leurs activités aux évolutions familiales, comme le mariage ou la naissance d'un enfant [Battagliola, 2008]. Or, les statuts sociaux des femmes sont mentionnés dans les listes préfectorales, et, de fait, certaines concordances apparaissent entre la majorité, le mariage ou le veuvage, et l'installation dans une boutique ou l'arrêt du métier. Renée Louise Laloue est née à Versailles. Elle passe son certificat d'herboriste à Paris à 36 ans, en 1824. Aussitôt son certificat obtenu, elle s'empresse de le faire enregistrer à la préfecture (5 jours seulement après l'examen) et s'installe 31 rue Coquenard, dans le quartier du Temple. Elle y exercera l'herboristerie pendant 12 ans. Puis, elle n'est plus mentionnée ni dans les listes préfectorales, ni dans les annuaires. Vers 1845, elle se fait réinscrire sur les listes préfectorales de Paris, mais en tant que veuve. Elle a alors 57 ans. Elle a déménagé et habite à présent 18 boulevard du

Temple. Elle n'est plus mentionnée dans la liste préfectorale de 1852, ayant vraisemblablement abandonné le métier entre 1845 et 1852, possiblement du fait de son âge avancé. Honorine Marie Radu, née à Paris, passe son certificat à Paris le 13 avril 1819, avec une dispense d'âge : elle a seulement 19 ans. Elle attendra sa majorité, 3 ans plus tard, pour faire enregistrer son certificat. Sa boutique se situe au 90 rue de Vaugirard, dans le quartier de St Thomas d'Aquin. Vers 1834, elle se marie à un certain Bréton, mais continue son métier. Veuve en 1841 (à 41 ans), elle déménage au 7 rue de Sèvres, dans le même quartier. Elle disparaît des listes en 1845 (elle aurait alors 45 ans), après 23 ans d'exercice. Pour réapparaître sept ans plus tard. Elle s'est entre temps remariée à un certain Vachey et s'est installée au 170 faubourg St Denis, dans le quartier de St Laurent. Elle n'apparaît plus dans les listes préfectorales de 1860. Elle aurait alors 60 ans.

Si ces périodes d'exercice de l'herboristerie sont généralement plutôt longues, il peut aussi arriver qu'elles soient inférieures à 10 ans. Claudine Chasserat obtient son certificat en 1826, à l'âge de 25 ans. L'année suivante, elle s'installe au 66 de la rue Ste-Anne. 8 ans plus tard, elle n'est plus inscrite sur les listes préfectorales : elle aurait alors 34 ans. Si ce type de parcours est visible chez les femmes, il existe aussi chez les hommes. Hippolyte Louis Auguste Delorme obtient son certificat en 1835, à l'âge de 23 ans. Il reste inscrit sur les listes pendant 6 ans, mais n'y apparaîtra plus après 1841 : il aurait alors 29 ans. Alexandre Félix Cordelier obtient son certificat à 33 ans, le 28 juin 1831. Il fait enregistrer son certificat en décembre 1831 et s'installe au 90 rue du Faubourg du Temple, dans le quartier du Temple. 4 ans plus tard, il n'est plus sur les listes. Mais il réapparaît 17 ans plus tard, en 1852. Il a alors 54 ans et est installé au 88 rue du Faubourg du Temple, dans le même quartier. Avant de disparaître de nouveau des listes en 1860, à l'âge de 62 ans, après 8 ans d'exercice.

L'engagement des herboristes dans leur métier pouvait donc se traduire de manière diversifiée, autant dans des parcours linéaires que moins linéaires, et dans une entrée plus ou moins jeune dans le métier. Ces parcours sont vraisemblablement à mettre en relation avec la diversité des motivations qui ont conduit ces personnes à s'investir dans le certificat et dans la tenue d'une boutique. D'autant qu'à ce premier niveau s'ajoute un deuxième niveau de diversité, touchant le contenu même des produits vendus par les herboristes dans leurs boutiques.

3. En complémentarité avec d'autres activités

De fait, ainsi que le souligne Olivier Faure, la seule vente des plantes fraîches et sèches peut difficilement assurer des revenus suffisants [Faure, 2005, p. 67]. Le pharmacien Paul Cazeneuve, dans un ouvrage publié en 1879, écrit :

> *« Si l'herboriste restait dans la légalité et exerçait l'unique profession qu'il a le droit d'exercer, sa clientèle ne suffiraient pas certainement à lui donner du pain tous les jours. Un herboriste peut-il vivre en vendant pour quatre sous de bouillon blanc ou de fleur de violette? Assurément non. »* [Cazeneuve, 1879, p. 11]

Pour enrichir leur apport économique, la majorité des herboristes exerce plusieurs activités en même temps. Ces activités ont trait généralement au commerce de proximité ou au secteur paramédical : ils sont merciers, bandagistes, parfumeurs, épiciers, libraires, orthopédistes, opticiens, masseurs, vendeurs de produits photographiques, etc.

[Aubry, 1993, Rebillard, 2002, Gadéa et Grelon, 2010]. Ainsi l'herboristerie apparaît comme une activité de complément, ou est complétée par des activités diverses. Le phénomène existait avant la loi de 1803 : dans la fameuse *Pétition des herboristes de Paris* de 1790, il est fait mention qu'« à Paris il y a très peu d'Herboristes qui n'allient un commerce souvent plus considérable à celui des Plantes Médicinales » [Mony, 1790, p. 12]. Il perdure tout au long du XIXe siècle et du XXe siècle. Toutes les sources convergent en ce sens. D'après les archives de la Préfecture de Police, Louis Gazon, herboriste dans le quartier des Ternes dans les années 1890, est aussi établi « mercier et épicier » selon un policier, parfumeur selon un autre [Préfecture de police, 1ère brigade de recherche, *Renseignements*, le 5 décembre 1890], marchand d'articles divers selon un troisième [Préfecture de police, 1ère brigade de recherche, Rapport du 28 mars 1893]. « Établi comme bandagiste, je voudrais adjoindre à mon commerce celui d'herboristerie »[1] écrit Louis Auguste Doctrinal, un postulant, dans une lettre adressée à l'École de Pharmacie, et datée de 1897. Dans son livre autobiographique, Suzanne Robert rapporte qu'elle trouva du travail dans une herboristerie de la banlieue parisienne, qui vend par ailleurs de multiples accessoires en caoutchouc tels que des sondes, des tétines, des doigtiers, des suspensoirs, etc. [Robert, 1986, p. 23]. De même, Michelle Wiatr-Benoit écrit que, dans sa boutique d'herboristerie, elle faisait aussi de l'optique et de l'orthopédie [Wiatr-Benoit, 2004, p. 51]. Cela est bien souvent illégal : l'ordonnance de police du 14 Nivôse an XII (5 janvier 1804) interdit à l'herboriste parisien d'associer à son commerce autre chose que celui de la graineterie. Mais la loi n'est pas appliquée.

[1] Lettre de Louis Auguste Doctrinal à l'Ecole de Pharmacie, datée du 19 octobre 1897, trouvée dans son dossier.

Les réclames pour des enseignements variés à destination des herboristes, que l'on retrouve surtout dans la première moitié du XXe siècle, apparaissent à la fois comme des témoins et des moteurs de cette situation. « Herboristes ! », peut-on lire dans une publicité publiée dans un journal syndical en 1928, « augmentez vos revenus avec votre champ d'action, suivez les cours de l'École française d'Orthopédie et de Massage » [*Syndicat des Herboristes du Sud-Ouest, organe officiel mensuel,* n°7, 15 février 1928, p. 30]. « Apprenez la chiropodie » vante une autre publicité [*La Revue herboristique*, janvier 1936, p. 35]. Dans une publication datant de 1934, on y apprend que l'« Association Philomatique » propose, en cours du soir, d'apprendre aux herboristes à faire des massages, des pansements, poser des ventouses, faire des injections hypodermiques, etc. [*Bulletin de l'Amical des Anciens élèves de l'ENH,* n°9, 1934]. À l'École Nationale d'Herboristerie, fondée en 1924 par la Fédération Nationale des Herboristes de France et des Colonies[1], on peut suivre des cours d'orthopédie et d'optique [*La Revue herboristique*, janvier 1936, p. 35].

L'herboristerie, utilisée en complément avec d'autres activités, pouvait s'avérer suffisamment rentable pour que certains herboristes aient, semble-t-il, acquis une bonne situation économique.

[1] Voir Partie II, Chapitre II, I, 2.

III. Les boutiques des herboristes

1. Un commerçant bien implanté

Le cas de Louis Gazon, herboriste à Paris à la fin du XIXe siècle, fournit une bonne illustration d'une réussite économique et sociale. Sa vie nous est connue grâce aux archives de la Préfecture de Police de Paris, car l'homme a eu une activité politique importante. Né le 4 mars 1861 à Spay, dans la Sarthe, il monte à Paris en 1860 et s'installe dans le quartier des Ternes (58 avenue des Ternes puis à partir de 1878, 48 avenue des Ternes). Six années plus tard, il obtient son diplôme d'herboriste de première classe à l'École Supérieure de Pharmacie de Paris. Il a alors 25 ans. Louis Gazon est veuf et a deux enfants : un fils né en 1870 et une fille née en 1872. Il est d'origine modeste : « ce n'est qu'à force de travail et d'économie que j'ai pu me rendre tout à fait indépendant » écrit-il dans un prospectus. D'après les rapports conservés, il est par ailleurs représentatif du faible niveau scolaire de certains herboristes : « Il aurait une instruction toute rudimentaire et son fils lui rédigerait ses communications à la presse » écrit un policier . Il a, de même, gardé le parler de son pays d'origine. « Gazon [...] a un fort accent de terroir. [...] Il s'exprime difficilement ». Ce que confirme un autre agent : « Il a conservé l'accent de son pays et s'exprime avec difficultés ».

Pour autant, l'homme est parfaitement inséré. D'abord politiquement. Il continue une activité déjà entamée à Spay, où il avait brigué vainement le mandat de conseiller municipal. Il adhère au Comité Républicain Révisionniste, devient Président de la Ligue Syndicale pour la Défense des Intérêts du Travail, de l'Industrie et du Commerce (17ème section), vice-président de l'Union des Groupes

Républicains, Socialistes, Révisionnistes de France, se rallie aux boulangistes à partir de 1890, puis devient Président de l'Union des Groupes Révisionnistes vers 1893. En outre, les rapports de police indiquent qu'il est respecté dans son quartier : « il est généralement estimé dans le quartier des Ternes », « il est favorablement représenté sous tous les rapports », « sa vie privée ne donne lieu à aucune remarque défavorable ». Il fait d'ailleurs preuve d'une grande stabilité : sa boutique a toujours été dans le quartier des Ternes, de son arrivée sur Paris à sa mort.

Son affaire est rentable et sa situation financière n'est pas si « modeste » que cela : « il occupe deux employés, il fait de bonnes affaires et il se trouve dans une belle situation commerciale et de fortune », « sa situation commerciale serait prospère ». Il n'est pas propriétaire de son officine mais son loyer passe, en 1890, de 1 500 francs annuel à 2 500 francs annuel, ce qui pourrait être le signe d'un agrandissement de la boutique. En outre, « il possède deux maisons à Levallois-Perret et quelques bien-fonds dans son pays ».

Si le cas de Louis Gazon est exemplaire en matière de réussite commerciale, il n'est vraisemblablement pas représentatif de tous les herboristes. Je n'ai retrouvé aucune trace des recettes effectuées par les herboristeries parisiennes du XIXe siècle. En revanche, pour la première moitié du XXe siècle, les journaux syndicaux livrent des annonces de ventes d'herboristeries gérées par des cabinets de transactions immobilières. L'extrême variabilité des valeurs des boutiques et des recettes est évidente. Ainsi, pour septembre 1938, les cabinets Kartoff et Garinot mettent en vente huit herboristeries sur Paris, dont les prix affichés vont de 35 000 francs à 120 000 francs, pour des recettes s'échelonnant entre 50 000 et 140 000 francs. À titre de comparaison, le salaire moyen annuel net d'un ouvrier à l'époque était de 10 520 francs.

L'image d'une réussite économique possible (toutes proportions gardées) se retrouve dans la littérature romanesque. Ainsi, dans le roman *Jean* de Paul de Kock, Mr Durand, herboriste de son état, a un commerce florissant [Kock, 1855]. Eugénie Foa dépeint une jeune femme heureuse d'avoir trouvé pour mari un petit herboriste dont la boutique tourne bien [Foa, pas de date]. Dans *L'ahuri de Chaillot,* le père de l'héroïne tient à ce que sa fille épouse un herboriste voisin qui a quelques revenus [Lassouche et Delormel, 1867]. Dans la comédie *Un mauvais quart d'heure,* le héros part en voyage pour rejoindre celle qu'il épouse sur les conseils de sa mère : une cousine par ailleurs fille d'un herboriste [Delcambre, 1895]. Dans *Le jardin de Trianon,* une femme propose à son amie d'épouser un herboriste. Certes, « il n'est pas jeune, il n'est pas beau et il manque d'esprit » [Figuier, 1889, p. 12]. Mais il a une boutique sur le pont de la Tournelle ! Louis Roux va jusqu'à écrire, dans l' « encyclopédie morale » *Les français peints par eux-mêmes* :

> *« Un secret que l'herboriste a conservé, c'est celui des grosses recettes nées de petits profits, de ces millions de riens qui font un total effrayant au bout de la journée. [...] L'herboriste ne tire aucune vanité de sa profession, mais il en tire de grands profits. Son industrie est sans contredit la plus florissante de toutes les industries »* [Roux, 1840, p. 255]

Mais si la fortune de l'herboriste peut faire de lui un parti intéressant, il n'en reste pas moins un petit commerçant. Il en porte les caractéristiques : les écrivains le dépeignent comme un fouineur et une commère pendant son temps libre. Celui-là, avec son ami l'épicier, profitent « des loisirs que leur procure leur métier pour s'occuper des choses qui ne les regardent pas » [*La Revue normande et parisienne. Causerie artistique*, 1887, p. 119]. « Tout le temps que lui laissaient la mélisse et la valériane, il l'employait à espionner le mouvement de mes affaires, mes démarches, mes distractions, mes plaisirs » fait dire le romancier Louis Raybaud à son héros [Reybaud, 1846, p. 248]. Eugène Chavette, dans ses *Petites comédies du vice,* le choisit pour représenter la médisance [Chavette, 1874, p. 223].

Et si l'herboriste trouve ainsi sa place dans la littérature romanesque, c'est probablement parce que sa boutique est devenue un élément incontournable des villes françaises, et particulièrement de Paris.

2. L'apparence de la boutique

Les certifiés s'installent majoritairement dans les villes, essentiellement dans les quartiers populaires. Nombreux sont les observateurs de l'époque qui en font la remarque. « Actuellement, la majeure partie des grandes villes est saturée d'herboristes » déclare l'herboriste Camille Destouches lors du congrès de 1937. « Par contre, nombre de localités de moyenne importance en sont dépourvues » [Destouches, 1937, p. 177]. « Cette profession n'existe guère que dans les grandes villes; dans les petites, ce sont les pharmaciens qui débitent les plantes fraîches ou sèches » expliquent Nicolas Adelon et Léopold Renauldin dans leur *Dictionnaire des sciences médicales* [1812-1822, p. 54]. Dans son ouvrage sur le charlatanisme, Paul Brouardel, doyen de la Faculté de Médecine de Paris à la fin du XIXe siècle, estime que ce développement anarchique ne suit pas les attentes du législateur : « quand le législateur créa les herboristes, il s'inspira de la pensée qu'ils iraient spécialement s'établir en province, dans les campagnes » écrit-il [Brouardel, 1899 p. 496]. Or selon lui, à la fin du XIXe siècle, sur les 400 herboristes établis en France, 300 exercent à Paris, 50 à Marseille et 49 dans les autres grandes villes. Un seul est établi à la campagne, dans le département de la Lozère.

Olivier Faure souligne, lui aussi, cette concentration des herboristes dans les villes. Selon lui, les campagnes, où chacun effectue ses propres collectes de plantes, ne permettent pas à l'herboriste de vivre de son activité. En revanche, « le succès de l'herboristerie urbaine pourrait s'interpréter comme une fidélité à des pratiques acquises dans la vie rurale et auxquelles le séjour urbain interdit de se livrer » [Faure, 1993, p. 49-50].

Sans surprise, la boutique est un élément central dans l'exercice de l'herboristerie. De tous les portraits d'herboristes extraits des écrits journalistiques comme romanesques, seuls trois héros sont ambulants : celui d'Eugène Noël [1883], de Charles Barbara [1868] et d'Edouard Legentil [1903]. Une seule herboriste, décrite par le journaliste Charles Yriarte en 1865, exerce dans un appartement situé à l'étage d'un immeuble [*Monde illustré,* 28 octobre 1865, p. 2]. Tous les autres herboristes décrits exercent dans une boutique.

Mais si les boutiques sont des éléments centraux dans l'activité des herboristes, l'analyse des listes préfectorales et des différents annuaires du commerce, disponibles pour la première moitié du XIXe siècle, indiquent que les nouveaux herboristes se sont montrés globalement peu soucieux de prendre la suite d'herboristeries déjà existantes. En effet, les chiffres montrent que, pendant cette période, le tissu parisien est marqué par un fort taux de renouvellement des boutiques. Sur les 196 boutiques indiquées dans l'annuaire du commerce Didot-Bottin de 1840, 69 n'existent déjà plus cinq ans plus tard (1845) et 143 ont disparu au bout de 10 ans (1850). Autrement dit, en 1850, 65% des établissements d'herboriste ont moins de 10 ans. Cette attitude peut s'expliquer, au moins pour partie, par la multiplicité des formes d'utilisations économiques de l'herboristerie (en complément avec d'autres activités, de manières plus ou moins ponctuelle, etc.).

La boutique est donc rarement un bien que l'on transmet. Ainsi, d'après les listes préfectorales, sur les 26 herboristes qui cessent d'exercer en 1834, 4 boutiques seulement sont reprises par de nouveaux herboristes l'année suivante. D'après l'annuaire du commerce Didot-Bottin, sur les 27 nouveaux herboristes installés en 1855, seulement 11 ont pris la succession d'une boutique qui existait déjà l'année passée.

Si les lieux des boutiques n'étaient guère permanents, les herboristes semblent avoir su trouver une certaine cohérence dans les aspects intérieurs et extérieurs des boutiques. Ainsi, toutes les descriptions de boutiques herboristiques recensées présentent des points communs. La boutique décrite est généralement à hauteur de rue, parfois marquée par une enseigne. Être au rez-de-chaussée des ruelles parisiennes n'était pas nécessairement toujours agréable à vivre, si l'on en croit cette description donnée par l'auteur du roman *Les principes du père Radottin* :

> *« Ouvert à tous les vents, et pavé aussi grossièrement que la plus vulgaire chaussée, il avait en plus, l'avantage d'être situé sur le flanc d'un égout, dont la bouche énorme s'ouvrait au milieu de la rue, et envoyait à ses riverains des parfums nauséabonds. Les jours d'orage, la boutique de l'herboriste était un lac; ses habitants se réfugiaient au premier étage. »* [Chrétien, 1877, p. 3-4]

Dans le dédale des rues parisiennes, elles se démarquent d'abord par leurs parfums. Les herboristes ont pris pour habitude de suspendre des bouquets de plantes à sécher, ou déjà sèches, le long d'un fil, sur le devant de la boutique. Lebeaud, dans son manuel d'herboristerie, explique ainsi ce mode de dessiccation qu'il estime peu :

> *« La plupart des herboristes de Paris, extrêmement gênés par l'exigüité de leurs locaux, […] lient en petits paquets les plantes qu'ils veulent faire sécher; et attachant ces paquets à la suite les uns des autres en manière de guirlandes, ils les suspendent en dehors de leur boutique où ils les laissent exposés jour et nuit à la poussière »* [Lebeaud, 1825, p. 82-83]

Si la méthode est critiquable, ces guirlandes odorantes marquent le visiteur et, si l'on en croit les descriptions des journalistes et des romanciers, sont l'un des éléments les plus caractéristiques de la boutique. Ainsi, un journaliste décrit « ses guirlandes de fleurs desséchées, ses bouquets pendants, ses plantes flétries aux molles et pénétrantes senteurs » [*Le Chenil*, 3 avril 1902, p. 159]. Tandis qu'un autre dépeint une boutique « enfouie sous les pavots enguirlandés, les mauves foisonnantes : dix, vingt, cinquante, elles s'échelonnent tout du long, offrant à l'air qui passe leurs fades odeurs » [*Le Figaro,* 4 janvier 1881, p. 1].

Outre les guirlandes, l'herboriste soigne parfois l'extérieur de sa boutique, même si le résultat n'est pas toujours au rendez-vous : « on pouvait voir une petite boutique d'herboristerie prétentieusement peinte en bleu ciel, avec des filets jaunes, d'un ton criard, du plus déplorable effet » [*Le Figaro. Supplément littéraire du dimanche*, 22 janvier 1881, p. 1]. D'autres optent pour un décor plus classique : « en face d'elle se voyait une boutique dont la devanture était peinte en noir avec des filets jaunes.

Au-dessus de la porte, sur un tableau noir, se lisait en grosses lettres jaunes ce mot unique : HERBORISTERIE » [Montépin, 1888, p. 86]. Parfois la boutique possède des vitres à travers lesquelles le visiteur peut apercevoir le contenu : « à travers la buée, qui par ce temps glacial rendait le vitrage presque opaque, on apercevait vaguement des bocaux, des flacons, des plantes sèches, etc., etc. » [Montépin, 1888, p. 86]. Certains herboristes ne semblent pas avoir hésité à utiliser largement le pas-de-porte pour attirer les clients et présenter la marchandise. Ainsi, dans un vaudeville dont la scène se déroule devant une herboristerie, l'auteur donne comme indications de décor : « la porte et la fenêtre sont entourées d'herbes de toutes espèces; une planche servant d'appui à la fenêtre est également chargée d'herboristerie. Deux grands sacs de graines sont de chaque côté de la porte » [Sarcey, 1877, p. 367]. « On dirait un musée d'antiquités végétales, étalées devant la porte et le long des murs, c'est la maison des simples » rapporte un journaliste [*Le Chenil*, 3 avril 1902, p. 159].

Dans la littérature romanesque, cette exubérance de l'étalage et des odeurs renvoie à une image positive. Les « boutiques des herboristes de Paris ou des départements ont un aspect si patriarcal, si innocent, avec leurs guirlandes de feuilles sèches en dehors, et leurs chapelets de seringues de cristal en dedans ! » écrivent Richard Lesclide et Frédéric Régamey, dans leur ouvrage *Paris à l'eau forte* [Lesclide et Régamey, 1874, p. 113]. La boutique a quelque chose de festif et de populaire « avec ses parfums violemment orchestrés, où filait cependant, comme une mélodie dominante, l'odeur des menthes et des sauges, avec ses bocaux, ses vitrines, ses guirlandes de simples desséchées et son stock d'appareils d'orthopédie » [Boutique, 1893, p. 113-114].

3. À l'intérieur de la boutique

Mais entrons dans la boutique. Si l'extérieur est festif, l'intérieur est souvent décrit comme sombre et obscure, « pareille à une cave » [Révillon, 1881, p. 10]. Parfois, le magasin est complété par un appartement, souvent à l'étage, où l'herboriste loge sa famille. C'est le cas du personnage d'Angèle, inventé par Xavier de Montépin [1888] ou de Mr Chevalier, décrit par Charles Chrétien [1877]. En dehors de la littérature romanesque, les annonces de ventes d'herboristeries, que l'on trouve dans les journaux syndicaux de la première moitié du XXe siècle, confirment cette répartition de l'espace : bien souvent, la boutique y est transmise avec un appartement. Pour autant, les espaces professionnels et personnels semblent étroitement mêlés. Lebeaud, dans son manuel d'herboristerie, note ainsi que « leur logement est quelque fois si exigu, que la même pièce leur sert bien souvent d'habitation et de magasin » [Lebeaud, 1825, p. 90]. Et de fait, dans la littérature romanesque, la boutique apparaît comme un véritable lieu de vie. Ainsi dans *Jean,* M. Durand dort, reçoit et mange dans sa boutique [de Kock, 1855], ou encore, dans *La fille des étudiants,* Mme Gouffard y loge son personnel [*Les Romans inédits*, 1897-1898].

Outre l'appartement et la boutique à proprement parler, l'herboriste peut posséder une arrière boutique, et parfois une cave, qui lui servent à entreposer ses plantes. Les problèmes d'humidité des caves parisiennes lui valent quelques critiques virulentes. « Comme les herboristes sont tous logés dans des rez-de-chaussée humides, les plantes subissent en peu de jours les effets de la putréfaction » écrit un certain Larcheret, par ailleurs inventeur d'élixirs. « Le plus souvent, les murs distillent l'eau par filet; leurs plantes sont des éponges qui s'imbibent des vapeurs dont l'air de leur appartement est continuellement imprégné » [Larcheret, 1819, p. 255]. D'ailleurs, le compte-rendu de l'inspection de la boutique d'Edmé Gillot, par des membres de la Faculté de Médecine de Paris en 1778, témoigne qu'il rencontrait le même problème. Afin de limiter l'humidité, il avait recouvert sa cave de sable et mis en place une machine à dessiccation envoyant de l'air à travers des grillages sur lesquels reposaient les plantes [Perrot, 1923].

Si l'on en croit les descriptions données dans les romans et les pièces de théâtre, l'espace réservé à la vente comprend d'abord « le comptoir, les balances, les mesures » [Bourvier, 1874, p. 84], mais aussi des « tablettes surchargées de plantes, de racines » [de Kock, 1855, p. 2], « des bocaux, des flacons, des plantes sèches » [Montépin, 1888, p. 86], des « baquets à sangsues », un « casier à herboristerie » [frères Cogniard et Bourdois, 1854, p. 1], assorti « de graines desséchées, de boîtes dépareillées, de bouteilles vides » [Revillon, 1881, p. 10]. Ces descriptions donnent souvent une impression de fouillis, de pêle-mêle.

Certes, on peut considérer que cette caractéristique a probablement été caricaturisée par certains auteurs, afin de servir la narration ou le portrait du héros. Mais le fait est que l'on trouve de tout dans les boutiques. L'herboriste vend des plantes, mais pas seulement en l'état. Et les romans n'en sont pas les seuls témoignages. Si l'on en croit les publicités retrouvées dans les journaux, on peut lui acheter des mélanges de plantes, des toniques, des cordiaux, des vins médicinaux, des pommades, etc. Ainsi, l'herboriste Simon, dans un petit recueil publicitaire non daté, vante sa « tisane russe », sa « pommade curative », son « café nutritif », son « élixir roboratif », etc. [Simon, non daté, p. 147-148]. Mme Claverie, dans sa publicité, elle aussi non datée, parle de ses « préparations spéciales » et de sa « poudre des marcheurs » [Claverie, non daté, p. 6-8].

Certains herboristes inventent des produits. Mme Chatelain, sage-femme et herboriste de première classe, a fait breveter une « Pommade végétale du Canada » composée de « plantes simples et infaillibles, pour arrêter instantanément la chute des cheveux » [*Almanach des 40 000 adresses des fabricants de Paris et du département…*, 1864, p. 153-154]. L'herboriste Angéliaume a, quant-à-lui, créé l'« aligament », un produit de suralimentation à base de farines, d'algues et de légumineuses [voir par exemple, *La Revue herboristique,* juillet 1925, p. 4].

Et puisque l'herboriste multiplie les activités (orthopédie, mercerie, optique, épicerie, etc.), il multiplie les objets à vendre, en sus des plantes. Les herboristeries présentent des objets d'une bien plus grande diversité que les pharmacies, forcées de se cantonner au domaine du soin.

Les herboristes vendent des produits hygiéniques ou de parapharmacie, des savons, des canules, des eaux minérales, des cotons, du lait maternisé, des sangsues, etc. Mais pas seulement, puisqu'ils peuvent aussi vendre des articles de mercerie ou d'épicerie. Si le phénomène est visible au XIXe siècle, il est évident dans la première moitié du XXe siècle. Dans un article de mars 1920, publié dans un journal syndical, un herboriste, qui signe G. F. des Champs, encourage ses confrères à vendre des eaux minérales, des produits chimiques non médicinaux, des produits d'hygiène (en caoutchouc, verre, etc.), de la verrerie courante, de la parfumerie, une partie des produits alimentaires dont le miel, de la confiserie, des éponges et des serviettes périodiques, des peaux de chat, de l'encre, des engrais, de la graineterie dans un local séparé, des produits pour la photographie dans une armoire, des épingles à cheveux ou à nourrice, des peignes, etc. Il justifie cette multiplication de produits par l'intérêt économique qu'elle apporte :

« Nous connaissons un herboriste qui a installé une bibliothèque pour location de volumes, et qui arrive à payer plus de la moitié de son loyer avec le revenu de cette petite branche. [...] il est nécessaire que l'activité règne toujours dans leur magasin. Il faut que la clientèle y vienne sans cesse et entrant pour acheter un objet, pense à acheter un autre que détient également notre collègue » [L'herboristerie française, n°3, mars 1920, p. 4].

À mi-chemin de la pharmacie et du commerce, l'herboriste pouvait choisir d'orienter son activité plutôt vers le paramédical, plutôt vers le commerce de proximité et du quotidien, ou mêler les deux aspects. La boutique de l'herboriste apparaît donc comme un espace intégrant le soin dans le quotidien.

4. De la provenance des produits vendus par l'herboriste

Mais d'où proviennent tous ces produits ? Dans la seconde moitié du XIXe siècle et la première moitié du XXe siècle, les maisons spécialisées dans la vente d'objets de parapharmacie se développent, probable cause et conséquence d'un recours accru aux fournisseurs. Vendeuse dans une herboristerie dans les années 1930, Suzanne Robert raconte les passages à la boutique de démarcheurs d'objets en caoutchouc [Robert, 1986, p. 24].

L'herboriste vend par ailleurs des préparations à base de plantes. Certaines sont fabriquées en dehors de l'herboristerie. Par exemple, une publicité vante le « thé éclétique indigène du médecin Le Pelletier » vendu chez « J. B. Leclert, herboriste-grainetier » [*Table analytique...*

1827, p. 13]. D'autres sont inventées et produites par l'herboriste, comme la « pommade végétale du Canada » de Mme Chatelain [*Almanach des 40 000 adresses des fabricants de Paris et du département…*, 1864, p. 153-154], le « café indigène » de Moisson qui fait l'objet d'une publicité dans *Le Négociateur* de 1834, l'« Elixir léopard » que Jourdan présente dans un petit livret publicitaire de 1890 [Jourdan, 1890], ou le « tonique » dont parle Georges Brodhurst dans son mémoire [Brodhurst, 1848]. Les produits créés par les herboristes peuvent aussi être commercialisés dans d'autres herboristeries. Ainsi, les publicités pour l'« algaliment », de l'herboriste Angéliaume, s'accompagnent d'une liste des boutiques diffusant ce produit [voir par exemple *La revue herboristique,* février 1930, p. 55].

De tels systèmes questionnent la création d'un espace de production minimal pour fabriquer un même produit en nombre. Il est donc vraisemblable que certains herboristes se soient dotés d'équipements et d'un espace spécifique, participant à l'industrialisation progressive des préparations, à l'image de leurs voisins pharmaciens. Cela semble être, du moins, le cas de l'herboriste Simon qui mentionne, dans sa brochure publicitaire, qu'il a créé un « laboratoire » pour fabriquer puis vendre les produits de son invention [Simon, non daté]. Il est aussi vraisemblable que les herboristes, au moins dans la fin du XIXe siècle et la première moitié du XXe siècle, aient été gênés dans leur expansion industrielle par le manque de clarté des limites juridiques du métier. Parce qu'il ne donnait pas explicitement accès à la vente de « médicaments », le certificat d'herboriste n'était pas idéal pour mettre au point des produits thérapeutiques et les commercialiser massivement. Ainsi Paul Serres, aspirant herboriste à la Faculté de Pharmacie de Paris en 1927, écrit une lettre pour se désinscrire : il souhaitait obtenir son certificat pour pouvoir commercialiser un mélange de plantes de son invention, mais il vient d'apprendre qu'il n'en avait pas légalement le droit.

Quand à l'origine des plantes en l'état vendues par les herboristes, la question est complexe. Les manuels d'herboristerie, du XIXe comme de la première moitié du XXe siècle, regorgent de conseils et d'indications de cueillette. Dans son manuel, Piton définit l'herboriste comme étant à la fois celui qui vend les plantes, et celui qui les récolte [Piton, 1837]. La même définition se trouve dans le *Dictionnaire des sciences médicales* de Nicolas Adelon et Léopold Renauldin [1812-1822-p. 54]. À l'évidence, certains herboristes allaient eux-mêmes cueillir, voire cultiver, leurs plantes. Ainsi, un journaliste de *La presse* fait le portrait d'un couple d'herboristes ambulants qui vont cueillir dans l'après midi des plantes « dans la banlieue » pour les vendre le lendemain matin dans les rues de Paris [*La Presse,* 19 mars 1903]. L'ouvrage *La camomille et autres plantes médicinales dans la région de Chemillé* /Baranger, Branger, Gallotte et Gicquiaud, 2011, p. 17-18] rapporte le cas d'un herboriste installé à Paris, Aimé Godillon, qui a entrepris, sur la fin de sa vie, des essais de culture de camomille, de rose de Provins et d'hysope à Saint-Lambert, dans le Maine-et-Loire, sa région de naissance. En 1926, un article étonnant d'un herboriste de Laval, P. Pasquier, propose une technique de « culture à bon marché des plantes médicinales ». Pour ceux qui manquent de terre, il propose de semer « de façon discrète » des graines dans les espaces publics laissés en friches, comme les bords des chemins, des routes, des rivières, etc. Il suffit ensuite de bien noter les emplacements et de venir récolter à la bonne saison [*La revue herboristique,* mars 1926, p. 35].

Mais cueillir soi-même les plantes que l'on vend n'est pas nécessairement le fait de la majorité. Surtout s'ils vendent de nombreuses plantes, les herboristes n'ont sûrement pas assez de leurs propres récoltes et cultures, et doivent vraisemblablement se fournir auprès de grossistes. En outre, la régionalisation de certaines espèces médicinales (comme l'amandier[1], très sensible au froid) et la spécialisation de certaines régions autour de cultures spécifiques (la rose de Provins, la camomille de Chemillé, la menthe de Milly, le tilleul de Carpentras, etc.) impliquent vraisemblablement, pour l'herboriste souhaitant posséder un panel complet de plantes, l'insertion dans un marché national. Voire même international : l'attrait pour les espèces exotiques et leur utilisation, initié par les grands voyages de découverte du XVIe siècle, encouragé par la colonisation [Lescure, 2003, non publié], est bien implanté au XIXe siècle [Allorge, 2008 ; Allorge et Ikor, 2003]. Certaines d'entre elles, à l'image de la Cannelle [Piton, 1837, p. 137] ou de l'Aloès [Reclu, 1889, p. 29], ont bien leur place dans les manuels d'herboristerie. Dans son *Traité des actes de commerce des commerçants et de leur patente,* datant de 1884, Louis Nouguier va jusqu'à écrire que l'herboriste n'est pas celui qui cueille des plantes, mais bien celui qui les achète pour les revendre avec bénéfices [Nouguier, 1884, p. 94].

Pour s'approvisionner, l'herboriste a à sa disposition des fournisseurs en gros, dont le plus bel exemple est la maison Noël-Hacquin, précédemment mentionnée, installée place du Marché St Jean dans le seconde moitié du XIXe siècle. Dans les journaux des syndicats d'herboristes de la première moitié du XXe siècle, on trouve des publicités qui indiquent la diversité des formes que peuvent prendre ces grossistes : maison « Gallix, Dubois, Muller et cie »,

[1] *Prunus dulcis* D.A. Webb ; *Rosaceae.*

« Laboratoires St-Laurent », « entreprise André Darbonne », « établissements Jourdan », « Société lyonnaise d'Herboristerie », « Laboratoire d'Herboristerie générale », « Les bons producteurs », « entreprise Super-Bractyl », etc. Ces établissements sont plus ou moins spécialisés autour de certaines plantes (tilleul de Carpentras, bigarades de Nice, etc.) et ajoutent, généralement, à la vente de plantes, des produits ayant probablement une meilleure valeur ajoutée : eaux de Cologne, liqueurs, eaux florales, alcool de menthe, etc.

Il y a par ailleurs, à Paris, un marché des plantes médicinales indigènes, fraîches et sèches. Il se tient rue de la Poterie, le long de la Halle aux Draps et aux Toiles. L'Ordonnance du 14 nivôse an XII (5 janvier 1804) confirme sa tenue, et fixe qu'il se tiendra tous les jours, du lever du soleil jusqu'à midi entre le 22 septembre et le 22 mars, puis du lever du soleil jusqu'à 10 heures entre le 22 mars et le 22 septembre. Le marché semble avoir existé pendant une grande partie du XIXe siècle au moins, puisqu'on trouve sa trace jusque dans un ouvrage de 1859. Les plantes y sont vendues sans mélange, et en gros. Dans un *Manuel de la salubrité, de l'éclairage et de la petite voirie* de 1859, on peut lire :

> *« les herbages sont vendus à la hottée ou à la grosse botte. Les racines sont vendues par bottes pesant chacune au moins 15 hectogrammes, les fleurs par sachée, ou au poids, au moins de 5 hectogrammes, la réglisse par bottes pesant au moins chacune 6 hectogrammes »* [Martel, 1859, p. 227]

Seuls ceux qui cueillent ou cultivent les plantes ont le droit d'y avoir une place, l'Ordonnance du 14 nivôse an XII (5 janvier 1804) mentionnant qu'« il est défendu à tous autres qu'à ceux qui sont dans l'usage de cultiver ou de recueillir les plantes médicinales, d'en exposer en vente sur le marché ». Par conséquent, « les herboristes de Paris peuvent avoir une place au marché, en justifiant qu'ils font valoir en plantes médicinales, au moins vingt-cinq ares cinquante centiares de terrain (demi arpent) » note l'Ordonnance de Police du 8 novembre 1810. À défaut d'y vendre des plantes, les herboristes de Paris pouvaient trouver, sur ce marché, de quoi se fournir en plantes fraîches et sèches.

Ainsi, en pratique, l'herboriste était un vendeur de plantes, mais aussi un vendeur de préparations et d'objets variés. Il était même davantage qu'un vendeur, apparaissant comme un acteur de soins à part entière.

Chapitre III. Un acteur de soin à part entière

I. Les connaissances herboristiques

1. L'accès aux savoirs

L'absence de formation reconnue par l'Etat ne permet pas de caractériser facilement le savoir détenu par l'herboriste. Or, cette question est d'autant plus cruciale que la méconnaissance d'une propriété ou une erreur de dosage peut être fatale : la loi de germinal n'interdit pas nommément à l'herboriste de vendre des plantes toxiques pour usage médical, jusqu'à ce que la situation soit restreinte par le décret du 29 octobre 1846 [*Codex medicamentarius gallicus. Pharmacopée française, rédigée par ordre du Gouvernement,* 1908, p. 951]. D'où venait donc le savoir de ces herboristes ? L'École Supérieure de Pharmacie permettait aux postulants d'assister aux cours de botaniques. Mais l'auteur d'un manuel d'herboristerie, Piton, les juge bien « trop savans » pour eux [Piton, 1837, p. 41]. Il semble surtout qu'ils n'étaient pas adaptés à la formation des futurs herboristes. Une lettre d'un postulant, écrite en 1933, sous-entend qu'il n'y est pas fait de reconnaissance de plantes sèches. Or cette dernière représente presque la moitié de l'examen :

« Au moment où je cherchais à identifier les plantes sèches, je me suis plains à Monsieur le Président de l'examen que je n'avais pu voir ces dernières à la Faculté car tout est fermé quand on s'y présente... Alors Monsieur le Président de l'examen qui porte dignement la rosette d'officier de la légion d'honneur me répondit franchement que ce n'était pas à la Faculté que je pouvais apprendre à connaître les plantes séchées... »

D'après son guide scolaire, l'École Supérieure de Pharmacie de Paris ouvre aux postulants, en outre, l'accès au jardin botanique. Mais la tranche horaire pendant laquelle ils ont le droit d'y accéder est dérisoire : un jour par semaine (le jeudi), et seulement entre 8 heures et 10 heures du matin. L'École Supérieure ne semblait donc pas un cadre de formation idéal pour les postulants en herboristerie.

Le XIXe et la première moitié du XXe siècle sont marqués par une multiplication de manuels d'herboristerie : celui de Lebeaud en 1825, de Rédarès en 1827,de Tolard et Julia de Fontenelle en 1828, de Piton en 1837, de Seringe en 1852, de Cazin en 1868, de Béclu en 1872, de Maurin en 1888, de Reclu en 1889, de Correvon en 1896, de Losch en 1908, de Petiteau en 1929, de Compain en 1930, etc. Certains ont été populaires, au vu de leurs nombreuses rééditions (comme les manuels de Reclu, Beclu, Cazin ou Compain). Ces manuels sont destinés aux herboristes, mais pas seulement : ils peuvent aussi s'adresser aux épiciers et droguistes (Béclu, Compain, Tollard et Julia de Fontenelle), aux médecins de campagne (Cazin, Béclu, Reclu), aux étudiants en pharmacie (Losch), aux personnes pieuses aimant profiter de la campagne (Lebeaud), voire aux vétérinaires (Compain).

Les auteurs présentent leurs ouvrages comme des moyens de pallier au manque de formation académique des postulants au certificat. « Parmi les professions que le flambeau des sciences n'a presque point encore éclairées, se trouvent celles de l'épicier et de l'herboriste » écrivent Tollard et Julia de Fontenelle en 1828 [Tollard et Julia de Fontenelle, 1828, p. 1]. « Presque toujours cette profession si honorable dans le principe, est exercée par des hommes qui n'ont pas reçu l'instruction nécessaire, et qui se trouvent dans le cas de commettre une foule d'erreurs préjudiciables aux malades » renchérit Piton en 1837 [Piton, 1837, p. 34]. « Mettre en main de l'herboriste ces connaissances à la fois scientifiques et pratiques, c'est le but de ce livre » explique Béclu [Béclu, 1872, p. XI]. La critique relative au manque de savoir de l'herboriste n'est pas le seul fait des manuels.

Une caractéristique fondamentale de ces manuels est qu'ils ne sont pas écrit par des herboristes : Maurin, Cazin et Losch sont docteurs, Lebeaud est un ancien officier de santé des armées, Béclu est élève en médecine, Julia de Fontenelle est professeur de chimie, Petiteau est pharmacien, Tollard est professeur de botanique et d'horticulture, etc. En outre, les auteurs de manuels d'herboristerie sont des hommes, tandis que les femmes représentaient la majorité des représentants du métier. Ce n'est qu'au XXe siècle que quelques grands herboristes seront aussi de grands rédacteurs de manuels, tels que Compain ou Mulot. Que les herboristes du XIXe siècle n'aient pas jugé utile de mettre en mots une connaissance (peut-être trop contextuelle pour être résumée dans la grille de lecture d'un livre), ou qu'ils n'en aient pas eu les moyens financiers, ou la possibilité d'écrire, le fait est qu'ils ne se sont pas investis dans un savoir livresque ou académique.

Outre la lecture de manuels d'herboristerie, il est vraisemblable qu'une part des connaissances des herboristes était issue d'une transmission familiale, ou du moins officieuse. Le XIXe siècle a vu la multiplication des cours privés et des apprentissages au sein d'une herboristerie en activité. Plusieurs lettres de postulants en témoignent : Mme Renault prépare son certificat avec d'autres étudiants à l'officine de Mme Jouve, Mme Sterviniou est chez Mme Coquard, Mme Venet prend des cours avec Mme Montgrolle, Mlle Gigon et Mme Mansy prennent des cours chez Mme Creuzot, Mlle Barbou est une élève de Mlle Fortin, etc. Une réponse à la lettre d'un postulant, écrite en 1933 et restée dans son dossier, nous apprend que le secrétariat de l'École de Pharmacie affichait une liste des personnes se proposant de donner des cours. Mais il n'était pas le seul lieu où prendre l'information. Des journaux divers, comme *Le Publicateur officieux*, mais aussi les publications des syndicats d'herboristes du XXe siècle, servent à la diffusion de petites annonces, autant qu'ils témoignent de l'intérêt pour ces cours :

> *« Les personnes qui voudraient apprendre la BOTANIQUE MEDICALE et la DROGUERIE, pour se faire HERBORISTE, peuvent s'adresser à M. Destrés, ancien botaniste, rue du Martroi, n°18, près l'Hôtel-de-Ville. »* [*Le Publicateur officieux,* 1er juin 1833, p. 4]

> *« Cours de botanique médicale préparation aux Examens d'Herboristes Leçons particulières Mme Lamouroux Professeur libre Diplôme supérieur de l'École de Pharmacie de Paris 85 avenue Ledru-Rollin, 85 (Faubourg St Antoine) Métro : Bastille Paris (XIIe) »* [*L'herboriste,* n°13, janvier 1912, p. 4]

Le paradoxe est qu'en ne créant pas de formation officielle en herboristerie, le législateur semble avoir encouragé la multiplication de formations alternatives, telles que les cours privés, l'apprentissage dans une boutique, ou la parution de manuels. Loin de disparaître, le savoir de l'herboriste s'est vraisemblablement alimenté de cette multiplication des points de vue, dans un espace qui n'était certes pas académique, mais pas moins existant pour autant.

2. Au cœur des savoirs de l'herboriste

Il existait, au XIXe siècle, un savoir sur les plantes partagé par le plus grand nombre. Marcelle Bouteiller rapporte que les familles des campagnes du XIXe siècle avaient leurs propres connaissances sur les maladies courantes, qui ne différaient que peu de celles des « guérisseurs » locaux, si ce n'est qu'elles étaient plus simples [Bouteiller, 1987, p. 52]. Cette connaissance partagée des plantes dans les campagnes du XIXe siècle est aussi étudiée par Françoise Loux, qui souligne, par ailleurs, que le rôle de thérapeute était souvent porté par une femme âgée : « parmi les produits utilisés pour soigner, les plantes étaient les plus nombreuses : les simples médicinales, mais aussi les fleurs que l'on cultivait dans son jardin, comme la violette ou la grande marguerite, ou encore les fruits du potager : les fraises, les prunes... » [Loux, 1990, p. 241].

Dans les manuels d'herboristerie, cette connaissance attendue du lecteur se lit en creux, à travers les éléments qui n'apparaissent pas dans le texte. La plupart des manuels du XIXe siècle (à l'exception de celui de Reclu de 1889), voire du début du XXe siècle (ex : Losch, 1908), ne proposent pas de glossaire des termes techniques utilisés pour qualifier les propriétés médicinales des plantes (comme « diurétique », « fébrifuge », « vermifuges », etc.), et ne donnent pas les définitions des maladies mentionnées. Certaines propriétés des plantes sont jugées connues de tous. Ainsi, en 1853, S. S. L. T. et F. M., notent que les propriétés du pissenlit sont

« trop connues pour en faire mention » [S.S. L. T. et F. M., 1853, Paris]. De la même manière, et pour la même période, les préparations des différentes formes de tisane (infusion, décoction, macération, digestion) ne sont pas explicitées. Avec cependant quelques exceptions comme Piton (1837), qui juge nécessaire d'expliquer comment faire une digestion et une macération, mais pas une infusion et une décoction. De tels savoirs semblaient aller de soi pour les auteurs de ces manuels.

Le contenu des manuels est loin d'être identique d'un livre à l'autre. Par exemple, dans son ouvrage de 1827, Rédarès note que la saponaire est dépurative. L'année suivante, Tollard et Julia de Fontenelle écrivent qu'elle est désobstruante, apéritive et diaphorétique[1]. Si tous les trois s'accordent à reconnaître des propriétés emménagogue[2] à la sabine, Rédarès ajoute qu'elle est apéritive et incisive, tandis que Tollard et Julia de Fontenelle la décrivent comme corrosive, dépilatoire et anthelminthique[3]. En 1872, Béclu note que la chicorée sauvage est rafraîchissante, dépurative, fondante et apéritive. Deux ans plus tard, Cazin lui reconnaît aussi des propriétés apéritives, mais il la décrit comme tonique, laxative et fébrifuge[4]. Chose remarquable, il ne semble pas y avoir de contradictions flagrantes entre ces manuels, ce qui pourrait être le signe de recherches menées avec sérieux. Malgré la diversité des professions des auteurs (médecins, pharmaciens, chimistes, botanistes, professeurs, etc.), le contenu des manuels d'herboristerie est globalement cohérent.

L'analyse du contenu des ouvrages publiés entre 1803 et 1941 révèle qu'ils n'ont pas pour objectif d'entraîner les

---

[1] Qui favorise la transpiration.
[2] Qui favorise les menstruations.
[3] Vermifuge.
[4] Qui fait baisser la fièvre.

postulants au seul examen du certificat. Le métier de l'herboriste y apparaît selon une définition très large. Le cœur du manuel est généralement constitué d'une liste de plantes contenant les caractéristiques botaniques et de culture, ainsi que les propriétés. S'y ajoutent des chapitres complémentaires diversifiés : des recettes de « médicamens » [Lebeaud, 1825], les familles botaniques, les parties botaniques de la plante (fleurs, fruits, feuilles, etc.), les principes de reconnaissance des plantes, les principes de dessiccation et de conservation, la conduite à tenir lors des herborisations, etc. Bien loin de ne mentionner que l'utilisation des plantes en tisane, ces manuels présentent des formes de préparations et d'utilisations extrêmement diversifiées : huile, cataplasme, lavement, poudre, préparations à base de vin ou de lait, bois râpé, suc exprimé, sève, pommade, etc. Dans un XIXe siècle où la pharmacie repose sur la plante, les herboristes ne sont pas là seulement pour les problèmes de santé de faible gravité. D'après ces manuels, les plantes apportent des réponses à des maladies graves : hémorragie, phtisie, gastrite, pneumonie, diarrhée, asthme, abcès, syphilis, coqueluche, ulcères, crachements de sang, scrofule, scorbut, douleurs du cancer, plaies gangreneuses, etc.

Les savoirs mentionnés dans les manuels vont bien au-delà de ceux nécessaires au passage du certificat. L'ouvrage de Cazin, certes d'abord à destination des médecins de campagne, est en particulier d'une grande richesse et d'une grande précision, atteignant les 1 303 pages [Cazin, 1868]. Bien sûr, « le jury médical n'exige pas cela; mais le pauvre qui remplit tous les jours la boutique de l'herboriste lui en fait un devoir » explique Rédarès dans l'introduction de son manuel [Rédarès, 1827, p. III]. Lebeaud, en 1827, justifie le fait qu'il donne la formule de « composés médicamenteux » [Lebeaud, 1827, p. 120] en écrivant que si l'herboriste n'a pas le droit de les faire, il doit néanmoins être capable d'expliquer à son client comment procéder, et doit être conscient des contre-indications possibles.

En outre, la plupart de ces manuels intègrent des plantes d'origine exotique, comme le Séné ou le Gaïac/Gayac. Pourtant, la loi précise que l'herboriste ne peut vendre que des plantes « indigènes ». Il est vraisemblable que ces manuels reflètent, davantage que la loi, la pratique quotidienne des herboristes. D'après Piton, un certain docteur Mérat aurait écrit que « la plupart débitent en cachette, à la vérité, des médicamens exotiques, comme du sené, de la rhubarbe, de la manne, de l'ipécacuahna, etc. »[1] [cité par Piton, 1937, p. 37]. Il est possible que certains aient joué sur la difficulté à discriminer une plante exotique d'une plante acclimatée pour pouvoir vendre des plantes d'origine exotique. Un article de *l'Ouest-Eclair* nous apprend que lors du procès d'Anne Jaouen, en 1937, accusée d'avoir vendu du boldo, son avocat démontra qu'on le trouve « aussi fréquemment que l'eucalyptus ou le mimosa dans nos climats européens ». Et l'herboriste fut acquittée [*L'Ouest-Éclair*, 28 avril 1937, p. 5].

La conséquence reste que les herboristes présentent une grande diversité de parcours d'apprentissage. Et celle-ci n'a pu que s'accompagner d'une grande diversité de qualité du savoir, notamment autour des aspects qui n'étaient pas évalués lors de l'examen du certificat. En effet, si certains pouvaient développer une connaissance extrêmement étendue des plantes grâce aux manuels et aux cours privés, il est vraisemblable que d'autres se contentaient d'apprendre les éléments de botanique nécessaires pour obtenir le certificat. Il est donc particulièrement difficile de cerner les connaissances proprement herboristiques. Mais

[1] L'orthographe est celle du texte d'origine.

cela n'a pas empêché les herboristes de trouver leur place comme acteurs de soins de proximité.

II. L'acteur de soins

1. « Pharmacien du pauvre » ou « médecin du pauvre » ?

C'est que, dès 1803, l'herboriste s'affiche pleinement comme acteur de soins. Ainsi que le remarque Olivier Faure, « en créant une profession tout en lui interdisant les moyens de vivre décemment, la loi de germinal condamnait les herboristes à l'illégalité » [Faure, 2005, p. 67]. « Dès le début, et de façon apparemment systématique », ajoute-t-il, « les herboristes [...] tiennent des pharmacies complètes dans leurs arrière-boutiques » [2005, p. 72]. S'ils ont des « pharmacies », ils semblent aussi faire de la « médecine ». Dans le *Grand dictionnaire universel du XIXe siècle*, paru entre 1866 et 1877, Pierre Larousse écrit qu'« il n'est pas rare d'en voir quelques-uns s'ériger en médecins et exploiter la confiance du bas peuple par des consultations soi-disant gratuites, mais largement rétribuées par la quantité d'herbes ou de médicaments qu'ils font prendre aux malades ». Mme A. Paquet-Mille, dans son *Nouveau guide pratique des jeunes filles dans le choix d'une profession,* écrit que pour être herboriste, « il importe avant tout de savoir approprier les plantes aux maladies, et de pronostiquer leurs effets » [Paquet-Mille, 1891, p. 25]. Et de fait, certaines publicités d'herboristes font référence à des « médecines naturelles » ou « médecines végétales », à l'image des prospectus de L. Simon [Simon, non daté] ou de J. Chamboeuf [Chamboeuf, 1877]. Dans sa plaquette publicitaire, L. Simon, herboriste de première classe, va jusqu'à écrire que sa devise est d'« être médecin soi-même » [Simon, non daté]. « On peut s'assurer, preuve en main de la guérison rapide et infaillible par soi-même de toutes les sortes de maladies [...] avec l'aide des plantes », renchérit, en 1890, son collègue A. Jourdan, dans un livre où il vante ses produits [Jourdan, 1890, p. 1]. Dans une publicité de 1914, P. Aussant se vante de pouvoir soigner « toutes les maladies incurables ou non par la Médecine des Herbes ».

En étudiant la manière dont l'activité de l'herboriste est présentée dans la littérature romanesque, on constate qu'effectivement, l'herboriste est plutôt perçu comme une sorte de « médecin », qui ne se contente pas de fournir des « médicaments », mais prodigue aussi des diagnostics. « On dit quelquefois que j'en sais un peu long en médecine » déclare un personnage de *La princesse saltimbanque* [Bouvier, 1882, p. 323]. « Les malades, ça me connaît » renchérit un autre, « je suis herboriste, et la médecine, c'est mon affaire ! » [Beauvallet, 1888, p. 43].

La littérature romanesque n'est pas la seule à témoigner de cette course à l'herboriste. « Quelqu'un du peuple est-il malade, il va consulter l'herboriste qui lui ordonne gravement une tisane » écrit Piton dans son manuel d'herboristerie [Piton, 1837, p. 38]. Le docteur Jules Massé, en 1850, dans un livre qu'il destine aux ouvriers de Paris, fustige ce comportement :

> *« Une des erreurs les plus générales, c'est qu'aussitôt malade, il faut se hâter de faire quelque remède : des sangsues, des purgatifs, des drogues quelconques, peu importe le traitement. Aux yeux de bien des gens, le principal est d'agir tout de suite. Aussi même avant d'aller chez le médecin, on court chez l'herboriste ou chez l'apothicaire »* [Massé, 1850, p. 172-173]

Le médecin Léon Gosselin se plaint, lui aussi, de ceux qui « au lieu de prendre conseil d'un médecin instruit, s'adressent à un pharmacien ou un herboriste », lesquels risquent, par méconnaissance, de faire empirer le mal au lieu de le guérir [Gosselin, 1879, p. 532].

Bien sûr, tout ceci est condamnable au titre d'exercice illégal de la médecine. Mais l'herboriste ne se situe pas exactement sur le même domaine que le médecin, ou même le pharmacien : ses produits sont bien moins chers. Ses clients sont principalement ceux dont les revenus ne permettent pas ou prou le recours au médecin ou au pharmacien. Selon Olivier Faure, « l'herboriste semble être celui vers lequel on se tourne spontanément parce qu'il est du même monde et vend moins cher que le pharmacien » [Faure, 1993, p. 50]. « Un sac de plantes de quatre à cinq francs […] permettra de faire trois litres d'infusion ou de décoction, […], alors qu'un sirop dépuratif, tonique ou autre reviendrait au minimum à vingt-cinq francs » explique l'herboriste E. Langlois, dans un article d'un journal syndical [*La revue herboristique*, juin 1931, p. 21]. C'est que « la liste est longue des articles d'herboristerie dont on a pour deux sous, de quoi gaspiller » écrit le romancier Alexandre Boutique. « Dans ce vaste champ des infirmités humaines avec, pour gogos, les malades imaginaires, le pharmacien est le gros agioteur, raflant à coup sûr; l'herboriste est le gagne-petit » [Boutique, 1893, p. 104-105].

L'herboriste ne se contente pas de vendre des produits à faible prix. Nombre d'auteurs de roman dépeignent un herboriste qui ne fait pas payer ses soins. Le héros de Charles Barbara ne demande rien aux pauvres gens qu'il soigne, même s'il reçoit, en contrepartie, de nombreux cadeaux qui font de lui un homme riche [Barbara, 1868]. Raoul de Navery décrit un herboriste « accablé de demandes, de consultations » qu'il délivre « gratis » [de Navery, 1893, p. 90]. Ce qui semble par ailleurs correspondre, au moins pour partie, à une réalité. « Il oublie que mes soins ont été entièrement gratuits et que je ne suis point rentré dans mes déboursés » écrit Georges Brodhurst, dans son mémoire adressé au tribunal de police [Brodhurst, 1848, p. 5].

Cette gratuité peut aussi n'être que partielle : l'herboriste donne ses conseils, mais fait payer ses plantes. Le médecin Mérat note ainsi que le client « s'en va content de n'avoir pas de médecin à payer, d'autant que l'herboriste a eu bien le soin d'observer qu'il ne faisait que payer la marchandise » [cité par Piton, 1837, p. 38]. Un article de *Le Matin,* du 13 décembre 1902, rapporte le cas d'un jeune homme qui avait fait appel à un herboriste pour soigner une jambe malade. Ici encore, il n'a payé que les plantes et pas les conseils [*Le Matin : derniers télégrammes de la nuit*, 13 décembre 1902, p. 2]. La dame S., dont les activités sont décrites par un journaliste du *Monde illustré,* de même, ne fait payer que ses plantes, et pas ses conseils [*Le Monde illustré,* 28 octobre 1865, p. 2].

2. Ce qu'en disent les monographies médicales : la place de l'herboriste dans l'itinéraire thérapeutique du malade

Une autre source nous permet de cerner plus précisément la place de l'herboriste dans le système de soin : ce sont les monographies médicales. Ces ouvrages, spécialisés dans le traitement d'une maladie, et écrits par des médecins, rendent compte de parcours de soin, à travers des « observations » ou des « cas » de patient. Ces parcours nous permettent d'identifier à quel moment le malade s'est tourné vers l'herboriste. Bien sûr, ces livres sont souvent écrits à la gloire du médecin, auteur de l'ouvrage. Les patients présentent bien souvent un schéma de parcours thérapeutique identique : victimes de maladies graves ou particulièrement gênantes, ils ont essayé de multiples recours de soin avant de se tourner, en désespoir de cause, vers l'auteur de l'ouvrage qui, bien sûr, a obtenu la guérison.

Ces monographies permettent néanmoins d'identifier un comportement récurrent de réponse, induisant un parcours de soin dans lequel l'herboriste a pleinement sa place. Ainsi que le rappelle Claudine Herzlich en 1984, toute identification d'une maladie et d'un traitement n'est pas qu'une lecture du biologique, mais une interprétation sociale d'une déviance [Herzlich, 1984, p. 195] : le recours au pharmacien ou à l'herboriste s'intègre dans des habitudes et des croyances populaires [Faure, 1993, p. 76]. Et les monographies médicales confirment ce qui apparaît dans les romans, présenté précédemment : le passage par la boutique de l'herboriste se fait essentiellement dans les premiers temps du parcours de soin, et concerne généralement des personnes d'origine modeste.

Le malade commence souvent par se soigner de lui-même avec des plantes (qu'il peut acheter chez l'herboriste), des vins ou des produits divers vantés dans des publicités. Puis il se tournera vers l'herboristerie s'il ne constate pas de soulagement dans cette automédication.

> *« Guillem...Sophie, couturière, âgée de 46 ans, entre le 27 mai 1874 à l'hôpital Lariboisière [...] pour des douleurs de tête violentes [...]. Il y a neuf ans à peu près, Sophie commença à se plaindre de maux de gorge ; elle avait, dit-elle, le fond de la gorge rouge et les amygdales tuméfiées. Pendant deux ou trois ans elle ne s'en préoccupa nullement, et se contenta de faire usage de quelques gargarismes. Enfin, fatiguée de souffrir,*

malgré les soins dont elle s'entourait, elle prend le parti d'aller consulter un herboriste de Pantin [...]. » [Duguet, 1874, p. 2]

À la lecture de ces monographies médicales, on constate que l'herboriste ne se contente pas de proposer des tisanes pour soigner ses clients. Celui-ci utilise des crayons de nitrates pour cautériser les plaies, celui-là fait des analyses d'urine, tel autre arrache les ongles infectés. Et lorsque l'herboriste donne des remèdes à consommer, il arrive souvent que les malades n'en connaissent pas la composition, se contentant d'en décrire l'aspect extérieur. Ce qui semble montrer qu'ils font confiance à l'herboriste dans la préparation des remèdes et dans l'identification du mal. L'herboriste peut ainsi apparaître comme un premier recours de soin, la consultation chez le médecin n'intervenant qu'ultérieurement, si nécessaire.

Mais dans la quête d'une guérison, l'herboriste n'occupe pas que les premières places de la chaîne. S'il n'est pas le premier recours de soin, il en est le dernier recours. On se tourne vers lui dans un deuxième temps, en désespoir de cause, lorsque le passage par le médecin, ou par l'hôpital, échoue à guérir la maladie.

« Catherine B., âgée de cinquante-huit ans, d'un tempérament sanguin et d'un caractère très-irascible, est atteinte, lors de son époque critique, de dartres erratives, avec prurit très-incommode, qui se fixent sur les parties génitales externes. Cette affection cède à un régime et à des médicamens appropriés mais revient deux ans après. La malade consulte alors un herboriste, qui lui promet une guérison radicale. D'après son ordre, elle fait usage de lavemens composés avec des plantes drastiques, telles que la gratiole et l'asarum. » [Adelon, 1812-1822, p. 573]

Et certains membres d'une population plus aisée n'hésitent pas à y avoir recours. Le docteur Saravesi rapporte qu'un de ses amis, dont il n'arrivait pas à guérir les hémorroïdes, serait allé voir un herboriste sur le conseil de son domestique. Ce dernier lui demanda de mettre dans sa poche de la racine de telephium. Le malade obéit, bien que ne croyant pas dans la validité du remède, et fut bientôt guéri [Jenin de Montègre, 1830, p. 296-297]. Un article intitulé *Croquis d'après nature, Un médecin,* paru dans le *Gil Blas* du 15 août 1892, rapporte qu'un médecin réputé, condamné par une maladie incurable, serait allé consulter un herboriste, « une sorte de sorcier », dans l'espoir fou d'une guérison au-delà de la logique. Le docteur Servière, dans son livre intitulé *Le pseudo-mal de Pott syphilitique chez l'adulte*, rapporte qu'un homme souffrant horriblement d'un mal de Pott se tourna vers un herboriste devant l'impuissance de son médecin. Celui-ci lui ordonna un régime, lui donna des paquets dépuratifs et purgatifs, et son état s'améliora [Servière, 1908, p. 11].

L'herboriste n'est donc pas supposé forcément inefficace. L'espoir que suscite le recours à l'herboriste, pour ces malades semble s'appuyer sur l'idée que, dans certains cas, le savoir de l'herboriste est susceptible de dépasser celui du médecin. En 1911, un rédacteur de *L'Herboriste* rapporta le cas d'une malade de 60 ans atteinte d'une cirrhose strophique. Son médecin n'arrivant pas à la soigner, elle consulta un herboriste qui lui conseilla une cure d'oignon pendant 15 jours. La cure la guérit [*L'herboriste*, n°4, avril 1911]. Une réussite qui ne manque pas de rendre mal à l'aise certains médecins. Ainsi Alphonse Devergie [Devergie, 1857, p. 227] écrit qu'une de ses clientes était atteinte d'urticaire nocturne. Malgré tous les soins prodigués, son état ne s'améliorait pas. Lasse, elle alla voir un herboriste qui, à l'aide d'une tisane, réussit à faire presque disparaître la maladie. Intrigué, et probablement vexé, le médecin en question fit analyser la tisane par un pharmacien. Lequel y reconnu une tisane du Codex. L'honneur fut sauvé !

L'herboriste a donc réussi à toucher plusieurs classes sociales. S'il est le « pharmacien du pauvre » (ou plutôt son médecin), il est aussi le « guérisseur miraculeux » des désespérés des classes supérieures. Il intervient donc dans plusieurs mondes sociaux, même s'il est plus légitime dans le premier que dans le second. Par ailleurs, il est le contrepoint du médecin : on va chez l'herboriste soit parce que l'on juge inutile ou trop cher d'alerter le médecin, soit parce que le médecin s'est montré incapable de guérir la maladie. Tandis que le médecin accueille celui que les tisanes et les conseils de l'herboriste n'ont pas pu soigner. Louis Roux, dans *Les français peints par eux-mêmes,* écrit une phrase qui reprend bien ce rapport ambivalent au médecin : « le diplôme de l'herboriste se compose de tout ce que le médecin est obligé d'ignorer, sous peine de passer pour incapable » [Roux, 1840, p. 254]. Mais contrairement au médecin, c'est un acteur de soin complet : il fait un diagnostic puisqu'il interprète les signes de la maladie, il prépare (souvent) et vend (toujours) les remèdes. Certes, le pharmacien n'a jamais été qu'un fournisseur de médicaments. Mais en ce qui concerne l'activité de l'herboriste, l'association des trois aspects de l'acte médical (la prescription, la préparation et la vente) est évidente.

Et pourtant, les représentations populaires qui entouraient les herboristes n'étaient pas sans ambivalence.

III. Les figures ambivalentes de l’herboriste

1. Le guérisseur, le faiseur de miracles

« Il y a là une constance anthropologique qui fait du guérisseur un personnage ambivalent, à la fois admiré et craint, recherché et fui, loué et condamné. La relation de soin est investie de sens contradictoires » écrivent Christian Bonah et Séverine Massat-Bourrat [Bonah et Massat-Bourrat, 2005, p. 9]. La chose est vraie pour ces herboristes, d’autant plus que leur connaissance des propriétés des plantes n’est encadrée par aucun examen, ni aucune formation.

La littérature romanesque dresse le portrait de personnages mystérieux, détenteurs de savoirs qu’eux seuls maîtrisent, dont eux seuls connaissent les limites. Les guérisons inespérées qu’ils semblent obtenir et le fait qu’on se tourne vers eux en désespoir de cause tendent à montrer que ces représentations sont vraisemblablement partagées par une partie de la population. D’autant que de telles images se retrouvent aussi sous la plume de journalistes. On peut ainsi lire, dans le *Gaulois littéraire et politique* du 26 novembre 1874 :

> *« Un peu plus loin, tout au bout de la rue de Sèvres, il y a un herboriste dont l'arrière boutique ne désemplit pas; celui-ci a retrouvé tous les secrets des sorcières du moyen âge dont parle Michelet il connaît une foule de plantes équivoques qu'il ne se cache point pour aller cueillir, et dont il fait des bouillons pour toutes les maladies physiques et morales; il guérit des cancers, des ramollissements, il a ravivé, comme on ravive une lampe, des yeux près de s'éteindre. Tel qui, rongé d'un spleen insurmontable, allait en finir avec la vie, se*

remonte le moral avec un peu de bouillon blanc. » [Gaulois littéraire et politique, 26 novembre 1874, p. 1]

Pour autant, c'est dans la littérature romanesque que ce personnage d'« herboriste guérisseur » trouve pleinement à s'exprimer. Sa caractéristique première est d'être insolite. Charles Barbara, dans une nouvelle intitulée *L'herboriste*, dépeint un personnage venu de nulle part qui parcourt les routes. Il soigne gratuitement les paysans et obtient des guérisons miraculeuses : devant le narrateur étonné, il soigne un enfant de la rage. Si l'homme ne fait pas payer ses soins, et porte des vêtements simples, il est néanmoins très riche et possède de nombreuses terres qui lui ont été données en remerciement [Barbara, 1868]. Dans un roman feuilleton d'Eugène Noel, intitulé *Labourrache, histoire d'un vieil herboriste, souvenirs*, le narrateur dresse le portrait d'un étrange herboriste ambulant. Labourrache est gentil, aimable et très apprécié. Ses connaissances sont importantes, et il en transmet une partie au narrateur. Mais nul ne sait ni d'où il vient, ni quel est son vrai nom. Un jour, il disparaît brutalement, brûlant derrière lui de mystérieux documents [*Le magasin pittoresque,* 1883]. Dans la littérature romanesque, l'herboriste guérisseur se caractérise par le fait qu'on ne sait ni d'où il vient, ni où il va. Son comportement est toujours marginal, différent de ce à quoi on pourrait s'attendre. Il tire son pouvoir d'une connaissance très fine des plantes, souvent issue de savoirs oubliés, de l'observation des animaux ou d'expérimentations. Dans tous les cas, il a un lien à la plante qui est direct : il va la cueillir lui-même. La force de ces herboristes-guérisseurs ne réside pas seulement dans la plante en général, mais dans le choix et le temps du lieu de cueillette.

Des représentations qui, d'ailleurs, ont survécu à la suppression du certificat. Ainsi la journaliste Marie-

Christine Courtioux, qui préface en 1986 le livre de l'herboriste certifiée Suzanne Robert, décrit à l'envie l'œil malicieux de l'herboriste, son sourire espiègle, son rayonnement qui « ensorcelle » : « S'il y a la moindre chance pour qu'il en existe encore, assurément, Suzanne ROBERT est l'une des dernières sorcières » [Robert, 1986, p. 9]. Dans sa thèse soutenue en 2004, Raphaële Garreta note qu'aujourd'hui encore, l'herboriste est appréhendé comme un être au pouvoir étrange, un peu sorcier, dans un sens positif [Garreta, 2004].

Au-delà des romans, contes et légendes, il est vrai que très tôt, certains herboristes ont cherché à se construire un savoir original. Il arrive que les herboristes accompagnent leurs fascicules publicitaires de l'exposé d'une théorie de la maladie et du soin. On peut vraisemblablement penser que l'absence de formation étatique a encouragé les herboristes à construire leurs propres appréhensions de l'univers thérapeutique. Ces fascicules n'ont probablement pas eu une large diffusion : ils sont publiés par les auteurs eux-mêmes. Mais il est très vraisemblable que tel n'était pas le but car il s'agit ici encore, sans contestation possible, d'exercice illégal de la médecine.

Il en est ainsi du fascicule écrit par l'herboriste J. Chamboeuf en 1877 [Chamboeuf, 1877]. Il y propose des « principes de médecine naturelle », une « nouvelle manière de se traiter » pour ceux qui sont « abandonnés par la médecine ordinaire ». Ses principes de médecine, il ne les a pas trouvés dans la lecture consciencieuse d'ouvrages médicaux, mais plutôt dans l'observation de la nature et des animaux. Chamboeuf écrit y avoir appris « la grande science unitaire, synthétique, universelle ». Selon lui, l'être humain possède deux natures, « l'une physique et l'autre spirituelle ». Son premier devoir est d'étendre sa nature spirituelle : « les esprits simples, non faussés par les préjugés, peuvent seul comprendre et pénétrer ces vérités sublimes ». Sa nature physique, c'est-à-dire son corps, est un ensemble d'organes interdépendants. La médication est donc essentiellement globale, « c'est-à-dire qu'elle s'exerce à la fois dans toutes les parties du corps ». À ses yeux, les maladies proviennent « de la dépravation, de l'altération des fluides humoraux ». La nature les guérit « *en suractivant une* ou *plusieurs* des fonctions éliminatoires pour purifier l'organisme des impuretés qui le souillent, troublent l'harmonie de ses fonctions et, par conséquent, produisent la maladie ». La médication consiste donc à éliminer les éléments morbides dans un premier temps, puis à fortifier le corps. Il propose alors ses formules à partir de plantes « récoltées au moment où leur vertus se trouvent dans la plénitude de leur puissances ».

De même, L. Simon présente sa « méthode de guérison naturelle, pratique et rationnelle par les plantes et sucs végétaux » dans un fascicule non daté [Simon, non daté]. Il la pose comme une alternative à « la médecine d'aujourd'hui », « un labyrinthe dans lequel les médecins eux-mêmes se perdent », et dont les compositions chimiques conduisent à « l'empoisonnement de la race humaine ». La nature est au centre de sa technique (« Avec notre méthode, la nature seule guérit ») ainsi que l'instinct qui permet à l'homme de pressentir les maladies (« L'Homme a l'instinct des animaux; il doit en user pour sa propre survie »). Selon L. Simon, l'activité des organes du corps est la combustion, laquelle crée des résidus, des impuretés qui vont se loger dans les tissus et qui sont à l'origine de la maladie. Celle-ci se déclarera sous l'action d'un facteur spécifique : le chagrin, la débauche (c'est-à-dire l'excès de nourriture et de plaisirs vénériens), la qualité et la quantité de sang, ou le séjour prolongé des excréments dans les intestins. Ici encore, sans surprise, la thérapie passe d'abord par un nettoyage du corps, afin de le débarrasser de ses impuretés. L'auteur conclue en présentant une série de produits qu'il a conçue.

L'herboriste Mourgues [Mourgues, 1957], quant-à-lui, a écrit un ouvrage complet pour présenter sa théorie du soin. Publié en 1957, c'est la présentation la plus développée d'une théorie du soin par un herboriste trouvée dans le cadre de ces recherches. Dans son ouvrage, il déclare qu'il existe une « intelligence universelle », un esprit unique qui s'exprime à travers les corps des Hommes, des animaux et des plantes : « l'âme d'une plante, d'un animal, d'un homme sont absolument identiques et la différence est seulement dans la structure de l'appareil transmetteur ». Il propose une méthode de soin, la « signothérapie », basée sur des analogies entre des formes/couleurs/caractères des plantes et leurs propriétés. La couleur de la plante donne la première indication sur ses propriétés thérapeutiques. Ainsi le violet, couleur du sang impur, indique une propriété dépurative ou le bleu, couleur de l'air, indique une propriété béchique. Suivent ensuite le nombre (par exemple, trois étamines, feuilles ou pétales indiquent le foie, qui contient trois lobes), le goût (par exemple, un goût sucré indique une plante stomachique), l'odeur (par exemple, une odeur puante indique une plante calmante), le toucher et la forme des feuilles (par exemple, des feuilles à bouts ronds indiquent que la plante agit sur la vessie). Mourgues fournit donc une grille d'analyse permettant d'identifier les propriétés de n'importe quelle plante à partir de la seule observation directe.

Certes, on retrrouve, dans ces quelques exemples, les principes structurants du soin définis par François Dagognet en 1961 : faire sortir la maladie (utilisation de dépuratifs), renforcer le malade affaibli (utilisation de fortifiants), équilibrer les humeurs, utiliser le semblable contre lui-même (avec l'idée que la nature englobe tout, le meilleur et le pire), restituer la concorde des éléments, précipiter le cours et l'achèvement de la maladie (par exemple, en favorisant la fièvre, les boutons, etc.) [Dagognet, 1961, p. 6]. Mais ils prouvent cependant que des herboristes se sont intéressés à l'explication des causes des maladies, au point de vouloir présenter un modèle alternatif à la médecine courante.

Mais du guérisseur au charlatan, il existe une frontière bien floue. Et si certains herboristes étaient reconnus pour leurs connaissances des plantes, d'autres étaient accusés d'entrer de plein pied dans l'escroquerie.

2. Du charlatan à l'empoisonneur

Les faits divers des journaux rendent compte de plaintes à l'encontre d'herboristes qui ont fait du profit en vendant chèrement des remèdes présentés comme miraculeux, mais pourtant inefficaces. Le *Monde illustré* du 28 octobre 1865 rapporte le cas d'une ancienne herboriste devenue « médecin » qui reçoit des malades crédules à qui elle fait payer ses « remèdes ». Dans *Le Matin* du 13 décembre 1902, on lit l'histoire d'un jeune homme qui, suite à une blessure à la jambe, a fait appel aux services d'un herboriste, dont l'inefficacité a entraîné l'amputation de la jambe malade.

D'autant que certains herboristes entretenaient vraisemblablement le mystère en gardant secrète la composition de leurs produits. Ainsi, dans son petit ouvrage publicitaire, Jourdan ne précise pas ce que contient son fameux « Elixir léopard » [Jourdan, 1890]. Ce qui d'ailleurs est illégal, les remèdes secrets étant interdits par la loi du 21 germinal an XI (articles 25, 32 et 36), et des sanctions prévues avec la loi du 29 pluviôse an XIII (18 février 1805) [Bouvet, 1957, p. 58].

Herboriste-guérisseur ou charlatan donc, mais pas seulement. Car le personnage de l'herboriste pouvait apparaître comme bien plus sombre encore. Les romanciers, et autres auteurs de pièces de théâtre, se sont largement emparés de son image pour en faire « le méchant » de l'histoire, une sorte de sorcier maléfique. Cet être mauvais porterait son ignominie sur son visage et sur son aspect extérieur. Et c'est son regard, avant tout, qui le trahit :

> *« Figurez-vous une tête de bouledogue coiffée d'un bonnet en dentelle blanche agrémentée de rubans de couleurs, sur un corps de femme. Entre les joues, qui tombaient de chaque côté du menton, une bouche fendue en coup de cimeterre, presque sans lèvres, puis un nez camard et, sous des sourcils épais et rouges, deux yeux ronds, petits, qui roulaient toujours, jaunâtres, pleins de fiel, avec une mauvaise flamme dans leur regard. »* [*Les romans inédits,* 1897-1898, p. 551]

> *« Sa figure bourrue était encadrée par une chevelure en désordre, où le noir se mêlait au gris, et que surmontait parfois un bonnet en drap sale aussi hideux que sa personne. Il avait des yeux ronds et petits, pétillant au fond de leur orbite et lançant des éclairs fauves. »* [Nainville, 1878, p. 29]

L'homme agit dans l'anonymat, sous des dehors de commerçant sans reproche. Ainsi, dans le roman *Milord l'Arsouille,* M. Fromagin tient une herboristerie. On le prend pour un petit commerçant pas très malin, mais il est en réalité le fils de la Brinvilliers, et, dans une pièce-laboratoire, il étudie la confection du poison idéal [Beauvallet, 1888]. L'herboriste se cache dans le fond de sa boutique, toujours sombre et humide, pour préparer ses mixtures secrètes. « Son cabinet, son arrière-boutique étaient souvent fréquentés par des gens qui venaient lui demander des remèdes étranges » peut-on lire dans *La princesse saltimbanque* d'Alexis Bouvier [Bouvier, 1882, p. 316-317]. Ces lieux sombres et inquiétants ne sont pas seulement des produits de l'imagination : n'oublions pas que les herboristes tiennent boutique au rez-de-chaussée, et que les caves parisiennes sont réputées pour leur humidité.

Contrairement à la figure de l'herboriste-guérisseur, celui-ci ne base pas sa pratique sur la seule utilisation des plantes. Il a des drogues de toutes sortes (*Milord l'Arsouille*), il a appris dans un livre de pharmacie sur les poisons (*Souvenirs d'un bourreau de Paris*), il associe ses décoctions à des pratiques d'ensorcellement (*Les trois empoisonneuses*), il se passionne pour la chimie (*L'herboriste de la rue St Jacques*).

Deux figures d'herboristes-empoisonneurs, cette fois véridiques, ont défrayé les chroniques, attisant les peurs. Le premier s'appelle Moreau, herboriste à St Denis, dont le procès a lieu en 1874, et qui est accusé d'avoir empoisonné ses deux femmes afin d'hériter de leur argent. Quelques temps après leur mariage, la première femme de Moreau tombe étrangement malade. Moreau, en tant qu'herboriste, se charge de prodiguer les soins demandés par le docteur. Mais la femme meurt. Quelques mois plus tard, Moreau se remarie, et rapidement, sa seconde femme tombe malade elle-aussi. De même, Moreau la soigne, et de même, la femme meurt. Ces morts paraissent rapidement suspectes, les médecins ne comprenant pas l'évolution de la maladie. L'attitude de Moreau est étrange : il cherche à empêcher sa belle-famille de venir. En outre, la voisine déclare que la deuxième femme de l'herboriste lui aurait dit être empoisonnée. L'autopsie des corps ayant montré une substance étrange dans le corps des deux femmes, Moreau est condamné à mort. Pour autant, il n'avoue pas son crime, clamant, au contraire, son innocence. Des analyses ultérieures semblèrent montrer que les substances trouvées dans les corps des deux femmes ne prouvaient pas nécessairement l'empoisonnement, et il resta toujours un doute sur la culpabilité de Moreau.

Le deuxième autre grand procès pour empoisonnement se tient à Marseille, en 1868. Il s'agit de celui de l'herboriste Joye et de ses complices. Joye se livre à des pratiques occultes et à la confection de poisons. Il s'est assuré les services d'une tireuse de cartes qui lui sert de rabatteuse. Joye a aidé trois femmes à se débarrasser de leurs maris, en leur fournissant des poisons faisant paraître la mort comme naturelle. L'affaire est rendue publique par un homme ayant appris que sa maîtresse souhaite empoisonner sa femme avec l'aide de Joye.

Ces deux affaires ont un retentissement considérable au XIXe siècle. Elles sont reprises, modifiées, transformées dans les journaux (même si la trame reste la même), romancées (comme dans le roman *Les trois empoisonneuses* de Constant Nainville qui s'inspire du cas de Joye). Les herboristes condamnés ont leurs surnoms, véhiculés par la presse : « l'herboriste de Saint-Denis » ou « Moreau l'herboriste », et « l'empoisonneur de Marseille ».

Et le mal est supposé plus grave lorsqu'il se double d'un second crime : l'avortement. Car les plantes sont particulièrement utilisées pour accompagner la vie de la femme, notamment la grossesse et l'accouchement.

III. L'herboriste et la femme

1. La sage-femme herboriste

Au XIXe siècle, les sages-femmes occupent une place prépondérante dans le système de soin : ne se limitant pas aux accouchements, elles sont les relais entre les systèmes thérapeutiques informels et les médecins officiels [Faure, 1993, p. 21]. Or beaucoup de femmes herboristes sont aussi sages-femmes, deux métiers « féminins » de l'ordre du soin. Que les herboristes aient joué un rôle dans la sphère gynécologique n'est guère étonnant : l'utilisation des plantes pour accompagner la grossesse et l'accouchement est bien connue, et fait l'objet régulièrement de colloques scientifiques, comme celui organisé par le Conservatoire de Salagon en novembre 2006 [Loux, 1990 ; Musset et Lieutaghi (dir.), 2010]. Les plantes sont une aide précieuse dans la vie de la femme : règles douloureuses, troubles de la ménopause, accouchement, insuffisance de lait, engorgement laiteux, gerçures des seins, etc. Il y a ainsi des « plantes de la femme » possédant des propriétés gynécologiques importantes, telles que l'armoise (*Artemisia vulgaris* L. ; *Asteraceae*), la sauge (*Salvia officinalis* L. ; *Lamiaceae*) ou le houblon (*Humulus lupulus* L. ; *Cannabinaceae*). La connaissance remarquable des plantes à caractère gynécologique en herboristerie est probablement en partie due, ou du moins entretenue, par ces sages-femmes herboristes.

Un article de *La Sage-femme,* l'organe du syndicat général des sages-femmes, mentionne ainsi que les sages-femmes étant bien trop nombreuses en ville, elles vivent difficilement de leur seule profession. Et « le seul métier qu'elles pourront ajouter à leur profession est celui d'herboriste, ou bien elles recevront des pensionnaires »

[*La Sage-femme,* 21ème année, n°305, janvier 1918, p. 5]. Les almanachs du commerce du XIXe siècle confirment ce témoignage :

> « *Sage-femme herboriste, Madame Barret, rue du Cherche-Midi, 54; traitement spécial de toutes sortes de maladies des femmes et des enfants, sans distinction, guérison radicale des abaissements internes sans pressaires* » [*Almanach des 40 000 adresses des fabricants de Paris...*, 1864, p. 134]

> « *GRAZIANI, née CORROT, sage-femme, herboriste, donne des consultations et prend des pensionnaires, r. Taitbout, 78, au coin de celle St-Lazare* » [*Almanach des 40 000 adresses des fabricants de Paris...*, 1864, p. 431]

Plusieurs annonces d'emploi dans le journal *La Sage-femme* vont jusqu'à exiger le diplôme d'herboriste en plus de celui de sage-femme.

L'association des deux diplômes laisse espérer un meilleur apport économique. « Je suis seule et n'ai que mon état de sage-femme pour vivre et élever une chère mignonne de trois ans » écrit Mlle Olympe Richier, candidate en 1890, au directeur de l'École de Pharmacie, « et cet état est devenu bien peu lucratif surtout pour une débutante c'est pourquoi j'ai songé à y adjoindre l'herboristerie ». « Soyez assez bon de bien vouloir me répondre si en exerçant la profession de sage-femme je peux aussi exercer celle d'herboriste » demande, quant-à-elle, Mme Philomène Lebel, en 1893.

Il est d'autant plus intéressant de passer les deux diplômes que l'examen préparatoire pour les herboristes de première classe est équivalent à celui des sages-femmes. Il suffit alors de demander une attestation de réussite à cet examen pour ne pas avoir besoin de le passer une deuxième fois. « L'attestation que je vous ai demandé il y a trois jours est pour joindre à une demande que je fais à l'École de Médecine pour suivre les cours comme élève sage-femme » explique Mme Marie Léocadie Richard dans une lettre datée de 1893. S'il est difficile de préciser la part de postulantes au certificat d'herboriste titulaires d'un diplôme de sage-femme (du fait qu'elles ne mentionnent pas toujours les deux diplômes), la pratique est suffisamment courante pour qu'un mémento de 1913 mentionne dans la définition de ce métier : « la plupart des herboristeries sont tenues par des Sages-femmes » [Charbonnel, 1913, p. 9].

La sage-femme herboriste travaille donc en boutique. Mais pas seulement : les almanachs du commerce montrent qu'on les trouve dans les maisons d'accouchement, et dans des cabinets de consultations. Par son intermédiaire, l'herboriste certifié est sorti du seul espace de la boutique : la sage-femme herboriste a contribué à une herboristerie qui ne se rend pas visible par un bâtiment propre.

Et comme l'écrit un journaliste du *Figaro* en 1881, « Herboriste et accoucheuses mêlés : mauvaise affaire ! » [*Figaro,* 4 janvier 1881, p. 1]. Car ces femmes furent souvent accusées d'être des avorteuses.

2. L'avorteur

Le XIXe siècle prohibe l'avortement mais peine à le combattre [Cahen, 2011 ; Le Naour et Valenti, 2003]. Suite à la Révolution, le nombre d'enfants nés hors mariage augmente, et la législation tend à déresponsabiliser les pères [Rebaudo, 1992]. Cette situation ne fait que fragiliser davantage les filles-mères qui n'hésitent pas à recourir à l'avortement.

Des affaires défraient la chronique. « Les herboristes faiseurs d'anges » titre *Le Matin* du 8 novembre 1885. Quelques cas, en particulier, ont été repris par de nombreux journaux comme *Le Figaro, La Justice, Le Petit Parisien, Le Rappel, Le Populaire, Le Gaulois, le Matin, Gil Blas,* etc. En 1880, une jeune fille tombe enceinte de son père. La famille fait appel à une herboriste nommée Désirée, et se débarrasse ensuite du fœtus en le jetant dans le feu. En 1885, un herboriste nommé Soulié fait avorter une jeune bonne d'Alfortville. L'herboriste agit si brutalement que la jeune fille pousse des hurlements de douleurs dans la voiture qui la ramène chez elle. Le cocher, inquiet, appelle un sergent de police et fait porter la jeune femme à l'hôpital. Elle décède après avoir accusé l'herboriste. En 1886, une vieille herboriste découpe en morceaux une femme morte à la suite d'un avortement raté, et se débarrasse ensuite du corps à l'aide d'un cocher. La liste des herboristes condamnés pour avortement semble donc assez conséquente. Le crime d'avortement y est présenté entouré de violences et se double d'autres crimes comme les relations sexuelles entre parents proches, ou le non respect du corps du décédé.

Mais les journaux ne sont pas les seuls à dépeindre des herboristes avorteurs. Les romans et les nouvelles du XIXe siècle en témoignent eux aussi. « Il était le médecin des pauvres, il était un peu accoucheur, on prétendait même qu'il était un accoucheur hâtif » peut-on lire dans *La princesse saltimbanque.* « Des médisants assuraient qu'ils avaient vu entrer chez lui, la nuit de pauvres jeunes femmes, qui ressortaient quelques heures après marchant avec peine jusqu'à la voiture qui les attendait » [Bouvier, 1882, p. 316-317]. Deux ouvrages, en particulier, témoignent de ces accusations. Le premier, *Les trois empoisonneuses,* a été écrit en 1878 par Constant Nainville. Il reprend l'histoire de l'herboriste Joye de Marseille, mais y ajoute le crime d'avortement :

> *« Il était surtout habile pour amener les avortements et pour soigner les maladies des femmes. Il n'y avait pas dans toute la ville une jeune fille, rendue mère et abandonnée par son amant, qui ne vint recourir au père Eloi, pour être débarrassée du fruit de son inconduite. »* [Nainville, 1878, p. 29]

L'autre ouvrage est *Les malthusiennes,* écrit par Alexandre Boutique en 1893. Comme son titre le laisse supposer, il rapporte l'histoire d'une herboriste qui fait commerce de l'avortement : « sans le crier sur les toits, elle pratiquait l'avortement ». Et l'auteur ajoute, non sans cynisme :

> *« Madame Vireloche pouvait exercer cette industrie sans compromettre la considération dont elle jouissait dans le quartier par cette raison double : les femmes n'ayant pas eu besoin de son ministère n'en avaient point soupçon; les autres, celles qui avaient eu recours à elle, lui en étaient reconnaissantes. Quant aux hommes, rarement dans la confidence, ils accordaient sans restriction leur déférence à la femme instruite, ainsi que l'attestent le brevet et le binocle. Nul ne connaissait l'histoire de l'herboriste; nul ne s'inquiétait de la savoir : le diplôme est un passeport. »* [Boutique, 1893, p. 105]

Au-delà de cette littérature romanesque, les herboristes sont autorisés à vendre des plantes réputées abortives, sauf le seigle (*Secale cereale* L. ; *Poaceae*) ergoté[1], une matière qui provoque notamment une contraction de l'utérus, utilisée lors des accouchements difficiles, et classée comme substance vénéneuse dès 1846. Jusqu'à ce que le décret du 14 septembre 1916 place les principales d'entre elles,

---

[1] Seigle parasité par un champignon, le *Claviceps purpurea.*

comme la rue (*Ruta graveolens* L. ; *Rutaceae*), dans la liste A des « substances vénéneuses et toxiques », interdisant leur commercialisation par les personnes autres que les pharmaciens et les médecins. Du côté des sages-femmes, l'ordonnance du 29 octobre 1846 leur impose d'obtenir l'aval d'un médecin avant d'utiliser du seigle ergoté. Mais une allocution comme celle prononcée par le médecin M. Gobley devant l'Académie de médecine, le 10 décembre 1872, appelant à modifier les textes de loi pour que les sages-femmes puissent prescrire de l'ergot de seigle, montre bien que cette substance était encore fortement d'usage dans l'exercice des sages-femmes [Gobley, 1872].

« Les professions médicales et paramédicales (sages-femmes, herboristes, étudiants) ont toujours fourni le principal contingent des avorteurs » déplore Jean-Edouard Roy dans sa thèse intitulée *L'avortement, fléau national, causes, conséquences, remèdes* [Roy, 1943]. Mais Paul Brouardel, doyen de la Faculté de Médecine de Paris, dans son *Cours de médecine légal* consacré à l'avortement, accuse les médecins, et surtout les sages-femmes, d'être les principaux avorteurs. Selon lui, les herboristes et les pharmaciens n'arriveraient qu'en deuxième position [Brouardel, 1901].

La part des herboristes dans les avortements pratiqués est difficile à cerner. Car si les aiguilles ou les moyens mécaniques peuvent parfois laisser des traces, les potions à base de plantes n'en laissent aucune. Un article de 1942, consacré aux plantes abortives, pointe cette ambiguïté du rôle de l'herboriste : « reste enfin, dans la distribution de ces drogues, le rôle très souvent inconscient et toujours mal connu de l'herboriste auquel on s'adresse bien volontiers dans les circonstances » [Patoir, Patoir, Bedrine et Beduire, 1942]. Bien sûr, les manuels d'herboristerie ne mentionnent que peu les propriétés abortives des plantes. Mais la frontière est floue entre la plante emménagogue (qui facilite l'écoulement mensuel) et la plante abortive. C'est, d'ailleurs, le constat que dressent les chercheurs rassemblés en 2006, lors du séminaire de Salagon consacré aux liens entre les plantes et les femmes /Musset et Lieutaghi, 2010]. En outre, les témoignages de ces sages-femmes herboristes sont extrêmement rares et il est donc difficile de cerner leurs manières de faire et leurs motivations. On possède tout du moins une *Notice* sur les soins à accorder à la femme en couches et au nourrisson, publiée par l'une d'entre elles, Alexandrine Bertin, en 1873. Si elle déplore l'avortement, elle semble cependant vouloir lui chercher une excuse en blâmant « la trop grande sévérité de nos mœurs pour les filles-mères » [Bertin, 1873, p. 2] qu'elle dépeint comme « sans ressource, et abandonnées par leurs séducteurs » [Bertin, 1873, p. 4].

Au XXe siècle, certains herboristes prennent ces accusations avec beaucoup de sérieux. À partir de la fin du XIXe siècle, l'avortement est érigé en problème public, dans l'objectif de contrer la diffusion de sa pratique et de ses techniques [Cahen, 2012]. La loi du 31 juillet 1920, interdisant toute propagande favorable à l'avortement, et visant à contrer le malthusianisme, en est symptomatique [Le Naour et Valenti, 2003]. Afin de contrer la mauvaise publicité que ces accusations leur portent, des syndicalistes incitent leurs confrères à ne rien délivrer qui puisse passer pour abortif. La fédération des syndicats d'herboristes[1], créée en 1924, s'est toujours portée partie civile contre les herboristes coupables d'avoir pratiqué un avortement [Bénard et Vaesken, 1979, p. 44]. L'herboriste Michel Compain écrit, ainsi, à propos des canules rigides : « tout herboriste conscient de son devoir ne doit pas en détenir et en vendre. Si on lui demande n'importe quelle sonde ou

[1] Voir Partie II, Chapitre 1, II, 3.

canule avec un but bien déterminé de lavage de cet organe [l'utérus], il doit en refuser la vente, sauf à un médecin connu » [Compain, 1939, p. 683].

Ainsi, les représentations autour de l'herboriste sont fortement ambivalentes : l'herboriste est à la fois quelqu'un dont les produits et les connaissances sont considérés comme efficaces, mais qui possède une part d'ombre. Le flou qui entoure le cadre législatif de ce métier et l'absence de formation étatique y ont sûrement été pour beaucoup. Et pourtant, leur place en tant qu'acteurs de soins est réelle. C'est d'ailleurs probablement cette ambivalence propre au statut des herboristes qui fait leur force au XIXe siècle, en leur permettant de se développer dans un espace de frontière entre la légalité et l'illégalité.

Mais l'ambivalence de leur statut est aussi un poids, car elle attise les accusations d'exercice illégal de la pharmacie et de la médecine portées à leur encontre, et qui s'accumulent fortement à la fin du XIXe siècle.

Deuxième partie

L'HERBORISTERIE SYNDICALE (1870-1970)

Chapitre I. PREMIERS PAS VERS LE SYNDICALISME

I. Herboristes contre pharmaciens ?

1. L'exacerbation de la concurrence

L'instauration du certificat d'herboriste, en 1803, n'a pas fait taire les critiques des médecins et des pharmaciens à l'égard des herboristes. Ce serait même plutôt l'inverse. Olivier Faure écrit que « les herboristes connaissent au début du [XIXe] siècle un relatif succès qui leur vaut de très solides inimitiés » [Faure, 1993, p. 49]. « Cette guerre entre frères ennemis est plus ancienne que la question d'Orient » écrit, ironiquement, un journaliste du journal *Le Matin* [3 mai 1897, p. 3]. Les herboristes sont accusés de pratiquer l'exercice illégal de la pharmacie (voire de la médecine), et de manquer de connaissances. Dans le compte-rendu d'une délibération à l'École de Pharmacie de Paris le 21 décembre

1824[1], on peut lire que « de nombreux abus se sont introduits, depuis peu de temps, dans le commerce de l'herboristerie ». Les pharmaciens critiquent le mercantilisme de l'herboriste : « tout ce qui lui offre l'espoir du lucre, du profit, est de son ressort » déplore G.-L. Brismontier dans sa *Pharmacie élémentaire en vingt-quatre leçons [*Brismontier, 1827, p. 11].

De fait, la profession pharmaceutique est parcourue de profondes mutations du XIXe au XXe siècle. Aux yeux de bien des pharmaciens, leur profession est en crise. La pharmacie du XIXe siècle subit ce qu'Olivier Faure appelle un « malaise latent » [Faure, 1993, p. 218]. L'empiètement des illégaux constitue l'essentiel des revendications. Jean-Paul Gaudillière note, ainsi, que les diverses instances qui ont organisé la profession de pharmacien ont poursuivi avec « une remarquable constance » la défense du monopole. « La lutte contre les cueilleurs de plantes médicinales et les herboristes a par exemple été d'autant plus âpre et administrative que ces derniers partageaient avec les pharmaciens la revendication d'une compétence botanique » écrit-il [Gaudillière, 2006, p. 67]. En 1862, à l'occasion d'une réunion de la Société des Sciences Industrielles, Arts et Belles-Lettres de Paris, Charles Le Perdiel, docteur en pharmacie, prononce un discours qu'il publia dans un ouvrage par la suite :

> *« Le pharmacien est en pleine crise, qu'on ne s'y trompe pas. Le luxe, l'augmentation des loyers et des objets de première nécessité s'imposent fatalement, soit à son amour-propre et à sa dignité, soit à son existence et à ses devoirs de famille. Tout, d'un côté, lui demande un surcroît de revenus; tout, d'un autre côté, lui en impose*

[1] Ce document est conservé dans la Bibliothèque Interuniversitaire de Pharmacie de Paris. Son contenu manque de clarté sur les conditions de cette délibération et les acteurs qui y prirent part.

la diminution. Il constate autour de lui un empiètement général : l'épicier, le droguiste, l'herboriste, le parfumeur, le distillateur, le bandagiste, chaque corps d'état vient successivement lui enlever peu à peu une spécialité, une nécessité de son industrie. » [Le Perdiel, 1862, p. 11]

Dans ce cadre, la relation qui lie l'herboriste au pharmacien est vécue comme une relation de concurrence. En 1864, Jules Caroz, dans son ouvrage *La Pharmacie, ce qu'elle est, ce qu'elle devrait être*, estime qu'en vendant moins cher que le pharmacien, l'herboriste lui retire des clients de manière déloyale [Caroz, 1864, p. 17]. En 1877, dans un ouvrage sur l'expansion commerciale de la pharmacie, un certain Charles Jacquot écrit que « l'épicier, l'herboriste, le confiseur, et bien d'autres, multiplient leurs larcins » et empiètent sur « le domaine que notre diplôme avait promis de nous réserver » [Jacquot, 1877, p. 37].

Cette concurrence est d'abord une concurrence du nombre. Au tournant du XIXe et du XXe siècle, le prestige médical n'a jamais été aussi fort. Mais ce statut valorisé a pour conséquence d'attirer une population nombreuse. Olivier Faure note que, dans le dernier quart du XIXe siècle, « de moins de trois médecins pour 10 000 habitants, on passe à plus de quatre » [Faure, 1993, p. 184] et quant à la pharmacie, « entre 1876 et 1911, le nombre des officines françaises passe de 6 200 à 11 500 pour une population restée globalement stable » [Faure, 1993, p. 188]. Une forte augmentation donc, mais toutes proportions gardées : « sans doute y a-t-il eu quelques exagérations et quelques anachronismes à employer le terme de démographie galopante à propos de l'essor médical des années 1880-1914 qui, par rapport à celui que connaît la fin du XXe siècle, fait bien pâle figure » tempère-t-il. Mais malgré les efforts de la IIIème République pour réguler le flot, les étudiants en pharmacie restent trop nombreux. Pierre Molinier en vient à parler d'un « prolétariat pharmaceutique » [Molinier, 2007] apparaissant au début du XXe siècle, suite à une concentration du secteur autour de grandes pharmacies commerciales, à la défaveur des petites officines.

Du côté des herboristes, le nombre de postulants continue une ascension globale, l'année 1874 correspond à un pic avec 158 postulants herboristes ayant passé leurs examens (pour 140 reçus) à l'École Supérieure de Pharmacie de Paris. À Paris, cette tension se laisse deviner lorsque dans les années 1850, le nombre de pharmaciens rattrape celui des herboristes.

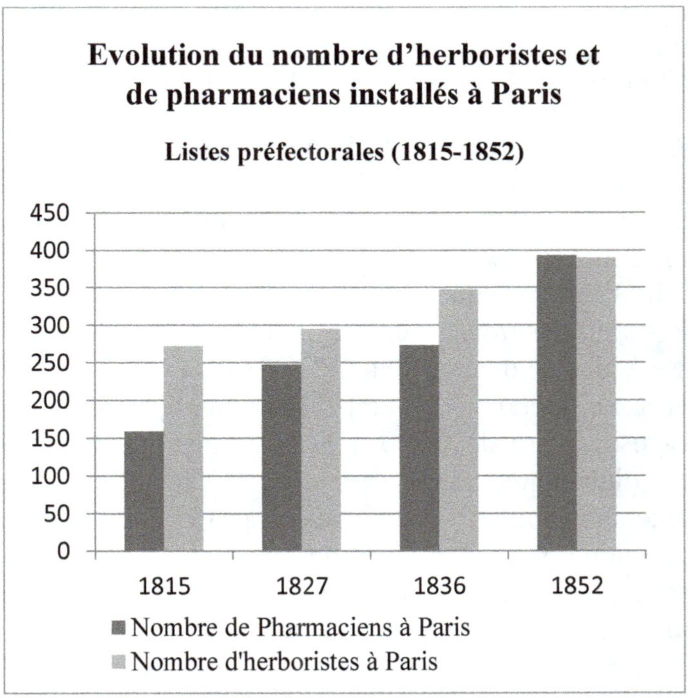

La concurrence du nombre a son pendant dans le territoire. Il est possible de cartographier la répartition des herboristeries et des pharmacies parisiennes, car leurs adresses sont indiquées sur les listes préfectorales. Les herboristes ont leurs quartiers. Les quartiers de la Porte St Martin, du Faubourg Montmartre, du Temple ou encore de St Martin des Champs concentrent les herboristeries. Ils ont même leurs rues : un journaliste du *Figaro* décrit, en 1881, une rue où « à tous les dix pas, une boutique d'herboriste, enfouie sous les pavots enguirlandés, les mauves foisonnantes : dix, vingt, cinquante, elles s'échelonnent tout du long, offrant à l'air qui passe leurs fades odeurs » [*Le Figaro* du 4 janvier 1881, p. 1]. D'après les listes préfectorales, les rues des herboristes sont en particulier la rue Mouffetard, celle du Faubourg du Temple ou celle des Lombards, ici décrite par Louis Roux en 1840 :

> *« À Paris, où chaque chose possède un autel, l'or, la beauté, la religion, l'intrigue, le vice, la flatterie, l'intérêt, tout enfin, excepté peut-être l'esprit et le talent, l'herboristerie a son temple comme les vieux habits. Il y a des magasins, des rues, des quartiers, des arrondissements qui ne sont que bourrache d'un bout à l'autre, des édifices surtout où la joubarbe s'épanouit sur les toits, le colchique dans les caves, la pariétaire sur les fenêtres ; où la primevère se dessèche à côté du tilleul, où le bouillon-blanc des vallées françaises heurte de front le rhododendron des Alpes ; des maisons qui correspondent avec tous les végétaux de l'univers. La rue des Lombards, herbière s'il n'en fut jamais, cultive l'herboristerie depuis un temps immémorial » [*Roux, 1840, p. 255]

Mais cette occupation territoriale est mise à mal avec l'arrivée massive des pharmaciens. Dans la première moitié du XIXe siècle, les IIème, IVème et VIème arrondissements de

Paris présentent une majorité de pharmacies, tandis que le VIIIème arrondissement comprend davantage d'herboristeries. Mais en dehors de ceux-ci, on constate un équilibre des forces au milieu du siècle, les autres arrondissements comportant presque autant d'herboristeries que de pharmacies.

Pour autant, se contenter d'opposer l'herboriste au pharmacien, en brandissant la concurrence qui les sépare, ne suffit pas à rendre compte des relations qui liaient les herboristes et les pharmaciens. Car il existait vraisemblablement des passages entre les deux métiers.

2. De l'herboristerie à la pharmacie

Dans le cadre de ces recherches, seules deux occurrences où des individus sont devenus herboristes parce qu'ils ne pouvaient être pharmaciens ont pu être identifiées. La première est une lettre d'un postulant, René Moriseaux, datée de 1923. Il y explique avoir interrompu ses études de pharmacie au bout de trois ans pour s'engager dans l'armée. Bien que non diplômé, il y exerce cependant les fonctions de pharmacien, et souhaite se mettre en conformité rapidement avec la loi en passant le certificat d'herboriste. Il est à noter que René Moriseaux ne réussira pas l'examen d'herboristerie, et ne le retentera plus. La deuxième mention explicite d'un herboriste qui voulait être pharmacien, se trouve dans la littérature romanesque, dans une courte pièce intitulée *Les deux pécheurs* [Lemercier de Neuville, 1906, p. 11], où l'herboriste, Monsieur Dubocal, exprime clairement qu'il aurait aimé être pharmacien. Faire des herboristes des pharmaciens « ratés » est une forte simplification de la réalité.

Si les herboristes et les pharmaciens s'opposent pour des enjeux de concurrence, il existe également des systèmes de complémentarité entre ces deux mondes. Dans le cadre familial, des femmes et des filles de pharmaciens ont passé le certificat d'herboriste pour prolonger l'activité du mari ou du père. Les dossiers des postulants des archives de l'École Supérieure de Pharmacie de Paris (1883-1941) nous en livrent des indices.

En listant les métiers des pères et des maris dans les différents actes consignés, on s'aperçoit que certains d'entre eux travaillent dans l'univers de la pharmacie. Même si ces chiffres sont surtout indicatifs, du fait des lacunes des archives, il apparaît néanmoins qu'il ne s'agissait pas d'une généralité. Seules 10,6% des mentions de métier des maris des étudiantes en herboristerie concernent la pharmacie. Et ce chiffre diminue à 2,9 % pour ce qui est des métiers des pères. Bien que non généralisables, ces données n'en sont pas moins intéressantes.

Que des femmes aient fait le lien entre la pharmacie et l'herboristerie est rationnel. Les études de pharmacie ont été fermées aux femmes jusqu'à la fin des années 1860. Par la suite, la pharmacie semble être restée un métier d'homme : dans un ouvrage intitulé *La femme libre,* signé Léon Richer [Richer, 1877], l'auteur croit savoir qu'on a interdit à la première femme diplômée en pharmacie, pourtant « fort instruite », d'ouvrir une officine.

> *« Vainement donc une femme capable, intelligente, se présentera aux examens; vainement elle sortira victorieuse de toutes les épreuves; - on lui objectera toujours que pour exercer cette "profession dangereuse", il ne suffit pas de prouver qu'on est en état de le faire, que l'on possède toutes les connaissances*

exigées par le Codex, une autre condition demeure imposée : il faut, en outre, appartenir au sexe qui fournit à l'armée ses contingents annuels. Le plus qu'on pourra permettre à cette femme laborieuse, instruite, ce sera d'être herboriste » [Richier, 1877, p. 103]

S'il ne s'agit là que de l'opinion personnelle de son auteur, elle traduit vraisemblablement, au moins pour partie, une représentation partagée. Car, contrairement aux études pharmaceutiques, et ainsi qu'il l'a été précédemment écrit, l'examen d'herboristerie a toujours été ouvert aux femmes. Pour les femmes et les filles de pharmaciens, l'herboristerie présente vraisemblablement une bonne alternative, moins chère en argent et en temps, pour continuer une activité en rapport avec celle du mari ou du père.

Cela peut même, parfois, apparaître comme la seule alternative possible. Des lettres retrouvées dans les archives de l'École Supérieure de Pharmacie en témoignent, comme celle-ci, écrite par Constance Marie Rébillon en 1888 :

« Je suis la femme d'un pharmacien. […] Agé et infirme, il a dû se retirer en province, où nous sommes depuis cinq ans. Nous pensions pouvoir y vivre tranquilles en y installant une petite pharmacie mais nous avons compté sans le voisinage des sœurs, qui font plus de pharmacie que les pharmaciens, les épiciers aussi s'en mêlent, les médecins et les vétérinaires fournissent le plus qu'ils peuvent de médicaments.

Ne pouvant vivre là-bas, il nous faut donc revenir ici ; mon mari trop âgé (71 ans) trop infirme surtout, ne peut songer à créer de nouveau une pharmacie ; cependant, il faut vivre, et nous avons une jeune fille de quinze ans à élever…

Je ne vois pas d'autres moyens que celui d'établir quelque part une herboristerie pour moi. »

Mme Marie Adeline Fouache présente, elle-aussi, un profil similaire. Son mari vient d'être interné dans une maison de santé, et elle écrit en 1908 : « étant mère de 4 petits enfants en bas âge, je voudrais pouvoir les élever ayant toujours travaillé dans la pharmacie depuis 11 ans comme mon mari était pharmacien, alors je voudrais faire de l'herboristerie ».

Il arrive, par ailleurs, qu'il y ait une discrimination de genre au sein même de la famille : les femmes sont dans l'herboristerie, les hommes dans le domaine de la pharmacie. Une répartition familiale dont on peut retrouver plusieurs cas dans la première moitié du XXe siècle. Ainsi, une lettre d'un certain M. Barbou, adressée au Doyen de l'École de Pharmacie de Paris, écrite en 1941, en témoigne : on y apprend que Barbou a travaillé au sein du laboratoire du Doyen de l'École de Pharmacie, tandis que sa femme est herboriste et que sa fille s'apprête à passer son certificat. L'herboriste certifiée Marie Durand[1], lors d'un entretien mené par Laurent Rebillard, raconte avoir effectué un stage, dans les années 1930, au sein d'une boutique parisienne d'herboristerie, tenue par la famille Aublanc. Elle déclare que Mr Aublanc est préparateur en pharmacie, son frère est laborantin dans une pharmacie, tandis que Mme Aublanc et sa fille sont herboristes. Tous ces hommes sont d'un rang inférieur à celui de pharmacien, mais de telles associations questionnent autrement les tensions entre la pharmacie et l'herboristerie. De l'avis de Marie Durand, le couple Aublanc n'entretenait pas de rapports conflictuels avec les pharmaciens voisins, bien au contraire. « Les pharmaciens les envoyaient chez nous » raconte-t-elle, avant de

[1] Le nom a été modifié.

conclure qu'« il y avait quand même quelque chose de bien : la communication avec les pharmaciens »[1].

Le cas de la famille Godillon témoigne, de même, de deux individus d'une même famille et d'une même génération, dont l'un est pharmacien et l'autre herboriste. Mais il est atypique car il concerne deux frères, et non un couple. Julien Godillon, fils d'un tonnelier dans le Maine-et-Loire, exerce la pharmacie à Paris dans la première moitié du XIXe siècle. Afin de l'aider, il fait venir son jeune frère Aimé. Ce dernier finit par se marier, passe son certificat d'herboriste, et s'installe, comme herboriste-droguiste, rue de la Poterie-des-Halles. Pour des raisons de santé, Aimé cède son herboristerie à son neveu, Etienne Rhétoré-Laujardière, lequel passe son certificat d'herboriste. Mais Etienne ne reste pas herboriste : en 1843, il est diplômé en pharmacie. Pour autant, il continue d'exercer à la même adresse, ce qui signifie qu'il a probablement transformé l'herboristerie en pharmacie [Baranger et Baranger, 2011, pp. 16-18].

Quelques exemples rendent compte de passages de l'herboristerie à la pharmacie, non pas au sein d'une même génération, mais à une génération d'intervalle, entre des parents et leurs enfants. Ce type de passage apparaît sous la plume de Louis Roux, dans l'ouvrage *Les français peints par eux-mêmes :*

« Sa fille [de l'herboriste], délicate sensitive ; effeuille ses plus beaux jours à l'ombre des mélisses paternelles ; elle est encore aux romans de Victor Ducange ; elle fleurit longtemps pour s'épanouir enfin au comptoir d'une véritable pharmacie ; elle rêve qu'elle épouse un diplôme comme une grisette ambitieuse rêve qu'elle ne

[1] Entretien réalisé par Laurent Rebillard dans le cadre de son travail de thèse sur l'herboristerie.

se marie point à un prince russe. L'herboriste envoie également son fils à l'école de pharmacie, pour narguer ses autocrates ; il veut en faire un maréchal de France de son ordre, c'est-à-dire un pharmacien. » [Roux, 1840, p. 255]

Dans ce cas présent se joue une ascension sociale, depuis une position peu valorisée à une position plus valorisée. L'herboristerie est alors l'étape qui précède la pharmacie.

En l'absence de travaux sur la question, il n'est pas possible de connaître la part que représentaient les herboristes parmi les parents des étudiants en pharmacie. Il est cependant vraisemblable qu'elle était faible. Une telle transmission nécessite que l'herboriste ait acquis une situation économique suffisamment élevée pour lui permettre de payer des études de pharmacie à ses enfants. Quelques cas, cette fois non littéraires mais bien véridiques, en témoignent. L'histoire de Louis Gazon, rapportée précédemment, en est caractéristique. Ainsi que mentionné dans la première partie de cette thèse, l'homme a acquis une belle situation financière. Pour assurer la pérennité de sa boutique et de son économie, il compte sur son fils, Louis, qui suit des études de pharmacie : « le Sr Gazon père aurait l'intention de transformer son herboristerie en pharmacie et d'y installer son fils » [Préfecture de police, 2ème brigade de recherche, Rapport du 16 mars 1893]. Il existe également d'autres cas de ce type hors de Paris. Ainsi Aussant, propriétaire de la Grande Herboristerie Moderne de Rennes, présente un profil similaire. Dans un article d'une revue syndicale, il rapporte que son fils a passé le diplôme de pharmacien et, qu'à partir de 1939, il tient un « rayon de pharmacie » dans l'herboristerie paternelle [*La revue des herboristes,* avril 1939, p. 13].

Enfin, d'anciens préparateurs en pharmacie sont devenus des herboristes. Cette transition n'est visible que dans des données de la première moitié du XXe siècle, mais il est vraisemblable qu'elle existait au XIXe siècle. Du point de vue du préparateur, l'exercice de l'herboristerie a des avantages. Elle présente un moyen de s'affranchir d'une situation d'employé : l'homme devient patron de sa propre boutique. Ceci à moindre frais, puisque le certificat d'herboriste coûtait jusqu'à 100 francs, c'est-à-dire beaucoup moins que le diplôme de pharmacien. « Les préparateurs en pharmacie sont en majorité des personnes n'ayant pu aller jusqu'au baccalauréat et ne disposant pas des ressources matérielles suffisantes pour entreprendre les longues études de pharmacien » explique Laurent Rebillard [Rebillard, 2001-2002, p. 84]. Cette élévation dans les statuts socio-économiques, via l'herboristerie, peut représenter un bon moyen d'augmenter ses revenus : « élever sa famille à un degré d'aisance que sa simple situation d'employé ne lui permet pas » explique un herboriste lors d'un congrès, en 1937 [Angéliaume, 1937, p. 166]. L'analyse des archives de l'École Supérieure de Pharmacie de Paris (dossiers de 1883 à 1941) montre qu'ils ne se démarquent pas quantitativement : seul 5% des métiers exercés par les candidats concernent le monde pharmaceutique (aide-pharmacien, préparateur en pharmacie, employé de pharmacie, garçon de laboratoire, et marchand d'accessoires de pharmacie). Ces chiffres ne sont cependant qu'indicatifs car les dossiers sont lacunaires, et beaucoup de postulants (surtout les femmes) ne mentionnent pas leurs métiers.

Les rapports entre pharmaciens et herboristes ne sauraient, donc, être considérés sous le seul angle dichotomique et d'opposition entre deux corps de métiers concurrents. Les passages existants nous en offre une autre lecture, bien plus nuancée, témoignant d'une certaine complémentarité des genres ou des générations, rendue possible par l'ambivalence du statut de l'herboriste, à mi-chemin de l'épicier et du pharmacien. Ces passages entre les deux mondes sont des témoignages supplémentaires de la valeur attribuée au certificat d'herboriste, qui apparaît ici soit comme un substitut au diplôme de pharmacien, permettant de diriger une boutique et de s'affranchir de sa condition d'employé, soit comme une sorte d'étape préalable, une possibilité d'ascension sociale permettant de hisser ses descendants jusqu'au statut, plus flatteur, de pharmacien.

Il n'en reste pas moins que de telles pratiques ont contribué à brouiller encore la frontière, déjà floue, entre l'activité pharmaceutique et l'activité herboristique. Elles ont entretenu, en conséquence, les tensions existantes entre deux corps de métier à la fois trop proches pour ne pas créer d'espace de concurrence, et trop éloignés pour être assimilables à une seule et même activité.

II. En route pour le syndicalisme

1. Des propositions de loi pour supprimer les herboristes

À la fin du XIXe siècle, alors que s'exacerbe la concurrence entre les pharmaciens et les herboristes, les propositions de loi se multiplient, donnant lieu à un véritable feuilleton juridique. Et les postulants sont bien conscients des dangers qui pèsent sur le certificat. « Puisqu'on va supprimer le diplôme d'herboriste, les examens continuent-ils d'avoir lieu cette année ? » demande un postulant dans une lettre datée de… 1891. Au point que la question n'est peut-être pas tant de savoir pourquoi les herboristes ont été supprimés en 1941, que de savoir pourquoi ils n'ont été supprimés qu'en 1941.

L'Association Générale des Pharmacien de France voit le jour en 1878 [Chauveau, 1999]. Dès l'année suivante, elle établit un projet de loi sur l'exercice de la pharmacie, présenté aux membres du Conseil d'Etat. Ce projet, reproduit dans l'*Union pharmaceutique* de 1879, contient un article visant à supprimer les herboristes :

> *« article 17 : À l'avenir, il ne sera plus délivré de certificat d'herboriste. Il sera annexé au Codex une liste des plantes médicinales indigènes non vénéneuses, vertes ou sèches, dont la vente sera libre. »*

Les arguments des rédacteurs de *l'Union pharmaceutique* ne diffèrent guère de ceux plus généralement utilisés par les médecins et les pharmaciens à l'encontre des herboristes : il leur est reproché essentiellement de faire de l'exercice illégal de la pharmacie et d'avoir un certificat qui ne garantit aucun niveau de connaissance, car trop facile d'accès.

L'affaire rebondit l'année suivante, lorsque que le ministre de l'agriculture et du commerce, Pierre Tirard, ennuyé des critiques incessantes concernant la législation sur l'exercice de la pharmacie, charge le Conseil d'Etat de préparer un projet de loi restreint pour réviser le titre IV (relatif à la police de la pharmacie, et qui créé le certificat d'herboriste) de la loi du 21 germinal an XI. Antonin Dubost en est le rapporteur. Mais ce projet soulève de vives critiques de la part du corps pharmaceutique. Et ce, selon l'« avis unanime des pharmaciens de droite de gauche et du centre » écrit Émile Genevoix, rédacteur à l'*Union Pharmaceutique.* Cette loi mettrait en danger le métier de pharmacien :

« L'article 1er attribue au pharmacien le privilège de la vente des médicaments ; la seule préoccupation des autres articles est de détruire ce privilège en multipliant les obstacles à cette vente, et hors de l'officine les tentations et l'impunité de ce commerce »[1] [L'*Union pharmaceutique,* décembre 1880, p. 53]

Aussi ce projet est-il suspendu. En échange, le député Alfred Naquet est chargé d'étudier la mise en place d'une nouvelle proposition de loi, à partir du travail d'Antonin Dubost, des réflexions de l'Association Générale des Pharmaciens de France, et de deux propositions de loi : celle déposée par Hippolyte Faure, le 6 juin 1882, sur l'exercice de la pharmacie, et celle déposée par MM. Eugène Paul Delattre et Félix Frébault, le 10 février 1883, sur la police de la pharmacie. C'est la proposition du député de la Marne, Hippolyte Faure, qui intéresse les herboristes. Or, Hippolyte Faure est pharmacien, et proche de l'Association Générale des Pharmacien de France. Sa proposition est similaire au projet présenté par cette dernière en 1879 : supprimer les herboristes et inscrire au Codex une liste de plantes qui seraient en accès libre. Et c'est cette proposition qui est reprise dans le résultat final du député Alfred Naquet.

Mais le projet n'aura pas de suite. De même que le projet suivant, déposé à la Chambre des députés le 6 novembre 1886, par MM. J. Regnault et P. Brouardel. On connaît les opinions de ce dernier, doyen de la Faculté de Médecine de Paris, qui écrira, dans un ouvrage de 1899, que les herboristes sont « inutiles » [Brouardel, 1899, p. 496].

Le 30 juin 1893, la situation semble avancer : la chambre des députés adopte un nouveau projet de loi, détaillé par

---

[1] Le texte exact de ce projet n'a pas pu être retrouvé dans le cadre de ces recherches.

Edmond Dupuy dans son ouvrage *La nouvelle législation pharmaceutique* [1895]. Ce projet reprend la proposition d'Hippolyte Faure : il prévoit la suppression des herboristes en laissant libre la vente de certaines plantes médicinales, fraîches ou sèches.

> *« Article 15. Peuvent être librement vendus par des personnes non pourvues du diplôme de pharmacien, certains médicaments simples, d'un usage courant, ainsi que les plantes médicinales fraîches ou sèches dont la liste sera insérée au Codex. »*

Le projet est transmis le 3 juillet 1893 au Sénat. Mais cet article n'est pas repris par le Sénat qui, au contraire, va réaffirmer le rôle de l'herboriste dans la vente des plantes médicinales :

> *« Article 16. Toute personne pourvue du certificat d'herboriste pourra vendre librement les plantes médicinales fraîches ou sèches qui seront désignées par le Codex. Il n'existera plus à l'avenir qu'un seul certificat d'herboriste. »*

L'affaire s'arrête là, députés et sénateurs ne s'accordant pas sur un texte commun. Mais il s'en est fallu de peu que les herboristes disparaissent dès 1893. Et les tentatives de suppression des herboristes perdurèrent…

2. L'échec du premier journal corporatif

Face à ces accusations multiples, les herboristes ressentent rapidement le besoin de s'organiser. En France, dès la fin du XVIIIe siècle, il existe des associations « mutuelles » ou fraternelles, par métier ou par localité, créées dans l'objectif de couvrir les risques professionnels. Vers 1863 apparaît le terme de « chambre syndicale ouvrière », devenu par la suite « syndicat » [Lefranc, 1971, p. 5]. La loi du 21 mars 1884 entérine l'existence des syndicats, ou associations professionnelles de personnes exerçant des métiers similaires, en permettant leur constitution, soumise au dépôt de leurs statuts, mais sans autorisation préalable du gouvernement. De même, l'union des syndicats est rendue possible, à la condition, entre autres, d'avoir pour objet l'étude et la défense des intérêts économiques, industriels, commerciaux et agricoles [Lefranc, 1971, p. 17]. Il n'est donc guère étonnant qu'en cette fin du XIXe siècle, les herboristes se soient organisés en syndicats.

La genèse du système syndical herboristique peut être reconstituée en confrontant les écrits ultérieurs des syndicalistes. En 1874-1875 est fondée, à Paris, l'Association Amicale des Herboristes, par M. Duquesne. Un premier syndicat voit le jour en 1876 : la Chambre Syndicale des Herboristes de la Seine. Quatre ans plus tard (1880), le Syndicat des Herboristes du Rhône est créé. Avec ces deux premiers syndicats se pose la question d'un regroupement de l'ensemble des herboristes qui unirait les forces des syndicats. C'est la Chambre Syndicale des Herboristes de la Seine qui prendra les premières initiatives.

Les 28 et 29 octobre 1910 a lieu, à Paris, le premier congrès des herboristes. Probablement encouragés par cette démarche, deux autres syndicats régionaux voient le jour dans une période de temps proche : celui du Sud-Ouest (1909), et celui du Centre et de l'Ouest (1910). L'objectif du congrès est de créer une structure nationale, et c'est probablement à sa suite que l'Association Amicale des Herboristes devint l'Association Générale des Herboristes de France (AGHF), avec à sa tête un parisien, P. Monin.

L'Association Générale a peu de moyens pour de telles ambitions. Son siège social est au 38 rue des Francbourgeois, dans une rue du Marais. L'immeuble possède une belle entrée et un escalier d'honneur. Mais, selon la description qu'en fait un herboriste dans un journal corporatif de 1911, il est délabré, sent mauvais, est jonché de détritus, de vieilles ferrailles, de chaussures disparates, de caisses abandonnées, etc. À l'étage, le local de l'association est une pièce étroite avec une maigre bibliothèque le long d'un mur, quelques étagères contenant des archives poussiéreuses, et une vitrine présentant des plantes datant de l'exposition universelle de 1900. Le reste du mobilier est composé de vieilles chaises « comme on en voyait jadis dans les promenades publiques, elles ont dû être rachetées au rabais » [*L'herboriste,* n°10, octobre 1911, p. 2]. Outre son directeur, l'association comprend un archiviste, un trésorier et un secrétaire. Une structure assez modeste donc, mais qui a le mérite d'être la première tentative de regroupement des herboristes.

Autre conséquence du congrès du 28 et 29 octobre 1910, l'apparition, en janvier 1911, du premier journal corporatif : *L'herboriste*. Son rédacteur en chef est G. De Saint-Martin. Dans le premier numéro, celui-ci déclare que l'objectif du journal est de « soutenir la corporation des herboristes si souvent en lutte avec le corps pharmaceutique », afin de « faire aboutir leurs justes revendications depuis si longtemps en suspens devant les pouvoirs publics » [*L'herboriste,* n°1, janvier 1911, p. 1]. Pour rassembler les herboristes, c'est donc la lutte contre le pharmacien qui est mise en avant.

Mais le journal, au lieu d'un organe de rassemblement, va devenir le théâtre où s'expriment les dissensions entre les différents groupes d'herboristes. Car l'alliance est loin d'être parfaite. Un premier conflit oppose le Syndicat du

Centre et de l'Ouest, dont le siège est à Angers, et le Syndicat du Centre, issu d'une scission, et dont le siège est à Tours. À la tête du Syndicat d'Angers, il y a Jean Levieux. À la tête de celui de Tours, il y a Chidaine. Tous deux utilisent le journal pour exprimer leurs désaccords, n'hésitant pas à prendre à partie la rédaction, qui peine à rester impartiale [voir notamment *L'herboriste,* n°11, novembre 1911].

À ce premier conflit s'en ajoute un second qui oppose les provinces et Paris. Car, dans les premiers temps du journal, c'est l'Association Générale des Herboristes (AGHF) qui mène la danse : « bien que nos intérêts soient afférents à chaque contrée et nos ventes différentes suivant les besoins de notre clientèle, il n'en est pas moins vrai que notre ennemi commun est le pharmacien, jaloux de la prospérité de nos maisons » écrit Monin dans le premier numéro de *L'herboriste* [*L'herboriste,* n°1, janvier 1911, p. 1]. Monin propose de créer des filiales locales de l'AGHF, et les premiers numéros du journal sont essentiellement rédigés par des herboristes parisiens. Mais cette captation du journal par Paris va rapidement apparaître comme un problème, y compris par le comité de rédaction lui-même. Dès mai 1911, le journal cherche à prendre de la distance avec la Chambre Syndicale de la Seine et l'AGHF, revendiquant son autonomie. Il se veut représentatif de l'ensemble des herboristes de France, et non seulement de Paris. Dans cette optique, les différents syndicats régionaux sont invités à y publier gratuitement leurs comptes-rendus d'assemblée générale. La rédaction dit ouvrir librement ses colonnes à toute personne souhaitant s'exprimer.

Parmi elles, un certain « Jean de Lorraine », de son vrai nom Charles Leblanc, herboriste à Nancy, va s'impliquer fortement en proposant de multiples articles à partir de mai 1911, et devenir un rédacteur à part entière de la revue. Or

« Jean de Lorraine » conteste ouvertement la légitimité de l'AGHF, qu'il juge avant tout parisienne, incapable de comprendre et de prendre en compte les demandes des herboristes de Province. Et il n'est pas le seul à avancer un tel discours. Jean Levieux, président du Syndicat du Centre et de l'Ouest, écrira quelques années plus tard :

> *« les intérêts des herboristes de Province et le fonctionnement de leurs officines diffèrent trop souvent avec les intérêts et le fonctionnement des herboristeries parisiennes. En province, les herboristes acquièrent nécessairement par leur situation même en dehors de la capitale des connaissances sur les plantes indigènes de chaque région »* [*L'herboristerie française,* n°2-3, février-mars 1920]

Le discours virulent de Jean de Lorraine, soutenu par le rédacteur en chef, est pour partie critiqué, et pour partie applaudi par des herboristes de province qui estiment que l'AGHF est inefficace à défendre la cause herboristique, et à proposer des lois qui leur soient favorables. Peu à peu, le journal tout entier devint un organe de critiques contre la Chambre Syndicale des Herboristes de la Seine et l'AGHF Ces instances sont accusées de ne pas tenir leurs engagements, notamment celui de soutenir les herboristes devant les tribunaux. « Les dirigeants de l'AGHF sont comme les livres d'une bibliothèque, ce sont les plus inutiles qui sont les plus hauts placés » peut-on lire dans le n°15 de mars 1912 [p. 2]. Les dirigeants en question n'utilisent pas les colonnes de *L'herboriste* pour répondre aux critiques. Ce qui fait l'objet d'ironies de la part de la rédaction. Ainsi, en décembre 1911, *L'herboriste* publie une lettre ouverte qui critique la gestion du système de retraite proposé par l'AGHF La rédaction ajoute à la suite de la lettre :

« Nous insérons cette lettre pour faire plaisir au camarade Olivier, nous sommes certains d'avance que le président de l'AGHF n'y répondra pas, c'est ainsi qu'il évite tout ce qui peut le gêner. Silet oeternum que silebit. Il ne parle pas et ne parlera jamais » [*L'herboriste,* n°12, décembre 1911, p. 2]

C'est que les auteurs ne mâchent pas leurs mots. En janvier 1912, Jean de Lorraine écrit que Mme Doizon, qui fait partie du comité de la Chambre Syndicale de la Seine, a « des idées étroites » : cette dernière, lors d'une assemblée générale, a exprimé des réticences à propos du financement par le syndicat de la Seine de publicités herboristiques non nominatives, avançant l'idée que l'argent des syndiqués doit d'abord servir l'intérêt des syndiqués, et non de l'herboristerie en général. Elle écrit une lettre de protestation pour répondre au mot de Jean de Lorraine. À laquelle ce dernier répond de manière plus virulente encore : non content de confirmer qu'à ses yeux, l'idée de Mme Doizon est « étroite », il ajoute qu'elle est « égoïste, peu charitable, pas confraternelle » [*L'herboriste,* n°14, février 1912].

La lecture de *L'herboriste* témoigne de deux conceptions diamétralement opposées de la manière dont les herboristes doivent répondre aux critiques et aux procès pour exercice illégal de la pharmacie. Leblanc, président de la Chambre Syndicale de la Seine, a visiblement une politique de non-violence, invitant ses syndiqués à ne rien faire qui puisse les rendre attaquables en justice, quitte à accepter une interprétation restrictive de la loi. Ils les invitent à ne pas donner un aspect pharmaceutique et curatif aux produits vendus, à ne pas revendre des spécialités qui pourraient être perçues comme des médicaments [*L'herboriste,* n°16, avril 1912) et à remettre les plantes au client dans de simples sacs, et non dans des boites s'apparentant à celles des médicaments [*L'herboriste,* n°18, juin et juillet 1912]. Leblanc cherche à se faire une place dans des réseaux d'hommes politiques, sans pour autant être dans la dissension. Dès la création de la Chambre Syndicale, en 1876, une fête syndicale est organisée annuellement (d'abord supportée par le syndicat de la Seine puis par l'AGHF), présidée par des hommes politiques en vue, tel que le représentant du ministre de l'agriculture [*L'herboriste,* n°15 mars, 1912, p1].

La politique de Jean de Lorraine est beaucoup plus incisive, conflictuelle. Jean de Lorraine dépeint Leblanc comme un « gardien de la routine », fasciné par le pouvoir et marchant « l'oreille basse derrière un jeune attaché du ministère » [*L'herboriste,* n°15, mars 1912]. Leblanc est, à ses yeux, un frileux : l'herboriste doit revendiquer son activité « curative » [*L'herboriste,* n°16, avril 1912], il doit créer « une nouvelle herboristerie », plus moderne, plus dynamique, mieux formée. Il se propose de devenir le chef de file de cette nouvelle herboristerie, même si, pour cela, il faudra s'opposer à Leblanc et à ceux qui le suivent [*L'herboriste,* n°15, mars 1912, p. 1 et 2].

Dans l'objectif de contrer l'influence de l'AGHF, la rédaction du journal propose, en janvier 1922, un referendum auprès de ses lecteurs, leur demandant s'ils souhaitent la création d'une nouvelle structure herboristique à dimension nationale. Le 21 avril 1912, la formation d'une Fédération des Herboristes de France et des Colonies est décidée lors d'une journée organisée par G. De Saint-Martin. Y assistent G. De Saint-Martin et Jean de Lorraine, bien sûr, ainsi que des délégués des différents syndicats régionaux. Les parisiens en sont les grands absents. Ici encore l'idée de créer une « fédération » de syndicats n'est pas propre au milieu herboristique. Georges Lefranc note que la fin du XIXe siècle est marquée par la création de fédérations nationales, le mot « fédération » qualifiant des groupements nationaux à base corporative [Lefranc, 1971, p. 10 et 25].

Devenu une interface où s'étalent et s'entretiennent les conflits, *L'herboriste* est rapidement critiqué. Y compris entre les pages même du journal. Angéliaume, qui appartient au Syndicat des Herboristes du Centre, y écrit que « *L'Herboriste* n'a pas rempli son rôle et en a mécontenté plusieurs » [*L'herboriste,* n°12, décembre 1911, p. 2]. En juillet 1912, le journal cesse sa publication, et la Fédération nouvellement créée est oubliée.

3. La renaissance de la Fédération Nationale des Herboristes de France et des Colonies

Suite à l'échec de *L'herboriste,* un nouveau mensuel voit le jour en juillet 1913 : *L'herboristerie française.* Cette nouvelle publication est administrée par Fortuné Fornier, mais Jean Levieux, président du Syndicat du Centre et de l'Ouest, y exerce une influence notable. Avec Fabius de Champville, président d'honneur du syndicat de Levieux et rédacteur en chef de la revue à partir de novembre 1921, tous trois remplissent les colonnes des premiers numéros. Levieux s'est attaché l'amitié d'un député et avocat de grand talent, Maître Albert Willm, avocat-conseil attaché à son syndicat, et qui accorde aux herboristes une fidélité indéfectible. Selon Fortuné Fornier, « Mr Willm détient le record des victoires remportées par les herboristes devant les tribunaux » [*L'herboristerie française*, mai juin 1914, éditorial]. Dans un contexte où le statut juridique de l'activité de l'herboriste manque de clarté, et où elle est fortement attaquée, avoir l'appui et les conseils d'un homme de loi compétent est un argument de poids.

Le premier objectif de la revue est de rassembler les herboristes. Il s'agit de ne pas refaire les erreurs passées. La revue met en avant les syndicats régionaux, pour ne pas être accusée d'être « parisienne », et se dit « organe indépendant » [*L'herboristerie française,* n°1, juillet, 1913, p. 1]. Elle condamne les polémiques [*L'herboristerie française,* n°2, octobre 1913]. Dès les premiers numéros de *L'herboristerie française,* on y apprend que Levieux a mis en place un Syndicat National des Herboristes Français (SNHF), nouvelle tentative après l'Association Générale des Herboristes de France pour fédérer l'ensemble des herboristes sur le territoire national. Dans un de ses discours, Levieux déclare que la devise du SNHF est « un pour tous, tous pour un » [*L'herboristerie française,* novembre 1924]. Il reprend l'idée de congrès à son compte, et en organise deux : le premier en 1921 à Paris, où participent, selon le secrétaire général, 7% des herboristes [*L'herboristerie française,* n°10, novembre 1920], le second en 1922, à Orléans, qui, selon les organisateurs, aurait attiré 300 herboristes (sur un total qu'ils évaluent à 1 800 herboristes en France) [*L'herboristerie française,* juillet 1922].

Aux yeux des rédacteurs, rassembler les herboristes passe par le syndicalisme. La revue ne cesse d'appeler les herboristes à se syndiquer pour faire face aux attaques des pharmaciens :

> *« De tous les côtés, en effet, nous parviennent les plus fâcheuses nouvelles. Chaque jour, nous apprenons que nos collègues, après avoir été plus ou moins longtemps épiés, surveillés, traqués, sont l'objet de poursuites nombreuses des parquets, du Nord au Sud, de l'Est à l'Ouest de la France »* [*L'herboristerie française,* janvier 1914, p. 1]

Le maître-mot devient : « soyons très unis, pas de polémique entre confrères, tout à l'action pour la défense des intérêts de la corporation » [*L'herboristerie française,* juillet 1926, éditorial]. Les dissensions sont gommées. On vante et félicite tour à tour les différents syndicats : un système d'autocongratulation qui semble avoir pour objectif de garder des liens positifs entre les syndicats. Le parisien Leblanc, désormais à la tête de la Chambre Syndicale des Herboristes de la Seine et de l'AGHF, invite les présidents des autres syndicats à ses banquets annuels, et est invité par les syndicats régionaux. Il est même membre d'honneur du syndicat du Sud-Ouest [*L'herboristerie française,* n°2, octobre 1913]. Chidaine et Levieux, présidents respectivement du Syndicat du Centre et de l'Ouest, et de celui du Centre, semblent avoir oublié leur mésentente passée. Ils s'invitent l'un et l'autre à leurs fêtes syndicales (même s'ils prétextent des raisons pour ne pas venir) [*L'herboristerie française,* n°4, mai 1914]. On y parle de « fête de famille », d'« union parfaite » [*L'herboristerie française,* n°4, mai 1914], de « conciliation générale » [*L'herboristerie française,* n°3, novembre 1921] : « voilà plusieurs années qu'il y a eu des rivalités personnelles qui ont jeté parmi nous un peu de désunion, il faut que cela cesse, il faut oublier des deux côtés certaines paroles un peu vives » [*L'herboristerie française,* n°4, mai 1914].

Même si quelques incidents montrent que les pas si vieilles rancœurs sont toujours là. Ainsi, lors de l'assemblée générale du Syndicat de la Seine, le 1er février 1920, Leblanc prend Levieux à part, et lui reproche d'avoir participé à la réunion de création de la Fédération Nationale des Herboristes, organisée par G. de Saint-Martin et Jean de Lorraine, dans le but de contrer le Syndicat de la Seine. L'accusation soulève le mécontentement de Levieux.

C'est que le contexte national est alors marqué par un intérêt pour la culture des plantes médicinales. Dès la fin du XIXe siècle, la production française décroît, et les herboristes sont de plus en plus tributaires de plantes importées. La région de Milly a perdu de sa superbe. Le sénateur Decauville déclare, lors d'une séance du Sénat, le 4 décembre 1891 :

> *« En 1875, les cultivateurs herboristes de Milly exploitaient 139 hectares de plantes médicinales. [...] Or en 1891, il n'y a plus dans la commune de Milly que 38 hectares de culture médicinale. La guimauve, qui occupait 30 hectares en 1875, est tombée à 2 hectares ; la mauve de 10 hectares à zéro ; le datura stramonium, de 16 hectares à 2 ; la rue, de 8 hectares à 1 ; la menthe seule résiste et de 10 hectares tombe seulement à 7. Tous ces chiffres sont pris sur tableau certifié par le maire de Milly » [Journal officiel de la République française.* Débats parlementaires. Sénat. Séance du 4 décembre 1891, p. 975-976].

La guerre de 1914-1918 fait prendre conscience au gouvernement que la France est par trop dépendante des pays voisins dans la fourniture de ses plantes médicinales. Dans l'ouvrage *La camomille et autres plantes médicinales dans la région de Chemillé,* les auteurs vont jusqu'à écrire que la guerre a fait cesser le commerce des plantes à Chemillé, qui était, pourtant, un centre majeur de production [Baranger, Baranger, Gallotte et Gicquiaud, 2011, p. 32].

Au printemps 1918, le Ministre du Commerce crée le Comité Interministériel des Plantes Médicinales. À sa tête, il nomme Émile Perrot, professeur reconnu de matière médicale à l'École Supérieure de Pharmacie de Paris. Émile Perrot cherche à rassembler les différents acteurs qui gravitent autour de la production et de la vente des plantes médicinales [Debue-Barazer, 2002]. Jean Levieux s'engouffre dans la brèche. Il participe aux différents congrès dès le mois d'avril 1920, et le fait savoir. Il vante les solutions proposées par Émile Perrot, comme d'utiliser les écoliers pour ramasser les plantes locales [voir notamment *L'herboristerie française,* n°22, mai 1923]. Zélé, il envoie à Émile Perrot, en septembre 1923, un rapport sur la culture des plantes médicinales en Anjou. Les comptes-rendus des différentes actions menées par le Comité Interministériel sont rapportés dans *L'herboristerie française.*

Dans ce contexte favorable, les herboristes syndiqués cherchent à sensibiliser les hommes politiques à la cause herboristique. Jean Levieux multiplie, et encourage, les démarches auprès des députés. En mars 1921, des délégués des syndicats se retrouvent devant le Palais Bourbon, et interpellent les députés sur les conséquences que les différents projets de refonte de la loi de germinal font peser sur leur activité. Ces actions ne sont pas inutiles. D'autant que les herboristes jouent un autre de leurs atouts : l'hygiène. Célébrée au tournant du siècle avec la trilogie « vaccination, déclaration, désinfection » [Faure, 1993, p. 241], l'hygiène est consacrée par les Pouvoirs Publics avec la création du Ministère de l'Hygiène, de l'Assistance et de la Prévoyance Sociale par le décret du 21 janvier 1920. Or les herboristes recueillent l'attention bienveillante des Ministres de l'Hygiène (Georges Leredu à partir de 1920 et Paul Strauss à partir de 1922), qui leur assurent qu'ils ont un rôle positif à jouer dans sa diffusion.

C'est donc une période faste pour Jean Levieux. En 1921, il est nommé Chevalier du Mérite Agricole par le Ministre de l'Agriculture, et Officier d'Académie par le

Ministre de l'Instruction Publique. La même année, Maître Willm reçoit la Légion d'Honneur.

Les liens entre la revue et le syndicat de Levieux deviennent de plus en plus étroits, au point qu'en septembre 1921, Levieux rachète *L'herboristerie française,* et en fait l'organe officiel du Syndicat National. Cette proximité entre le syndicat et la revue lui attire quelques critiques. Car, dès janvier 1921, *L'herboristerie française* sert d'interface publicitaire pour le Syndicat National, qui y est présenté comme le syndicat « le plus vivant, le plus agissant, le mieux armé pour la défense de vos intérêts, celui qui possède le conseil juridique le plus réputé et le plus savant » [*L'herboristerie française,* n°5, janvier 1922, p. 1]. Il devient alors évident que le Syndicat National ne chapeaute plus l'ensemble des syndicats régionaux, mais se place comme un syndicat de plus parmi les autres, une continuité du Syndicat des Herboristes du Centre et de l'Ouest que présidait déjà Levieux. Molinié, président du Syndicat du Sud-Ouest, en parle d'ailleurs comme d'une « association sœur » [*L'herboristerie française,* n°9, mai 1922].

Mais le conflit qui oppose les parisiens (le syndicat de la Seine et l'AGHF) aux syndicats provinciaux réapparaît. Dans les lignes du journal, on accuse l'AGHF de détournement de fonds [*L'herboristerie française,* n°12, août 1922]. Levieux démissionne de la charge qu'il y occupe en août 1922. Les différents syndicats, qui peinaient déjà à coordonner leurs actions, agissent de manière indépendante et désordonnée. Le Syndicat de Paris fait des démarches auprès d'un député de la Seine sans en avertir les autres syndicats. L'affaire tourne mal lorsqu'en août 1922, Levieux, accompagné d'une délégation d'herboristes de Province, débarque dans la salle d'attente d'un député où patiente déjà une délégation de Paris. D'après le compte-rendu de l'incident publié dans *L'herboristerie française,* les parisiens acceptèrent plutôt mal cette intrusion [*L'herboristerie française,* août 1922].

Dès le congrès de 1922, on fait renaître la Fédération Nationale des Herboristes de France et des Colonies, qui avait vu le jour 10 ans plus tôt. Les statuts sont les mêmes, mais la Fédération est présentée comme un objet nouveau. Il faudra encore deux années, passées à rassembler les représentants des syndicats et à dépasser les mésententes entre Paris et la Province, pour qu'à l'issue d'une réunion, en mars 1924, la Fédération voit réellement le jour [*La revue herboristique,* novembre 1926, p. 17-19 ; *La revue des herboristes,* novembre 1935]. Son objectif est inscrit dans ses statuts : rassembler les syndicats d'herboristes et de professions similaires afin de coordonner les efforts, présenter aux pouvoirs publics leurs revendications, défendre les intérêts de la corporation, centraliser la documentation, bref, veiller « à la défense des intérêts de l'herboristerie sous toutes ses formes ».

La Fédération fonctionne sans président permanent, afin d'empêcher la prépondérance d'un syndicat sur les autres. Le comité directeur est composé de tous les délégués des syndicats (1 délégué pour 100 membres), renouvelé tous les trois ans [*La revue des herboristes,* novembre 1932]. Il se réunit quatre fois par an, et un président est élu à chaque séance. Conséquence de l'influence de Levieux, les statuts de 1922, contrairement à ceux de 1912, mentionnent que le rédacteur en chef de *L'herboristerie française* fait partie de droit de la Fédération, mais n'a qu'une voix consultative. En outre, le siège est fixé dans les bureaux de *L'herboristerie française,* 78 rue Taitbout, à Paris. Le budget de la Fédération passe de 50 centimes par membre à l'origine, à 1 fr par membre à partir de mars 1924. Un budget qui peut sembler peut-être un peu léger, mais qui va vite se retrouver augmenté par la création progressive de nouveaux syndicats : celui du Limousin (1923), du Nord (1925), du Sud-Est (1927), de Normandie (1927), de l'Est (1929), du Plateau Central (1930), du Languedoc (entre 1930 et 1937) et de Bourgogne (entre 1930 et 1937) [Buisson, 1937].

Si les herboristes syndiqués sont visiblement bien conscients de la nécessité d'unir leurs forces au niveau national, pour combattre les multiples attaques dont ils font l'objet, ils peinent à créer une cohésion entre eux. Que ce soit l'Association Générale ou le Syndicat National, ces deux structures ont davantage témoigné des divergences entre les herboristes, que de la défense des intérêts communs. Leblanc, « Jean de Lorraine », Saint-Martin, Levieux…. aucun d'entre eux n'a su devenir celui auprès de qui tous les herboristes de France se reconnaissent. Jusqu'à ce qu'un nouveau personnage fasse son entrée dans l'échiquier syndical, et changer la donne : le secrétaire général de la jeune fédération.

Chapitre II. UNE NOUVELLE DÉFINITION POUR LE MÉTIER D'HERBORISTE

I. Relever le niveau de savoir des herboristes

1. Le manque de formation, un problème ?

Le secrétaire général de la Fédération s'appelle Émile Lemesle. D'après les registres de la Faculté de Pharmacie de Paris, c'est alors un homme de 44 ans, parisien d'adoption, mais né dans le Calvados. Il est herboriste de première classe depuis plus de neuf ans, ayant obtenu son certificat le 17 novembre 1913, après deux tentatives infructueuses. C'est en tant que membre de l'Association Générale qu'il entre à la Fédération.

Émile Lemesle sera l'artisan central de la machine syndicale, un homme dont le rôle sera reconnu par tous : le « grand chef de l'Herboristerie » [*La revue des herboristes,* juin 1931, p. 9]. « Il est des hommes devant lesquels il convient de s'incliner parce qu'ils ont été, dans le rayon où leur activité s'est exercée, des entraîneurs : Lemesle fut de ceux-là » écrira Leuwers, président du Syndicat du Nord, en 1935 [*La revue herboristique,* avril 1935, p. 41].

En 1924, avec la renaissance de la Fédération, l'herboristerie française est en plein bouleversement. Émile Lemesle va faire aboutir des éléments déjà en germe dans les premières tentatives de rassemblement des herboristes.

L'un des premiers points sur lesquels il va centrer son action, et derrière lui l'herboristerie syndicale, concerne la formation des herboristes. La Fédération veut relever « le niveau intellectuel de la corporation » [*L'herboristerie française,* mars 1924]. À travers ce « relèvement », l'objectif est de développer le prestige social de l'herboriste, Lemesle déclarant vouloir que celui-ci « puisse grandir dans l'échelle sociale » [*L'herboristerie française,* octobre 1924]. « En augmentant chaque jour, dans la mesure de nos moyens, notre bagage scientifique, nous rehaussons le prestige de notre profession, et, dans le public, plus encore que parmi nos adversaires on ne pourra plus dire en nous désignant : "Ce sont des marchands d'herbes" » peut-on lire dans *La Revue herboristique* [juin 1931, p. 21]. C'est l'image même de l'herboristerie qu'il s'agit de changer.

Rappelons-le, il n'existe pas de formation obligatoire en herboristerie, seul le certificat d'études primaires (tout au plus) est exigé. Ce qui était jusque là une opportunité, une souplesse permettant à des personnes issues de classes modestes et sans diplôme scolaire d'exercer le métier d'herboriste, devient un véritable problème en ce début du XXe siècle. Car aux yeux des syndicalistes, l'absence de formation reconnue par l'Etat remet en question la légitimité de leur savoir. Si, tout au long du XIXe siècle, les herboristes ne critiquent pas le contenu de leur examen, la situation s'inverse au XXe siècle, et atteint son paroxysme dans les années 1920-1930. On fustige ce certificat « obtenu à la suite d'un bourrage intensif de quelques semaines, bourrage fait de théories d'ailleurs parfaitement inutiles dans la vie pratique » [*La revue herboristique,* novembre 1928, p. 39].

La protestation ne transparaît pas seulement dans les publications syndicales, elle transparaît aussi dans les lettres des postulants. En 1933, Abel Terrasson se plaint d'avoir échoué, malgré la grande connaissance qu'il a des plantes fraîches et de leurs propriétés, alors que « l'homme de peines de la Maison Canonne après avoir appris la petite flore de Gaston Bonnier tout en essuyant journellement les bocaux du magasin sera reçu ». Et il ajoute : « Monsieur le Doyen cela est la négation de la science ! » L'herboriste a été maintenu dans un « état d'indigence intellectuelle presque officielle » s'insurge le syndicaliste Georges Bouvrain lors d'un congrès, en 1937 [Bouvrain, 1937, p. 157].

L'examen préparatoire fait l'objet de critiques similaires. Dans un article publié en 1927, un syndicaliste, après avoir mentionné que l'on demande à tout employé ou agent du chemin de fer d'avoir des diplômes scolaires, remarque :

> *« Chez nous, c'est bien plus simple, beaucoup plus simple : "Vous n'avez pas de diplôme ? Vous n'avez pas même votre certificat ? C'est bon ! Vous ferez vingt lignes de dictée et deux problèmes sur les quatre règles !" Et, si vous n'êtes pas plus nul que les bambins de l'école qui font assez souvent leurs "vingt lignes" de punition, vous pouvez vous en tirez fort honorablement... Et la Faculté vous ouvre ses portes ! »* [*La revue herboristique,* janvier 1927, p. 11]

Pour les syndicalistes, il faut exiger de meilleurs diplômes scolaires des candidats. « Il devient indispensable pour nous à cette époque où toutes les professions dites libérales, s'entourent de garanties légales, de chercher à pénétrer dans la zone scientifique protectrice et gardienne des prérogatives professionnelles » écrit un certain Bahonneau. Avant de préciser : « et pour ne pas déclasser l'herboriste, que faut-il ? Exiger du candidat herboriste un peu de culture intellectuelle, au moins le brevet élémentaire, ou mieux le certificat d'études primaires supérieures » [*L'herboristerie française,* n°5 à 7, mai à juillet 1920]. L'un des vœux pris à la suite du congrès de 1920 est que soit exigé le brevet simple, ainsi qu'une scolarité de six mois avant le passage de l'examen. L. Leymarie, herboriste à Lyon, écrit :

> *« Le certificat d'études primaires ou l'examen analogue, sont insuffisants et nous mettent nettement en état d'infériorité, il faut à l'herboriste de demain une culture et des connaissances générales un peu au-dessus de celles que possèdent les enfants de 12 ans qui sortent de l'école primaire »* [*La revue des herboristes,* septembre 1931, p. 8]

Lors du congrès de 1937, Louis Cuzin rapporte que devant « la facilité d'acquérir ce diplôme d'Etat permettant aux vendeurs de plantes médicinales poursuivis pour vente illégale de faire de nouveaux herboristes », le Syndicat des Herboristes du Limousin aurait demandé aux Pouvoirs Publics que soit exigé des postulants la détention du baccalauréat [Cuzin, 1937, p. 133]. La mesure ne sera jamais accordée, mais la demande est éloquente.

La colère ne concerne pas seulement le contenu de l'examen et la faiblesse du niveau scolaire exigé. Elle porte aussi sur les conditions de passage et la forte dépendance qui lie l'herboriste à celui qu'il considère comme un concurrent : le pharmacien. Cette obligation pour l'herboriste « de recevoir la sanction de son savoir de la part du Pharmacien et d'accepter, du même pharmacien, l'inspection de son herboristerie, met dans une situation délicate et injuste la corporation des herboristes » explique Émile Lemesle [*La revue des herboristes,* janvier 1929, p. 8]. « De toutes les professions commerciales, l'herboristerie est probablement la seule qui soit complètement sous la tutelle d'un concurrent direct » écrit Camille Destouches. Il juge la situation « équivoque » et « humiliante » [*La revue herboristique,* décembre 1932, p. 23].

D'ailleurs, pour bien des syndiqués, ce sont les pharmaciens qui sont responsables du manque de formation des herboristes. En leur confiant le passage de l'examen, la loi du 21 germinal an XI les chargeait implicitement de les former : « la loi de germinal laissait pourtant entendre que les Pharmaciens feraient l'instruction des Herboristes, et couronneraient leur savoir par un diplôme d'aptitude à la profession d'Herboriste » écrit le syndicaliste H. Jambon [*Bulletin officiel de l'Association amicale des anciens élèves de l'ENH,* n°12, 1935, p. 27].

Qu'à cela ne tienne ! En attendant une évolution de la loi et la création d'un enseignement, les syndicats vont prendre pour partie en charge l'accroissement des connaissances herboristiques de leurs syndiqués. Dès les années 1910, différents moyens sont envisagés pour mieux former les postulants et les herboristes en exercice. On parle de créer des études obligatoires d'au moins un an [*L'herboriste,* n°7, juillet 1911, p. 1], de fonder une Académie, d'organiser des expositions entre herboristes [*L'herboriste,* n°9, septembre 1911]. Le programme est ambitieux. « Un herboriste de 1914 ou 15 devra avant tout connaître à fond sa botanique générale (organographie, micographie), et sa botanique spéciale (classification), il doit savoir analyser une plante » écrit un rédacteur de *L'herboriste* en février 1911. Et il ajoute : « puisque l'herboriste vend des plantes curatives, il devra connaître la matière médicale. Puisque l'herboriste demande à vendre des eaux minérales, il devra connaître son hydrologie. Puisque l'herboriste demande à vendre des antiseptiques, il devra connaître la chimie » [*L'herboriste,* n°2, février 1911]. Fortuné Fornier, rédacteur en chef de

L'Herboristerie française, encourage les herboristes à cultiver des plantes pour pouvoir les comparer avec celles de leurs fournisseurs [*L'Herboristerie française,* septembre 1921]. Certains envisagent l'ouverture de conférences spécialement réservées aux herboristes, sous l'égide des syndicats, accompagnées d'examens [*L'Herboristerie française,* septembre 1926]. En 1924, lors d'une assemblée générale du Syndicat National des Herboristes Français, on parle même d'ouvrir un cursus d'herboristerie dans les écoles de médecine [*L'herboristerie française,* octobre 1924]. Plus modestement, le syndicaliste A. Dumas encourage ses collègues à se documenter et à pratiquer des herborisations, des expérimentations et des observations [*Bulletin officiel de l'Association amicale des anciens élèves de l'ENH,* n°10, 1934, p. 41]. Un bon herboriste doit rassembler toute la documentation parue sur les plantes, observer attentivement leurs conditions d'emploi, vérifier les résultats annoncés, transformer la confiance intuitive en certitude. L'action syndicale ne se limite pas à encourager les initiatives personnelles. À la suite de Jean Levieux, la Fédération organise annuellement, à partir de 1930, des « congrès scientifiques » ouverts à tous les herboristes de France, mêlant des discours de syndicalistes sur la défense de l'herboristerie, avec des conférences sur les propriétés des plantes.

Mais il y a surtout les publications syndicales. Car de fait, la machine syndicale, qui se met peu à peu en place, s'accompagne d'une importante production de journaux corporatifs. La Fédération se dote elle-même d'un bulletin trimestriel dès 1924, qui devient, en 1929, une publication mensuelle, la *Revue des herboristes, organe officiel de la fédération nationale des herboristes de France et des colonies.* À cette publication propre à la Fédération s'ajoute la publication de l'AGHF, le *Bulletin de l'Association Générale des Herboristes de France,* ainsi que les différents organes des syndicats régionaux. Si chaque syndicat semble avoir développé son propre bulletin, ces derniers présentent une grande diversité, tant dans le choix des titres que dans la présentation et l'ampleur de leur diffusion. Ainsi, l'organe du Syndicat des Herboristes du Sud-Est a pour nom *Le Trait d'Union Herboristique.* Tandis que celui du Syndicat des Herboristes du Sud-Ouest est simplement intitulé *Organe officiel mensuel*. Paraissant à partir de juillet 1927, il se présente sous la forme d'un petit bulletin au format A5 contenant une trentaine de page. Tandis que le Syndicat du Nord publie *La Revue herboristique,* créée en 1925, revue conséquente allant jusqu'à plus de 90 pages, et dont, à l'évidence, le lectorat, comme les rédacteurs, dépassent largement le cadre du seul Syndicat du Nord. D'ailleurs, en 1930, elle deviendra aussi la revue du Syndicat de l'Est et de Normandie.

Ces différentes revues sont de formidables outils de circulation d'informations, tant professionnelles que pédagogiques. Outre des formules de préparations en tout genre, les bulletins des syndicats livrent des présentations détaillées de plantes ou de traitements d'une maladie, la nomenclature des termes latins, les manières optimales de faire sécher et de conserver les plantes, les nouveautés juridiques et scientifiques, la liste des plantes autorisées et interdites aux herboristes, les cours du marché, la liste des concours et expositions, recueillent des inscriptions pour des excursions botaniques, recensent des répertoires professionnels, etc. On peut aussi y trouver des conseils pour les postulants au certificat, les incitant à faire un stage, indiquant les études qu'ils ne doivent pas négliger et comment ils doivent se présenter devant le jury. Et le phénomène apparaît très tôt puisque, dès 1922, *L'Herboristerie française* consacre une rubrique régulière pour présenter des plantes et des techniques de conservation, suivie d'un « dictionnaire de botanique » à partir de 1926.

Loin d'être un système de circulation de l'information à sens unique, le lecteur est fortement encouragé à écrire à la revue, à poser des questions. « Herboristes !!! Cette revue est la vôtre » annonce *La Revue Herboristique,* « si vous êtes embarrassés, consultez ses services de renseignements, vous serez satisfaits à bref délai » [juin 1931, p. 40]. Et là où le manque d'information pèche, ce n'est pas seulement sur des questions proprement herboristiques : c'est aussi à propos de la législation. D'autant que, comme mentionné précédemment, cette législation est loin d'être évidente.

Les archives de l'École Supérieure de Pharmacie de Paris livrent plusieurs lettres, datant de la fin du XIXe siècle, et révélant une méconnaissance de la législation : demandes de rendez-vous et de renseignements, démêlés avec la justice parce que le nouvel herboriste n'a pas fait enregistrer son diplôme ou exerce dans le mauvais département, etc. Ces questions arrivent souvent bien tard, puisqu'ils sont déjà titulaires du certificat. « Je vous prie d'être assez aimable pour me donner des renseignements précis au sujet de mon droit d'exercer » s'inquiète une nouvelle diplômée, Mme Marie Jeanne Stervinou, en 1891. « Lorsque je suis venue à Paris, faire des études chez Madame Coquard, je lui ai déclaré que c'était à Lorient (Morbihan) l'endroit où j'étais fixée d'habiter pour exercer et j'apprends aujourd'hui même, indirectement, que ce n'était pas à Paris, mais bien à Rennes qu'il fallait être reçue ». « Herboriste depuis peu », écrit M. Aristide Müller la même année, « vos lumières me seront d'un grand secours pour élucider quelques questions qui m'embarrassent ». « Etant pourvu d'un diplôme d'herboriste de 2ème classe, et désirant m'établir épicier dans la banlieue ; ai-je le droit, Monsieur de Directeur, de vendre des plantes médicinales ; mais sans faire connaître mon titre d'herboriste ? » demande M. Emmanuel Auguste Michaud en 1889. En 1937, Camille Destouches fait la même constatation : beaucoup « ignorent leurs droits et leurs devoirs » [Destouches, 1937, p. 173]. Ils méconnaissent les « règlements de la jurisprudence, de la déontologie » renchérit son collègue, Angéliaume [Angéliaume, 1937, p. 166].

Sur le modèle du premier journal corporatif, *L'herboriste,* les syndicats et leurs revues s'assurent les services d'un avocat-conseil pour répondre aux questions des lecteurs. Ainsi, Maître Paul Caillot est celui du journal *L'herboriste,* comme Maître Albert Willm est celui du Syndicat d'Angers et de *L'Herboristerie française*, Maître De Vareille celui du Syndicat du Nord [*La Revue herboristique,* avril 1935, p. 31], Maître Laborderie et Maître Dusson-Martz sont ceux du Syndicat du Sud-Ouest [*Organe officiel mensuel,* février 1928, p.1], Maître Jolly puis Maître Fain ceux de la Fédération [*La Revue des herboristes,* janvier 1940, p. 2], etc. *La Revue herboristique* appelle ses adhérents à leur faire part de « tous les renseignements afférents à la poursuite dont ils pourraient être l'objet » [décembre 1932, p. 15]. Et les lecteurs ne semblent pas rechigner sur cette aide dont ils ont besoin. Peut-on écrire « traitement végétal » sur les boites de tisanes que l'on vend ? demande un lecteur en janvier 1914. « Non », répond la rédaction, cela risque d'être considéré comme de la médecine [*L'Herboristerie française,* n°1, janvier 1914]. Fortuné Fornier, rédacteur en chef de *L'Herboristerie française,* déclare recevoir près de 300 lettres par mois [*L'Herboristerie française,* novembre 1922]. Toutes ne concernent pas les questions juridiques, mais le chiffre sonne comme un indice des attentes conséquentes des syndiqués envers leurs revues, et leurs syndicats.

Ces systèmes d'information « à tout va », visant à pallier aux principaux défauts de formation des herboristes, ne sauraient être suffisants aux yeux des syndicalistes. D'autant que les congrès fédéraux, comme les publications syndicales, touchent principalement les herboristes installés et syndiqués, et non les futurs herboristes.

2. L'École Nationale d'Herboristerie

Et puisque la loi ne change pas, et que les pharmaciens ne semblent pas pressés de former les postulants, la Fédération s'en chargera. Elle ouvre, le 20 octobre 1927, au 79 rue du Temple à Paris III[1], puis au 123 rue de Lille à Paris VII, une ambitieuse École Nationale d'Herboristerie (ENH). Émile Lemesle en est le premier directeur. L'ENH se veut le garant de la solidité des connaissances acquises par les herboristes. « L'école nationale d'herboristerie impulsera tout un mouvement jusqu'alors inconnu chez les herboristes de centralisation et d'organisation du savoir herboriste » écrit Laurent Rebillard [Rebillard, 2002, p. 42]. Car seul un apprentissage pourrait garantir un savoir, lui-même garantissant un statut. La Fédération et l'École Nationale d'Herboristerie prennent au pied de la lettre la loi de germinal qui précise que l'herboriste « connaît exactement les plantes médicinales ». Il leur apparaît que seule une formation solide peut leur permettre de revendiquer une place à côté de la pharmacie.

---

[1] D'ailleurs, le 79 rue du Temple deviendra, à partir du 16 juin 1935, le siège de la Fédération Nationale des Herboristes de France et des Colonies [*La revue des herboristes,* novembre 1935, p. 17]. Nouvel exemple des liens forts qui unissent la Fédération à l'ENH.

La durée des études est de un an à la création de l'école, puis de deux ans à partir de 1931. En cours du soir et lors des week-ends, ou dans la journée, les étudiants apprennent des éléments d'histoire naturelle, de botanique générale, de botanique médicale, de chimie végétale, de physique, d'anatomie générale, de physiologie, d'hygiène générale, de botanique systématique, de chimie élémentaire, analytique et organique, et la reconnaissance des plantes. En outre, sont abordées la déontologie, la jurisprudence, la diététique et quelques notions de comptabilité. L'enseignement donné est donc particulièrement riche. D'ailleurs, un pharmacien, correspondant de *l'Argus* en 1928, critique cette école qui fait l'objet d'une « publicité intense », et qu'il estime faire perdre du temps aux postulants en leur apprenant des choses inutiles [cité dans *La revue herboristique,* n°37, mai 1928, p. 45-49]. Ces enseignements, qui se veulent de grande qualité, sont donnés par des médecins (comme le Dr Dircksen, le Dr Cottard ou le Dr Leclerc), des Docteurs en Science (comme M. Blondel ou M. Sibille), un Docteur en Droit (Maître Jolly), un professeur de Pharmacie (M. Lerat) et des Licenciés en Sciences (comme M. Bouvrain ou M. Denet). Dans son livre autobiographique, Michelle Wiatr-Benoit, qui y fut élève, en parle comme d'une « excellente école dont les professeurs étaient médecins et spécialistes des plantes », et où « l'étude y était beaucoup plus poussée et intéressante que les cours diffusés en province » [Wiatr-Benoit, 2004, p. 25].

Tous les professeurs de l'ENH sont, bien sûr, proches du monde syndicaliste, participent aux congrès syndicaux et à la rédaction des revues syndicales. Le savoir herboristique du XXe siècle se construit autour d'une sélection de manuels d'herboristerie hautement valorisés. Il en est ainsi de l'ouvrage du docteur François Joseph Cazin, du manuel de Michel Compain, mais surtout du *Précis de phytothérapie* du docteur Henri Leclerc. Leurs ouvrages sont offerts en prix aux meilleurs élèves de l'ENH. Si le docteur Cazin est mort en 1864, Michel Compain et le docteur Henri Leclerc sont de grands défenseurs de la cause herboristique, interviennent régulièrement dans les congrès, dans les cours de l'ENH, et rédigent des articles dans les revues syndicales. Ils représentent l'excellence du savoir herboristique. Dans un livre, pour partie autobiographique, Suzanne Robert, qui a suivi elle-aussi les cours de l'ENH, raconte que tous les élèves redoutaient plus ou moins Henri Leclerc. Elle l'appelle « mon Maître » et ajoute : « je ne dirai jamais assez combien je suis fière d'avoir été l'élève du Professeur Henri Leclerc, l'un des plus grands médecins par les plantes, lui qui a su trouver, dans les vieux remèdes de bonnes femmes et de guérisseurs, l'explication de leur pouvoir magique » [Robert, 1986, p. 229]. D'après Suzanne Robert, le docteur Leclerc aurait usé de son influence pour qu'elle n'ait pas son certificat dès sa première année à l'ENH, afin qu'elle se perfectionne une année de plus [Robert, 1986, p. 230]. Ceci semble confirmer que le docteur Leclerc avait, ou du moins était supposé avoir, une influence sur le fonctionnement de l'ENH qui dépassait le statut de simple enseignant.

Les locaux devaient, bien sûr, se montrer à la hauteur de cette excellence. L'ENH possède un laboratoire de chimie [*La revue des herboristes,* janvier 1929, p. 12]. Lemesle veut y ajouter une bibliothèque plus complète et un jardin botanique, ce qui sera rapidement fait. L'objectif est de s'affranchir du jardin botanique de l'École Supérieure de Pharmacie de Paris, qui n'est ouvert aux herboristes qu'un jour par semaine, le jeudi, et seulement pendant deux heures, de 8 heures à 10 heures. En 1929, Lemesle souhaite aussi créer des terrains d'essais de cultures, mais le projet n'apparaît plus dans la littérature syndicale par la suite, et semble donc avoir été abandonné [*La revue des herboristes,* avril 1929, p. 12].

L'excellence passe aussi par l'évaluation des élèves. Les étudiants sont astreints à des notes d'études chaque mois, ainsi qu'à deux examens probatoires par an, en février et en mai [*La revue des herboristes,* février 1931, p. 16]. En outre, il est demandé aux étudiants en dernière année de produire une « thèse » portant sur la description botanique et les usages des plantes poussant dans une région française de leur choix [*La revue des herboristes,* janvier 1929, p. 14]. L'utilisation même du terme de « thèse » est probablement un témoignage supplémentaire de cette recherche d'excellence dans la formation. En outre, à la fin de l'année scolaire, l'ENH ne se contente pas d'envoyer ses étudiants passer l'examen du certificat d'herboriste à l'École Supérieure de Pharmacie de Paris : elle fait passer ses propres examens, et organise, tous les ans, une cérémonie de remise des prix, au cours d'une soirée très officielle, agrémentée d'un bal [Voir à ce sujet notamment les *Bulletins de l'Amicale des anciens élèves de l'École Nationale d'Herboristerie*].

Tout cela a bien sûr un coût : les élèves devront débourser 1 000 francs pour une année de cours [*La revue herboristique* n°37, mai 1928, p. 47]. Si l'élève échoue à l'examen de l'École Supérieure de Pharmacie de Paris, il doit payer encore 300 francs pour pouvoir poursuivre sa préparation jusqu'à la session suivante [*La revue des herboristes,* février 1931, p. 16]. Pour autant, l'ENH semble avoir attirée un nombre de plus en plus important d'étudiants. Georges Bouvrain, alors directeur, rapporte, lors de la réunion fédérale du 13 novembre 1938, que le nombre d'élèves ne cesse d'augmenter : 83 puis 135 élèves en 1934-1935, 59 élèves en 1935-1936, 75 puis 109 élèves en 1936-1937, 94 élèves en 1937-1938, 124 élèves en novembre 1938 [*La revue des herboristes*, décembre 1938, p. 5]. De ce fait, l'école s'agrandit et, en 1938, déménage du 79 rue du Temple au 123 rue de Lille : on abandonne la petite entrée avec l'escalier vieillot pour des locaux bien plus spacieux, une « entrée particulière » et un « grand escalier » [*Bulletin officiel de l'Association amicale des anciens élèves de l'ENH*, n°25, 1938].

Le succès de l'ENH trouve son expression dans la création d'une École Régionale d'Herboristerie par le Syndicat du Nord, l'un des plus puissants et des plus actifs des syndicats. Créée en 1934, l'École Régionale fonctionne sur le même modèle que l'ENH : il s'agit d'une école privée qui organise ses propres examens, en parallèle de ceux de la Faculté de Lille. Les deux écoles sont intimement liées. Ainsi, en 1935, c'est le docteur Dircksen, professeur à l'ENH, qui préside le jury de l'École Régionale [*La revue herboristique,* n°120, juillet 1935, p. 38]. L'école régionale est une sorte de « petite sœur » de l'école nationale.

Mais la situation n'est pas si radieuse. Si l'ENH délivre « un certificat de scolarité revêtu du sceau de l'école, avec les signatures du directeur et celles des professeurs » [*La revue des herboristes,* février 1931, p. 16], tout cela n'a qu'une valeur de prestige. Car malgré les demandes répétées d'Émile Lemesle, ainsi que de ses successeurs, l'école ne sera jamais reconnue par le gouvernement, même si Michel Compain la dit « classée par le Ministère de l'Instruction Publique » [Compain, 1939, p. 612]. Pour être réellement certifiés herboristes, les élèves de l'ENH doivent toujours passer par l'École Supérieure de Pharmacie de Paris, devenue Faculté en 1920. Les deux institutions sont totalement indépendantes.

Les syndicats expliquent difficilement les refus, de la part de l'Etat, de reconnaître l'ENH, si ce n'est par la pression des pharmaciens. Lors du congrès de 1937 [Cuzin, 1937, p. 132-133], Louis Cuzin explique que l'Etat ne peut reconnaître l'ENH, car la loi de germinal indiquerait implicitement que c'est à lui que revient le devoir de mettre en place une formation en herboristerie. Reconnaître l'ENH équivaudrait, alors, à reconnaître son incapacité à proposer un enseignement. Un tel argument ne semble guère solide, car si l'Etat avait voulu mettre en place une formation, il l'aurait sûrement fait. Quoi qu'il en soit, l'École Nationale d'Herboristerie n'aura jamais de « national » que le nom. En 1937, A. Buisson fait d'ailleurs remarquer qu'il s'agit là d'un titre usurpé : « je me suis déjà trouvé en difficultés sur ce point avec notre Ministre de l'Éducation Nationale actuel, mon ami Jean Zay qui m'a dit : "Pourquoi avoir pris le titre d'École Nationale?" » écrit-il [Buisson, 1937, p. 220]. Malgré quelques débats, le nom de l'École restera inchangé.

Si l'ENH est largement soutenue par les syndicats et délivre un enseignement qui se veut de qualité, tous les postulants au certificat ne s'y inscrivent pas. Des cours privés lui font concurrence. Et les annonces pour ces cours continuent de s'étaler dans les journaux, et pas seulement à Paris :

> *« SOYEZ HERBORISTE. UN AN Cours oraux ou Correspondance. Situation indépend. lucrative. Examen : Juillet. Entrée : Novembre. Inscription ouverte COURS HERBORISTERIE, 1 rue St-Julien, NANTES, de 16 à 18 h. lundi excepté. Progr. renseig. 3.50 Fco. »* [*L'Ouest-Éclair,* 1er octobre 1940, p. 4]

L'École de Paris « doit lutter contre 29 cours dissidents » se plaint, en 1936, un rédacteur de *La revue herboristique* [*La revue herboristique,* janvier 1936, p. 39]. Georges Bouvrain, qui a succédé à Émile Lemesle à la direction de l'ENH, estime que cette « éclosion de cours concurrents de plus en plus nombreux » a pour « cause principale » la prospérité de l'école [*La revue des herboristes*, août 1936, p. 14].

Il n'en demeure pas moins que loin d'être unique, l'ENH s'insère dans un marché plus global de l'offre de cours en herboristerie, marché dans lequel les postulants jouent des différentes offres de formation qui leur sont proposées. Le parcours d'Anne Dupond[1] en est exemplaire. Lors d'un entretien réalisé en 2012, elle m'explique qu'après avoir suivi les cours de l'ENH en 1940, elle échoue à l'examen d'herboristerie : « on était 180, il y en a eu 150 qui étaient recalés ». Elle se tourne alors vers les cours de Mme Compin, où sur « 28 élèves et il y en a 25-27-26 de reçus », et obtient son diplôme en 1941. Dans un tel marché, la richesse de la formation proposée par l'ENH peut la desservir. Bien des cours concurrents offrent un enseignement plus court, car limité aux seules matières demandées à l'examen. Ce dont se plaint Camille Destouches lors du congrès de 1937 : « nombreux encore sont ceux qui, pour des raisons particulières (éloignement, économie, loisirs mesurés, et aussi hélas ! pratique du moindre effort), nombreux, dis-je, sont les candidats qui limitent leurs seules études herboristiques aux élémentaires matières demandées à l'examen de la Faculté », et font de l'herboristerie « un métier d'improvisation » [Destouches, 1937, p. 173]. Il en est ainsi des cours proposés par Mme Compin, 11 rue de Turin à Paris. Sur une période de 6 mois, les élèves s'entraînent seulement à l'épreuve principale de l'examen, c'est-à-dire à la reconnaissance des plantes fraîches et sèches : « alors chez cette dame, il y avait uniquement de la reconnaissance » m'explique Anne

[1] Le nom a été modifié.

Dupond, « […] il n'y avait plus de chimie, il n'y avait plus de médecine, c'était le programme, c'était bien ».

En l'absence d'archive, il n'est pas possible d'évaluer avec certitude la part des étudiants de l'ENH par rapport aux étudiants des cours privés. Dans *La revue herboristique* de juillet 1935, il est indiqué que sur les 186 élèves inscrits à la Faculté de Pharmacie de Paris pour passer leur certificat en 1935, 96 viennent de l'ENH et 90 appartiennent aux cours dissidents. En comparant ces chiffres avec les registres de la Faculté, on s'aperçoit qu'ils ne concernent que la session d'examen de juin (et non celle de novembre), et qu'il y a eu 190 passages d'examen pour l'été 1935, ce qui donnerait un rapport de 96 élèves de l'ENH pour 94 élèves issus des cours dissidents. L'année suivante, Georges Bouvrain annonce de meilleurs résultats : 107 élèves de l'ENH ont été présentés à la Faculté de Paris, contre 60 des cours dissidents [*La revue herboristique,* août 1936, p. 14]. Mais ici encore, ces chiffres ne correspondent qu'à la session d'été, et le chiffre des élèves des autres cours est légèrement sous-évalué. L'ENH présentait, visiblement, la majorité de ses étudiants aux sessions de juin. Ainsi, en novembre 1938, l'ENH n'aurait présenté que 21 élèves et les autres cours, 56 élèves [*Revue des herboristes*, novembre 1938, p. 5]. On peut donc supposer qu'au plus fort de la notoriété de l'ENH, et en comptant de manière large, ses étudiants ont représenté entre la moitié et les trois quarts des postulants de la Faculté de Paris.

En revanche, leur formation semble effectivement être meilleure. Georges Bouvrain indique que pour les examens de juin 1935, le taux de réussite des élèves de l'ENH est de 53,1%, tandis que celui des autres cours est de 23,0% [*Revue des herboristes*, novembre 1938, p. 5]. Cette supériorité est confirmée par ailleurs. Le *Bulletin officiel de l'Association amicale des anciens élèves de l'ENH*, pour les années 1934 et 1935, donne la « liste des étudiants ayant obtenu le diplôme d'herboriste » [*Bulletin officiel de l'Association amicale des anciens élèves de l'ENH,* n°13, 1935, p. 13] qui est, en réalité, la liste des étudiants ayant réussi les examens internes de l'ENH. En comparant cette liste, contenant 80 noms, avec les registres de la Faculté, il apparaît que le taux de réussite de ces élèves (du moins de ceux qui ont passé leur certificat) est de 78,7%, tandis que la moyenne pour l'ensemble des postulants est de 51,6%. En revanche, les élèves de l'ENH ne brillent pas particulièrement par la qualité de leurs résultats : 74,5% obtiennent une mention « passable » (avec une moyenne de 71,8% pour l'ensemble des postulants), 13,1% obtiennent une mention « assez bien » (avec une moyenne de 13,0% pour l'ensemble des postulants) et 4,9% obtiennent une mention « bien » (avec une moyenne de 3,3% pour l'ensemble des postulants).

L'ENH n'a pas réellement atteint son objectif d'homogénéiser la formation des postulants au diplôme d'herboriste. Parce qu'elle n'est pas le seul lieu d'enseignement de l'herboristerie, son existence n'efface pas entièrement la diversité des parcours et de la qualité des connaissances acquises par les postulants au certificat. D'autre part, elle n'a pas réussi à se rendre indépendante des Facultés de Pharmacie et de Médecine, qui, seules, gardent la maîtrise de l'accès au métier d'herboriste. En revanche, l'ENH a participé à la construction d'une nouvelle identité herboristique.

3. De la qualité scientifique des savoirs herboristiques

Pour les syndicalistes, il ne s'agit pas de nier le caractère ancestral de l'activité herboristique : « les herboristes tiennent leur existence de la naissance du monde. A l'âge d'or, l'homme utilisait déjà les plantes » écrit Cuzin en 1937 [Cuzin, 1937, p. 112]. Mais ce n'est pas l'ancestralité du savoir de l'herboriste qui fait sa légitimité en ce début du XXe siècle. C'est plutôt son caractère « scientifique ». « La superstition populaire les fait un peu sorciers et c'est contre quoi ils protestent, je le sais [...] » écrit un journaliste de *La Justice*. « Ils se donnent pour des glaneurs dans le champ de la science » [*La Justice,* 4 mai 1898, p. 1].

La « Science » est au cœur des discours, et les témoignages en sont multiples. « Nous voulons être des herboristes dignes de ce nom, pouvant justifier d'une valeur scientifique en rapport avec les progrès accomplis chaque jour dans tous les domaines de la science » déclare le président du Syndicat des Herboristes du Nord [*La revue herboristique n°81,* avril 1932, p. 23]. « Oui, nous avons un bagage scientifique » s'exclame H. Jambon. « Si l'herboriste disparaissait, la médication par les simples ne serait plus que de l'histoire ancienne et redeviendrait l'apanage des guérisseurs occasionnels et des sorciers » ajoute-t-il [*Bulletin officiel de l'Association amicale des anciens élèves de l'ENH*, n°10, 1934, p. 22 et 23]. « Les herboristes de France et des Colonies [...] affirment leur volonté inébranlable de maintenir la valeur scientifique et médicale de leur vieille profession [...] » indique le projet de résolution de la quatrième Commission du Congrès National des Herboristes de France, en septembre 1937 [Compain, 1939, p. 639].

La « Science » représente d'abord, à leurs yeux, l'inscription dans l'évolution de la société française de cette époque. Jusqu'à la fin du XIXe siècle, les médicaments sont préparés dans les officines des pharmaciens, mais, à partir de la seconde moitié du XIXe siècle, leur production a été de plus en plus prise en charge par des entreprises industrielles issues de pharmacies traditionnelles (comme Dausse ou Roussel), ou des entreprises spécialisées dans la chimie (comme Bayer ou Rhône-Poulenc). Le début du XXe siècle est marqué par l'épanouissement de l'industrie et de l'innovation pharmaceutique moderne [Bonah et Massat-Bourrat, 2005]. Et si l'entre-deux-guerres est une période d'incertitude quant à la place et à l'avenir de cette activité, ce sont aussi des années de croissance commerciale et de succès scientifiques et techniques [Chauveau, 1999].

Cette industrialisation permet de changer l'échelle de production, mais influence le médicament en lui-même, via des produits davantage purifiés et standardisés [Gaudillière et Thoms, 2015]. « C'est une véritable entreprise de rationalisation des savoirs qui s'expérimente sous l'égide des découvertes de la chimie analytique » explique Laurent Rebillard [Rebillard, 2001-2002, p. 28]. Après l'isolement et la caractérisation de la strychnine (1819), de l'atropine (1819), de la quinine (1820), de la caféine (1821), de la digitaline (1827), de la nicotine (1828), « la pharmacie nouvelle serait donc celle de l'analyse, de la purification et de la séparation des matières actives, de l'application des théories de la chimie de Lavoisier » explique Jean-Paul Gaudillière [Gaudillière, 2006, p. 69]. Ainsi, elle entraîne le développement d'un nouveau type de médicament, que l'on cherche à rendre plus pur, plus stable. Peu à peu, les compagnies pharmaceutiques tendent à développer, en interne, leurs capacités en recherche et développement, améliorant la pureté et la structure moléculaire de leurs produits, et se dotant des moyens nécessaires pour conduire des essais cliniques contrôlés.

Dans les années 1920, la publicité pour les médicaments se multiplie et se diversifie : dépliants, publicités imprimées dans des journaux ou présentées dans les vitrines, films. Le développement de cette industrie pharmaceutique s'inscrit, par ailleurs, dans un contexte de dé-légitimation de l'amateur et, inversement, de professionnalisation scientifique, qui se développe à partir de la fin du XIXe siècle et voit son apogée dans les années 1945-1968 [Bonneuil et Joly, 2013]. De fait, la valorisation de la « Science » par les herboristes apparaît, à l'évidence, comme une réponse à l'évolution perçue de la société et comme un moyen de faire participer l'herboristerie à cette évolution. « Si nous ne voulons pas périr, il faut nous adapter et marcher avec notre siècle, lequel réclame toujours plus d'instruction et de savoir » écrit, en 1932, C.H. Bruon [*Bulletin officiel de l'Association amicale des anciens élèves de l'ENH,* n°2, 1932, p. 1]. Il s'agit de faire « sortir l'herboristerie de l'empirisme » [*Bulletin officiel de l'Association amicale des anciens élèves de l'ENH,* n°9, 1934, p. 41 ; Rebillard, 2001-2002, p. 88].

L'enseignement délivré à l'ENH est un élément-clé de cette nouvelle définition, puisque sa qualité se veut le garant de la légitimité scientifique de l'herboriste. Voici la liste des différents enseignements suivis par les étudiants de l'ENH en avril 1929 : botanique, chimie, physique, anatomie, physiologie, phytothérapie[1], diététique, botanique médicale, jurisprudence herboristique et déontologie [*La revue des herboristes,* avril 1929, p. 10-12]. Les enseignants de l'ENH ne sont pas, pour l'essentiel, des « herboristes ». En observant le détail du contenu de ces enseignements, on constate même qu'un certain nombre de cours semblent être plutôt éloignés de la vente des plantes, ou même de l'utilisation de ces dernières à des fins

[1] Il s'agit vraisemblablement des cours délivrés par les docteurs Leclerc et Dircksen, qui n'étaient pas herboristes mais médecins se revendiquant comme « phytothérapeutes ». Dans la presse syndicale, les herboristes ne se disent jamais « phytothérapeutes ». Ce terme est visiblement utilisé pour qualifier des médecins soignant avec des plantes, pas des herboristes.

thérapeutiques, comme l'étude de la « métallurgie du fer », des « métaux », de la « mécanique » et de la « pesanteur », des « qualités et propagation du son », de l'« électricité statique et dynamique », des « piles et accumulateurs », etc. [*La revue des herboristes,* avril 1929, p. 10-12].

Cet éclectisme se retrouve, par exemple, dans les sujets des articles qui paraissent dans *La revue des herboristes,* organe de la Fédération. Outre des articles sur les plantes et leurs propriétés thérapeutiques, on peut y lire des rubriques sur l'« organisation scientifique du travail » [janvier 1931, p. 10], sur l'« air liquide » [mars 1931, p. 7], sur l'« agriculture coloniale et le Museum d'Histoire Naturelle » [avril 1931, p. 8], sur le développement des plantes vertes en récipient hermétiquement clos [juin 1931, p. 12], sur la radioactivité des eaux minérales [avril 1932, p. 13] ou encore sur la serothérapie [novembre 1932, p. 12]. Ces différents articles ne sont, en général, pas écrits par des herboristes : les auteurs sont souvent des « docteurs », mais on y trouve aussi un « chargé d'études de matière médicale », un « professeur à la faculté des sciences de Lyon », un « professeur au Museum », un « chimiste », un « biophysicien », etc. L'herboristerie semble donc se situer au croisement d'une multitude de disciplines annexes, telles que la biologie, la médecine, la physique, la chimie, etc.

À son niveau, l'évolution du contenu des manuels d'herboristerie, entre le XIXe siècle et le XXe siècle, témoigne de la tournure que prend, peu à peu, le métier. Les informations se multiplient, la composition chimique est mentionnée, les noms latins déclinés. Les manuels se sont donc mis, peu à peu, à accueillir la langue latine, la composition chimique, les contre-indications, etc.

Le savoir sur les plantes a donc évolué non pas vers une mise en valeur d'un patrimoine, d'un système de croyance ancestral, mais vers la prise en compte d'éléments issus des sciences médicale, chimique et botanique. « En voulant se faire reconnaître par la médecine et ses institutions, l'herboriste a bel et bien dû désenchanter –au moins partiellement- son activité » écrit Raphaële Garreta dans sa thèse sur l'herboristerie [Garreta, 2007, p. 96].

II. Quand l'herboristerie se rapproche de la pharmacie

1. Sur le modèle de la pharmacie…

À partir des années 1920, la quête pour une herboristerie scientifique amène à une transformation de la boutique. Disparues les guirlandes de plantes qui se balancent au vent, la boutique sombre et humide des ruelles parisiennes. On valorise un espace propre, lumineux, avec des plantes bien rangées dans des bocaux. Le journal *Candide* s'en fait le porte-parole :

> « *Vous souvenez-vous de la petite boutique poussiéreuse ou naguère l'herboriste exerçait sa profession ? Un antre redoutable où séchaient les bouquets de plantes ; une dame résignée distribuait aux rares clients de l'armoise, ou des quatre-fleurs. On ignorait les trésors que recelait ce capharnaüm ! [..] Nous aurons désormais des herboristes officiels, qui feront une sérieuse concurrence aux pharmaciens. Ils seront diplômés, et partant, installés dans de belles boutiques inondées de lumière, ils exécuteront des ordonnances. Je suppose qu'ils vendront aussi un tas d'ustensiles en caoutchouc, en porcelaine, en ébonite, en gutta perca, parce que c'est le plus clair des bénéfices à réaliser !*

Mais nous aurons perdu l'antre mystérieux où la vieille prêtresse officiait parmi ses chapelets d'herbes séchés et recueillait souvent d'étranges confidences. C'est un peu de pittoresque qui s'en va » [repris dans *La Revue herboristique,* n°31, novembre 1927, p. 33]

On prend désormais soin de sa vitrine, d'être visible. Cette mise en scène porte un espoir économique : « la présentation publicitaire, la qualité des vitrines, la réclame sur les prix combinées à une présentation sélective des articles en vitrine leur fait espérer de meilleures ventes » écrit Laurent Rebillard dans son mémoire [Rebillard, 2001-2002, p. 80].

Mais l'intérêt dépasse les seules questions économiques pour témoigner d'une volonté de s'intégrer dans la société, en renforçant le prestige de l'activité herboristique. Un herboriste écrit, en 1924, dans *L'herboristerie française* :

« Les confrères sont nombreux qui voudraient voir se moderniser et se commercialiser leur achalandage qui dans bien des cas a trop conservé l'aspect de la boutique du "marchand de simples" et n'a pas encore acquis l'allure plus grandiose d'un vrai commerce. Il faut donc tout tenter pour atteindre ce but propre à rehausser en prestige, notre profession » [*L'herboristerie française,* novembre 1924]

« La devanture du magasin est devenue une nécessité, sa valeur est immense » écrit un certain L. Castelain, dans un numéro de *La revue herboristique,* onze ans plus tard. Il ajoute : « il importe pour que l'herboriste vive, qu'il ne se laisse pas distancer sur ce terrain » [*La Revue herboristique*, n°118, mai 1935, p. 50].

Avec la boutique, la tenue change. Les photos des herboristes diplômés, ou des cours d'herboristerie du début du XXe siècle, les montrent portant des blouses blanches. En 1934, une journaliste décrit ainsi les cours de l'ENH : « la bonne humeur et l'enthousiasme règnent dans le laboratoire garni de cornues et de flacons aux formes bizarres ; étudiants et étudiantes en blouse blanche se passionnent pour leurs travaux et se penchent fiévreusement sur les tables couvertes d'herbes et de plantes. » [*Les Dimanches de la femme,* 12 août 1934, p. 15]. Françoise Loux [Loux, 1990, p. 266] note, à propos des médecins, que la blouse blanche et les instruments sont autant de moyens pour établir une distance entre le soignant et son client. N'en est-il pas de même ici ? L'utilisation des blouses blanches permet d'identifier, de marquer visuellement le groupe des herboristes, qui, ainsi, se distingue du reste de la population. Tout en se rapprochant d'autres types d'activités : ces blouses semblent faire visuellement référence à celles portées par les médecins, les pharmaciens ou les personnes travaillant au sein des laboratoires.

Alors que la profession pharmaceutique s'achemine vers son « âge d'or », que Jean-Paul Gaudillière situe entre 1930 et 1980 [Gaudillière, 2006, p. 66], il n'est guère étonnant de constater que les syndicalistes semblent prendre modèle sur la pharmacie. Probablement estiment-ils que c'est à ce prix qu'ils trouveront leur place dans un système de santé en pleine évolution. Mais cette course vers la Science a pour corollaire de rapprocher dangereusement la pratique herboristique de la pratique pharmaceutique. Volckringer écrit ainsi dans un livret intitulé *Les herboristes*[1] : « il convient de reconnaître le bien-fondé des demandes des herboristes en ce qui concerne le désir d'élever le niveau de leurs études et de revaloriser leur profession. Il convient

---

[1] Livret sans mention d'éditeur et non daté, conservé à la Bibliothèque Interuniversitaire de Pharmacie de Paris.

aussi de remarquer que ce désir tend à assimiler les herboristes aux pharmaciens » [Volckringer, vers 1947 ?, p. 6].

La référence est explicite lorsqu'en 1932, le syndicaliste Louis Cuzin va jusqu'à proposer la création d'un codex herboristique, ce qui, à ses yeux, marquerait davantage le caractère scientifique de l'herboristerie, tout en lui assurant un domaine de soin propre [*La revue herboristique* n°79, février 1932, p. 15]. Par ailleurs, le glissement du terme de « certificat » à celui de « diplôme » est toujours bien présent dans le discours syndical. Dès 1920, on trouve, parmi les vœux émis à l'issue du congrès des herboristes, qu'« un avis général fut que le certificat de première classe soit uniformément désigné sous le nom de diplôme, comme cela existe dans nombre de centres d'examen » [*L'herboristerie française,* mai à juillet 1920]. Ce vœu manqua de peu de voir le jour. Une proposition de loi en faveur des herboristes, déposée le 12 juillet 1929 par les députés Frot et Soulier, se proposait de transformer le « certificat » en un « diplôme », obtenu à l'issue d'études étatiques. Mais la proposition de loi ne sera jamais adoptée, rencontrant l'opposition marquée de certains pharmaciens, dont le sénateur et rapporteur du projet, M. Dauthy [Voir notamment à ce sujet *La Revue herboristique,* août 1934, p. 22 et suivantes]. Pour ce dernier, en revendiquant un « diplôme », les herboristes chercheraient une reconnaissance égale à celle du pharmacien. Mais le mot est passé dans le langage courant, au point qu'en 1941, le législateur supprima un « diplôme d'herboriste » [Article 59, titre VII, de la loi du 11 septembre 1941 relative à l'exercice de la pharmacie] qui n'avait jamais existé.

Avec l'ouverture de l'École Nationale d'Herboristerie en 1927, les préparateurs en pharmacie y prennent une place particulière, possible conséquence de l'attrait de ces syndiqués pour le modèle pharmaceutique. Ces préparateurs, qui ont l'habitude du comptoir de l'officine et possèdent une éducation pharmaceutique, sont mis en avant comme étant des élèves de qualité. D. Angéliaume, professeur à l'ENH, déclare, lors d'un congrès en 1937, qu'ils représentent la « première catégorie » des diplômés en herboristerie, et que « les importantes maisons sont généralement tenues par d'anciens préparateurs » [Angéliaume, 1937, p. 166]. « Nous devons à la vérité de dire que ce sont nos meilleures recrues » ajoute Camille Destouches [Destouches, 1937, p. 173]. Le préparateur devient alors un ardent défenseur de l'herboristerie face à la pharmacie. On lit ainsi, dans la *Revue herboristique* de juin 1931, un article d'E. Langlois :

> *« Et pourquoi ce souverain mépris de leurs collaborateurs d'hier, dont les principes commerciaux leur ont assuré de belles prébendes; pourquoi les avilir auprès de leur clientèle, alors que précédemment, leur préparateur, avant d'être herboriste, était porté au pinacle et considéré comme un pilier de la maison. Quelques mots l'expliquent :* ***la peur de la concurrence !*** *»* [*Revue herboristique,* juin 1931, p. 19]

Mais les préparateurs ont vraisemblablement amené avec eux un certain nombre d'habitudes de travail, de langage, issues du monde pharmaceutique. Et ce même auteur, qui revendique sa place d'ancien préparateur en pharmacie, reconnaît que ce passage d'un métier à l'autre n'a pas forcément que des avantages pour le public :

> *« Le public ne discerne pas facilement la différence qu'il peut y avoir entre un pharmacien et un herboriste et cela se conçoit. Dans un grand centre, la clientèle fréquentant les pharmacies de quartier, aura remarqué et se sera fait éclairer des conseils d'un préparateur*

attaché à une officine, puis brusquement, elle retrouve la même tête, généralement sympathique, derrière un comptoir herboristique, dans le même secteur » [*Revue herboristique,* juin 1931, p. 19]

Les syndicalistes semblent donc s'approcher du modèle de la pharmacie, en attirant des acteurs qui en sont issus (les préparateurs), en utilisant des codes vestimentaires (la blouse blanche) et de présentation de la boutique (l'emballage des produits, le soin de la vitrine) partagés par ce modèle, en utilisant même des mots issus de la pharmacie (l'idée d'un « codex » herboristique). Mais derrière cet attrait pour le modèle pharmaceutique se joue la place des herboristes dans le système médical français, par rapport aux pharmaciens.

2. L'« autre » pharmacien

Si la loi ne se prononce pas clairement sur le statut de l'herboriste, dont on ne sait s'il est censé tenir davantage de l'épicier ou du pharmacien, il est évident que les syndiqués les plus influents optent pour le « sous-pharmacien », ou plutôt l'« autre pharmacien ». Ils appartiennent « au Corps médical » [*Bulletin officiel de l'Association amicale des anciens élèves de l'ENH*, 1932, p. 4], ils font partie des « professions de l'art de guérir » [*Bulletin officiel de l'Association amicale des anciens élèves de l'ENH*, 1932, p. 1] :

« il ne suffit pas, en effet, d'être un bon vendeur pour être un bon herboriste. Il faut être capable de pouvoir donner un conseil judicieux à un client, lui préparer, suivant les cas, un mélange ou un autre qui soit susceptible de faire du bien et de soulager le malade. Il faut pouvoir donner

un renseignement technique sur une plante, sur une maladie; il faut, en un mot.... être herboriste, et ne pas se contenter de vendre un franc de tilleul ou une boîte de poudre de riz. » [*Bulletin officiel de l'Association amicale des anciens élèves de l'ENH*, 1932, p. 3]

L'herboriste serait même plus qu'un « autre pharmacien » : « l'herboriste de tout temps a été un guérisseur » écrit Michel Compain en 1930 [Compain, 1930, p. 247].

Cette revendication d'une place à part entière de l'herboriste dans le système de soin français trouve à s'exprimer avec la loi du 5 avril 1928, modifiée par la loi du 30 avril 1930, sur les assurances sociales. Ces assurances obligatoires couvrent « les risques maladie, invalidité prématurée, vieillesse, décès et comportent une participation aux charges de famille et de maternité » [Titre I, article 1] pour les salariés dont le revenu annuel ne dépasse pas 15 000 francs[1]. En ce qui concerne l'assurance-maladie, l'article 4 du Titre I spécifie qu'elle :

« couvre les frais de médecine générale et spéciale, les frais pharmaceutiques et d'appareils, les frais d'hospitalisation et de traitement dans un établissement de cure et les frais de transport, d'interventions chirurgicale nécessaires pour l'assuré, son conjoint, leurs enfants à charge non salariés âgés de moins de seize ans et les pupilles de la nation remplissant les mêmes conditions dont l'assuré est tuteur [....] » [Loi du 30 avril 1930, Titre I, article 4]

Pour cela, les contributions de l'Etat, de l'assuré[2] et de son employeur sont centralisées à la caisse des dépôts et

[1] Hors cas particuliers spécifiés dans la loi.
[2] Il s'agit de retenues sur sa paie.

consignations, puis redistribuées à chaque caisse d'assurance. Les syndicalistes revendiquent une place dans ce système, en tant que fournisseurs de produits thérapeutiques, et ces lois sont largement rapportées et explicitées dans la presse syndicale. Les syndicats régionaux mettent en place des conventions-types avec les caisses départementales, afin que les assurés puissent s'adresser aux herboristes « pour les ordonnances qu'il a la capacité d'exécuter » [*La revue herboristique* n°76, octobre 1931, p. 47].

Mais si les herboristes ont demandé, et bien souvent obtenu, la reconnaissance de leur rôle dans le système des assurances sociales, au même titre que les pharmaciens, ils n'y ont guère trouvé un affermissement de leur reconnaissance, ainsi que le souligne Laurent Rebillard [2001-2002]. Le fait est que l'herboriste, qui n'avait officiellement pas le droit de faire des médicaments, ne pouvait trouver pleinement son compte dans ce système. Malgré ces conventions avec les caisses départementales, ils ne pouvasient exécuter qu'une partie de l'ordonnance du médecin, celle qui n'était pas réservée au pharmacien. Dans un article de décembre 1934, publié dans *La revue des herboristes,* l'un d'entre eux se plaint que, par mesure de facilité, les assurés préfèrent faire exécuter la totalité de leur ordonnance dans une pharmacie, faisant ainsi perdre des clients aux herboristes. L'auteur propose que soit exigé des médecins une double ordonnance, l'une pour la pharmacie, l'autre pour l'herboristerie [*La revue des herboristes,* décembre 1934].

En outre, ces lois, en facilitant l'accès au médecin et au médicament issu de l'industrie pharmaceutique, devaient vraisemblablement faire perdre des clients aux herboristes. De fait, ainsi que le souligne Sophie Chauveau, les assurances sociales fournissaient aux pharmaciens industriels un marché solvable [1999, p. 193]. Elles ont donc été perçues de manière ambivalente par les syndiqués : elles ouvraient une porte pour faire reconnaître l'herboriste comme un acteur de soin à l'égal des pharmaciens, mais, dans le même temps, elles lui portaient préjudice en favorisant son concurrent.

3. La vente des spécialités

Cette première moitié du XXe siècle est l'âge d'or des spécialités, ces remèdes de formes diverses (cachets, pilules, vins, pommade, bonbons, etc.), préparés à l'avance, souvent accompagnés d'une présentation soignée, d'une publicité généreuse, et protégés par un nom de marque [Chauveau, 1999, p. 81 ; voir aussi Rasmussen, 2004 ; Faure, 1996 ; Gaudillière, 2013, etc.]. Alors que s'accroît la place des médicaments dans les budgets, que ces derniers représentent le cœur de l'acte thérapeutique bien plus que le complément de l'intervention du médecin [Faure, 1993, p. 233 et 235], ces spécialités présentent un intérêt lucratif. Encouragées par l'abondance, voire l'omniprésence de la publicité [Faure, 1993, p. 216], elles en viennent à représenter une part essentielle des produits vendus par les pharmaciens et les herboristes.

Sophie Chauveau distingue deux types de spécialités : les spécialités « médicales », qui suivent un protocole de fabrication strict, ne sont délivrées que sur ordonnance, et qui ont l'image d'un médicament sérieux, et les spécialités « commerciales », associées à une marque, vantées pour de multiples indications mais dont l'efficacité réelle est souvent contestée. Ces dernières sont des produits d'automédication, plus que des produits de prescription médicale [Chauveau, 1999, p. 53]. Si l'herboriste, parce qu'il n'a pas le droit de vendre des « médicaments », n'a pas accès aux spécialités « médicales », il multiplie les spécialités « commerciales », dont les publicités s'étalent dans la littérature syndicale. Par exemple, Jean Levieux, président du Syndicat d'Angers, vend un « cafeol hygiénique du Docteur Birguot » qui est notamment digestif, stomachique, anti-nerveux, anti-névralgique et contre les maux d'estomac. [*L'herboriste,* n°9, septembre 1911].

L'importance prise par les spécialités se retrouve dans la forte proportion qu'elles occupent dans les publicités imprimées des publications syndicales. Avec la vente d'objets divers (tels que des canules, des bocaux, des balances, des pansements, etc.), elles occupent la majorité de l'espace publicitaire. Les publicités concernant des entreprises d'herboristerie en gros ou des fournisseurs de plantes médicinales sont minoritaires.

Dans ces préparations multiples et variées, fussent-elles des spécialités « commerciales », la distinction d'avec le médicament n'est pas toujours claire. « le POLAIR est un article de parfumerie et non un médicament » se sent obligé de préciser un annonceur qui veut s'attirer les bonnes grâces des herboristes [*L'herboriste*, n°1, janvier 1911]. Car de tels produits n'échappent pas à l'accusation d'exercice illégal de la pharmacie, lancée par l'inspection pharmaceutique. Dans un article de *La revue herboristique,* du mois de juin 1931, on peut lire :

> *« Une Herboriste de Paris, adhérente à la Chambre Syndicale de l'Association, vient d'être l'objet de poursuites de la part de l'Inspection Pharmaceutique pour la vente de la Tisane "Jouvence de Soeur Agnès", et de "Bonbons Pectoraux" considérés comme pharmaceutiques et, par conséquent, exercice illégal de*

la pharmacie. L'Inspection Pharmaceutique a du choisir, parmi les tisanes de Madame Pactat, la Jouvence de Soeur Agnès, pour la raison que cette tisane a déjà été l'objet de deux condamnations; par le Tribunal de Nevers et la Cour de Montpellier » [*La Revue herboristique*, juin 1931, p. 11]

D'autant que si certains réservent la vente de leurs produits aux herboristes, d'autres cherchent à conquérir les deux marchés en vendant leurs produits autant dans les herboristeries que dans les pharmacies. Et ceci qu'il s'agisse de spécialités ou d'accessoires divers. Cette pratique a eu pour conséquence de créer un espace de marché qui soit à la fois herboristique et pharmaceutique. Et donc de contribuer à rapprocher dangereusement la pratique de l'herboriste et celle du pharmacien.

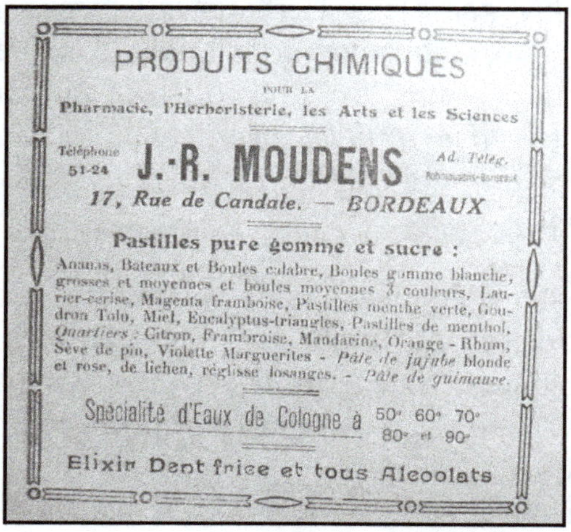

Publicité pour les produits chimiques de J.-R. Moudens
Organe officiel mensuel du Syndicat des Herboristes du Sud-Ouest, 15 février 1928, p. 8

Les « produits chimiques » vantés ici sont destinés à la pharmacie et à l'herboristerie. Une publicité parue dans *L'Humanité* de 1919 pour « La Milanaise », une « composition hygiénique » qui « fait disparaître les Poux, les Pellicules, les Lentes et la Crasse du cuir chevelu », annonce que ce produit est vendu « dans toutes les Pharmacies et Herboristeries » [*L'Humanité* du 27 décembre 1919]. Une autre publicité, parue dans une revue syndicale, vante les produits des frères Jourdan, « la plus importante maison française d'Herboristerie pharmaceutique » [*Organe officiel mensuel du syndicat des Herboristes du Sud-Ouest,* 15 février 1928, p. 8]. Et lorsque le produit est, sans contestation possible, réservé aux pharmaciens, les fournisseurs s'organisent. On en crée l'équivalent pour l'herboristerie. Ainsi un laboratoire propose, comme alternative à son « lithiné » qui « ne peut être vendu par les Herboristes parce qu'il est médicamenteux », un autre produit dont le nom est proche, le « selthiné »[1], que les « herboristes sont autorisés à vendre » [*Organe officiel mensuel du syndicat des Herboristes du Sud-Ouest,* 15 février 1928, page de couverture].

Pour éviter d'être accusés de vendre des médicaments, les herboristes qualifient en général ces produits d'« hygiéniques ». Si le terme d'« hygiène » apparaît dès le début du XIXe siècle, il en vient à définir, au cours du siècle, l'ensemble des dispositifs et des savoirs favorisant l'entretien de la santé [Sueur, 2011, p. 344 ; Vigarello, 1987]. Sa diffusion est encouragée par les grandes épidémies de choléra, de variole ou de fièvres typhoïdes qui touchent le XIXe siècle. Dans la seconde moitié du XIXe siècle, l'hygiène prend place dans les écoles primaires

---

[1] Liquide qui ajouté à l'eau ou le vin donne une boisson rafraîchissante et de bon goût.

françaises, et l'instituteur est chargé de transmettre de nouvelles pratiques de précaution à l'égard de la santé (propreté corporelle, gymnastique, promotion de la vaccination, etc.) [Parayre, 2008]. Le témoignage le plus significatif de l'intérêt de l'Etat pour la question de l'hygiène est probablement la création, en 1889, de la Direction de l'Assistance et de l'Hygiène Publiques au sein du Ministère de l'Intérieur, puis, en 1920, du Ministère de l'Hygiène, de l'Assistance et de la Prévention Sociale.

Les herboristes jouent tout à la fois sur l'engouement pour l'hygiène et le manque de précision du terme : « un produit peut être médicamenteux ou hygiénique suivant l'usage auquel on le destine. Pour vendre un produit hygiénique, il ne faut jamais le faire dans un but curatif » explique un correspondant de *L'Herboristerie française [*avril 1919, p. 1]. « Ne portez pas sur vos boites – et les congrès de Paris et d'Orléans l'avaient affirmé - les indications que ce sont des remèdes. Dites bien que ces mélanges ont un but hygiénique » conseille le rédacteur en chef de cette même revue, Fortuné Fornier [*L'Herboristerie française,* mai 1926]. À la suite du congrès de 1922, les herboristes décident, prudemment, d'adopter la formule : « nos plantes sélectionnées ne sont pas des médicaments ou des remèdes secrets, mais des produits hygiéniques pour la conservation de la santé » [*L'Herboristerie française,* juillet 1922].

Mais si la pratique courante de l'herboriste semble se rapprocher, pour partie, de celle de la pharmacie, ce rapprochement des deux mondes va entraîner, chez de nombreux herboristes, la nécessité d'un mouvement inverse de différenciation d'avec le pharmacien. Ce mouvement apparaît dès les années 1910, avant la création de la Fédération. Et c'est notamment dans l'interaction avec la profession de pharmacien que les syndicalistes vont chercher à construire leur particularité [Hughes, 1996, p. 69]. « Nous ne devons, en aucune circonstance, chercher à "singer" le pharmacien, mais, au contraire, à nous distinguer de lui, à avoir un paquetage bien à nous et une estampille idem » argumentait Suchaud, herboriste à Nevers [*L'herboriste,* n°9, septembre 1911]. « La pharmacie est un art, l'Herboristerie en est un autre » déclarait Leuwers, le président du Syndicat des Herboristes du Nord [*La Revue herboristique,* n°81, avril 1932, p. 25].

III. Les « frères ennemis » : herboristerie *vs* pharmacie

1. Recréer une différence d'avec le pharmacien

Certains syndicalistes s'inquiètent de créer une différence entre l'herboriste et le pharmacien dans leurs pratiques quotidiennes. Dans son analyse du métier d'infirmière, Everett Hughes note qu'avec le développement de leur professionnalisation, les infirmières ont délégué les tâches les plus humbles aux aides-soignantes [Hughes, 1996, p. 64]. Il y a, chez ces syndicalistes, un mouvement semblable qui vise à vouloir récupérer dans leur seul domaine de compétence une tâche qu'ils jugent peu intéressante pour le pharmacien : la vente des plantes [voir par exemple *L'herboristerie française,* juillet 1924]. Un herboriste écrit ainsi dans *L'Herboristerie française* :

> *« nous sentons que la vente des tisanes indigènes par les pharmaciens est, pour beaucoup de ces derniers, plus une charge qu'une occupation, et seules les petites pharmacies provinciales ont intérêt à vendre l'herboristerie courante. Ils sont obligés de vendre les plantes médicinales plus cher, sous le prétexte qu'il faut*

amortir les frais d'études, etc... » [*L'Herboristerie française,* juillet 1926, éditorial]

L'idée n'est pas nouvelle. Déjà, en 1868, le médecin et auteur d'un manuel d'herboristerie François-Joseph Cazin se plaignait de « la négligence que l'on apporte généralement dans l'étude de la botanique médicale » [Cazin, 1868, p. X], les plantes fournissant pourtant une médecine bien plus économique et simple à préparer.

Du point de vue des syndicalistes, le pharmacien est un homme de la « chimie », considérée comme l'opposé même du « biologique » et de la « plante ». Les syndicalistes construisent ainsi une barrière étanche entre le « chimique » et le « biologique ». Ils « laissent le pharmacien à ses produits chimiques, là il est dans son élément » [*L'herboriste,* n°2, février 1911], tandis qu'ils se gardent leur spécialité : les plantes. D'ailleurs, la Fédération se dote d'une doctrine qui en est un témoignage flagrant : « tout ce qui est végétal, naturel, médicinal est herboristique ». « Des herbes ! Encore des herbes ! Toujours des herbes ! Telle doit être notre devise, à nous autres herboristes, si nous voulons rester dans les traditions de notre profession, qui a derrière elle, tout un passé de science et d'honnêteté » écrit un syndiqué. Avant d'ajouter doctement : « L'herboriste digne de ce nom ne doit en aucune façon sortir de son domaine » [*L'herboriste,* n°2, février 1911]. « À la pharmacie l'ordonnance des potions, à l'herboriste celle des tisanes » écrit une certaine Germaine Dumoulin-Parain [*La Revue herboristique,* n°36, avril 1928, p. 9]. Dans cet ordre d'idée, Camille Destouches rejette le qualificatif de « pharmacien du pauvre », considérant qu'il là s'agit de deux activités indépendantes [*La revue des herboristes,* janvier 1929, p. 13]. Les syndicalistes ont ainsi reconstruit des limites identifiées :

« En effet, ne serait-il pas désirable, et surtout équitable, qu'au regard de la loi, il y ait deux ordres de praticiens spécialisés pour la manutention et le débit des drogues médicinales :

1° Pharmaciens diplômés (chimistes), drogues d'origine chimique et d'origine naturelle (minérale, animale et accessoirement végétale) ;

2° Herboristes diplômés (Botanistes), drogues naturelles d'origine végétale (plantes médicinales indigènes et exotiques). » [*La revue herboristique, n*°46, mars 1929, p. 37]

Puisque l'herboriste est recentré sur la plante, et le pharmacien sur le produit chimique, leurs clientèles sont supposées être différentes. « L'herboriste est l'ami des pauvres, souvent leur conseiller » explique le major de la promotion de l'ENH de 1935 [*Bulletin officiel de l'Association amicale des anciens élèves de l'ENH*, n°17, 1936, p. 26]. « Vous êtes le "guérisseur populaire ", le fournisseur des déshérités de la fortune, de ceux surtout qui suivent les conseils du médecin des pauvres » déclare Mr Mayeras, herboriste à Paris [*L'Herboristerie française,* mai et juin 1914].

L'herboriste interviendrait avant le pharmacien, et permettrait d'enrayer les maladies avant qu'elles ne se déclarent. On peut ainsi lire, dans *L'Herboristerie française* :

« Le pharmacien est très cher, l'herboriste n'offre que des prix modestes. Il est l'ami des humbles et c'est grâce à lui que tant de maladies ne se déclarent pas, sont enrayées : et, de là, la mauvaise humeur des docteurs et des pharmaciens contre l'herboriste, il réduit leurs bénéfices en évitant les maladies » [août 1919, éditorial]

« N'oublions pas que bien des miséreux que les prix de la pharmacie effraient arrivent à enrayer nombre d'affections qui, traitées à temps ne sont rien, et qui, sans la bonne tisane à prix abordable prendraient vite de la gravité » écrit la direction de *L'Herboristerie française [L'Herboristerie française,* n°1, juillet 1913]. « Prévenir, c'est notre rôle. Guérir c'est celui du médecin et du pharmacien. Tenons nous au rôle que la loi nous trace et n'en sortons pas » renchérit un herboriste [*L'Herboristerie française,* juillet 1922].

Mais à côté de cette récurrence se laissent voir, par intermittence, d'autres discours plus virulents, où la différence entre l'herboriste et le pharmacien est supposée bien plus fondamentale : l'herboristerie ne serait pas l'antichambre de la pharmacie, mais bel et bien une alternative. « La mentalité est tout-à-fait différente » explique, déjà en 1911, un rédacteur de *L'Herboriste,* « et celui qui fait appel à nos connaissances professionnelles, a renoncé les trois quarts du temps depuis longtemps aux pilules, cachets, sirops, onguents, etc. » [*L'herboriste,* n°2, février 1911].

2. La plante selon l'herboriste

Si ces syndicalistes se gardent la plante, ils la valorisent comme un traitement bien plus sûr que celui des médicaments modernes. Pour le Docteur Dircksen, professeur à l'ENH, les principes extraits chimiquement sont « des corps morts, privés d'autres principes existants dans la plante » [Dircksen, 1937, p. 44]. Friard, président du Syndicat du Rhône, parle d'« apprentis-sorciers », ajoutant que les « remèdes chimiques guérissent et tuent à la fois » [*La revue des herboristes,* juillet 1955, p. 11-14]. Alors que, dans la plante qu'utilise l'herboriste, les différents principes sont supposés se conjuguer et agir en synergie : « la plante médicinale se révèle plus active que la drogue chimique. Les principes actifs qu'elle contient, élaborés dans son merveilleux laboratoire qu'elle représente, se juxtaposent, s'additionnent, se complètent et s'exaltent » explique Camille Destouches [*La revue des herboristes,* octobre 1954, p. 1].

Le fait est que le manuel d'herboristerie écrit par Michel Compain [1930], dont la qualité est vantée par les syndicalistes et qui figure en bonne place parmi les ouvrages recommandés aux étudiants de l'ENH, fait la part belle à l'utilisation des plantes en l'état. Si on compare son contenu avec des traités de matières médicales, écrits par des médecins dans la première moitié du XXe siècle, tel que celui d'Eugène Collin [1903], de Gabriel Pouchet [1907], ou encore de Louis Reutter de Rosemont [1923], on constate de fait une différence dans le traitement de l'information donnée sur les plantes. Certes, certains éléments sont communs à l'ensemble de ces ouvrages, tels que la mention des familles et des noms en latin des plantes, ainsi que des descriptions botaniques, la mention des lieux de provenance, de culture et de récolte des plantes, des éléments de la composition chimique et les doses à respecter, même si ces éléments sont davantage détaillés dans les traités de matière médicale que dans le manuel de Compain. En revanche les traités de matière médicale donnent une place de choix à la manipulation chimique, à la décomposition de la plante et à son examen microscopique. Ainsi, on retrouve dans la plupart des traités, des dessins de coupes microscopiques des plantes présentées, les manipulations à mener en laboratoire pour l'extraction de certains principes des plantes (comme l'extraction du thymol du thym), les dissolvants utilisables (alcool, eau), ainsi que les réactions attendues de cet extrait (résultat de la mise en contact avec du papier de tournesol, de l'acide acétique, de l'acide sulfurique, etc.). Enfin, tous ces traités contiennent une partie « falsification » qui décrit les différentes expériences à mener pour s'assurer de la nature de la drogue. Rien de tel dans le manuel de Compain, où la plante ne fait pas l'objet de manipulation ou d'extraction chimique, et est utilisée telle quelle lors de la préparation de cataplames, infusion, décoction, etc. De fait, si Compain établit une liste de « plantes », les traités établissent des listes de « drogues » ou d'« essence » qui sont parfois non pas des plantes, mais des produits fabriqués à partir de ces plantes, comme l'huile de ricin ou les fécules de pommes de terre. Ainsi donc, l'exemple du manuel de Compain semble confirmer une valorisation de l'utilisation de la plante entière par rapport à la pratique médicale, telle qu'elle transparaît dans l'exemple de ces quatre traités.

Recentrer sur le monde des plantes, les syndicalistes incitent leurs confrères à développer leurs activités de cueillette et d'herborisation. L'herboriste se rapproche alors de la nature. Ce discours est présent dès les premières publications corporatives, dans les années 1910. « Le diplômé, vendant des plantes à qui lui demande, n'est réellement herboriste que s'il récolte lui-même ses produits, s'il sait choisir l'époque où il les ramasse, ainsi que le terrain où ils croissent, conditions tout à fait importantes et ayant une influence énorme sur les effets à obtenir » écrit un rédacteur de *L'herboriste,* en 1911 [*L'herboriste* n°2, février 1911, p. 2]. Ce type de propos atteint son paroxysme dans les années 1930. « Je pense qu'il convient en toute chose de chercher à se rapprocher le plus possible de l'aspect naturel, car la nature est notre mère [...]. Et quelle est la médication la plus naturelle, si ce n'est celle des simples? » déclare le major de la promotion de l'ENH sortie en 1935 [*Bulletin officiel de l'Association amicale des anciens élèves de l'ENH*, n°17, 1936, p. 25]. Les herborisations deviennent, pour reprendre les termes de Ch. Schilling, ancien élève de l'ENH, « l'acte de foi des herboristes » [*Bulletin officiel de l'Association amicale des anciens élèves de l'ENH*, n° 20, 1937, p. 35]. « Tout ce qui touche à la plante doit nous intéresser : culture, récolte, conservation, utilisation thérapeutique, alimentaire et autres sont du domaine de l'herboriste » écrit A. Dumas [*Bulletin officiel de l'Association amicale des anciens élèves de l'ENH*, n°9, 1934, p. 41].

Mais il n'est pas évident que ces discours traduisent la réalité des pratiques. Cette forte incitation à pratiquer la cueillette n'est-elle pas, paradoxalement, le signe que les herboristes cueillaient de moins en moins leurs plantes et privilégiaient l'achat en gros ? Les mentions régulières des prix rapportées dans la presse syndicale semblent le montrer. Lorsqu'en 1921 Fortuné Fornier encourage les herboristes à cultiver des plantes pour pouvoir les comparer avec celles de leurs fournisseurs [*L'Herboristerie française,* septembre 1921], il semble montrer que non seulement les herboristes ne cueillent pas eux-mêmes leurs plantes, mais qu'en outre, ils manquent d'habilité pour reconnaître la qualité des plantes de leurs fournisseurs. Ce serait du moins le cas des herboristes de Paris : d'après Jean Levieux, président du Syndicat du Centre et de l'Ouest, les herboristes « de Province », par opposition à ceux de Paris, connaissent les plantes qui poussent dans leur région [*L'herboristerie française,* n°2-3, février-mars 1920]. De fait, des témoignages ultérieurs d'herboristes certifiés indiquent qu'ils achetaient leurs plantes. C'est ainsi ce que rapporte Michelle Wiatr-Benoit dans son récit autobiographique publié en 2004 [Wiatr-Benoit, 2004, notamment p. 51]. De même, dans un ouvrage publié en 1979, Serge Bénard et Bruno Vaesken notent cet abandon de la cueillette, mais aussi de la préparation qui l'accompagne, au profit des grossistes, plus fonctionnels :

> *« De nos jours, peu d'herboristes se livrent encore aux multiples opérations destinées à préparer les plantes, de l'instant de leur récolte à leur mise en vente publique. Mais un diplômé connaît néanmoins ces pratiques. Il ne récolte plus ses plantes lui-même avant de leur faire subir les différents stades de préparation requis pour en faire des plantes médicinales consommables ; car de nos jours, il est plus aisé de s'approvisionner auprès des grossistes ou directement chez le producteur comme nous l'ont confirmé maints professionnels. »* [Bénard et Vaesken, 1979, p. 36]

Mais, quoi qu'il en soit, en revendiquant un domaine de compétence propre et en créant un établissement d'enseignement pour porter ces valeurs, les syndicalistes invitent à questionner de nouveau le statut de l'activité de l'herboriste, jusqu'ici trop imprécis pour être assimilable à une « profession » à part entière.

3. L'herboristerie comme profession

Si, pour la majorité du XIXe siècle, l'herboristerie ne peut être assimilée à une « profession » au sens sociologique du terme, essentiellement du fait de l'absence d'institution et d'un domaine de compétences propres, les différents changements apportés par les syndicats, et présentés dans ce chapitre, invitent à reposer la question.

En premier lieu, la littérature syndicale tend à présenter les herboristes comme un groupe à part entière, avec un discours global cohérent, ce qui n'était pas le cas au XIXe

siècle. Avec les syndicats, l'herboristerie se dote d'institutions (la Fédération et les syndicats), d'organes de communication (les revues syndicales), d'un enseignement propre (l'ENH et l'école régionale) et de valeurs propres. Le port des blouses blanches ou l'attention portée à la présentation de la boutique apparaissent comme autant de marques extérieures identitaires. En 1936, les herboristes se dotent d'un hymne, *Herbaria,* composé par deux herboristes, MM. Émile Valentin (sous le pseudonyme de Géo Solmy) et Michel Rameaud. Cet hymne vient s'ajouter à la devise de la Fédération : « tout ce qui est végétal, naturel, médicinal est herboristique ». Dans les années 1930, la Fédération va même proposer la création d'un panonceau avec une image spécifique pour les herboristes affiliés [*La revue herboristique*, septembre 1939]. Cette sorte de « logo » ne verra pas le jour mais, tout comme l'hymne et la devise, l'objectif n'est pas seulement économique, il est aussi politique : rendre visibles ceux qui appartiennent au groupe vis-à-vis de l'extérieur. Il s'agit de faire des herboristes un groupe remarquable, au sens propre du mot. Et la création de ces différentes institutions et outils identitaires fait écho à un schéma déjà identifié par les sociologues étudiant l'apparition d'une nouvelle profession [Hughes, 1996 ; Ramsey, 1988 ; Leroux-Hugon, 1987, etc.].

Les syndicalistes ne se contentent pas seulement de construire les herboristes comme un groupe distinct : ils cherchent aussi à caractériser un savoir proprement herboristique, recentré sur les plantes et enseigné par une école, qualifiant un domaine de compétence propre. Les herboristes négocient ce domaine de compétence. Pour Andrew Abbott, c'est ce système de connaissance qui est au cœur de la définition d'une « profession », ultime enjeux de la concurrence entre les professions [Abbott, 1988, p. 9]. Car toute profession se doit de garantir son contrôle sur un savoir, qu'il soit technique ou plus abstrait [Abbott, 1988]. Everett Hughes rappelle que chaque métier est en interaction permanente avec les autres métiers entrant dans son champ disciplinaire [Hughes, 1996, p. 62]. « L'une des erreurs les plus communes dans l'étude du travail est d'occulter une partie du système d'interaction » explique-t-il [Hughes, 1996, p. 66].

Les herboristes défendent leur place par rapport aux vendeurs de plantes sans certificat, ces « charlatans [...] habitués des foires et des marchés » [*La revue des herboristes,* février 1929, p. 9], dont bon nombre sont des paysans vendant les plantes qu'ils ramassent [*L'herboristerie française,* mars 1922]. Dès le congrès de 1910, ils avaient émis le vœu que « le commerce de l'herboriste ne sera exercé qu'en boutique et pour les seuls herboristes » [*L'herboristerie française,* janvier 1914], et que soit défendu à tout autre, y compris les épiciers, de vendre des plantes officinales sur les marchés et les places publiques. Mais c'est surtout vis-à-vis des pharmaciens que les herboristes négocient leur place. Et le rapport qu'ils entretiennent avec eux n'est pas sans ambigüité. La pharmacie semble autant leur servir de modèle que de profession concurrente.

Pour autant, les syndicalistes peuvent-ils transformer l'herboristerie en « profession » à part entière ? Ils ne peuvent se dégager entièrement de la dépendance aux pharmaciens et médecins : ce sont toujours eux qui contrôlent l'accès au métier d'herboriste. D'autre part, l'enseignement de l'ENH s'appuie fortement sur des acteurs et des savoirs en provenance de disciplines autres, telles que la physique ou la chimie, qui sont par ailleurs fortement présents entre les pages des revues syndicales. L'autonomie de la profession est, dans les faits fortement limitée. En outre, la vente même des plantes médicinales reste une activité partagée par les pharmaciens, et, pour ce qui est de la vente en gros, par les épiciers.

Mais malgré ces limites, l'herboristerie syndicale a eu un impact suffisant pour impulser un changement profond dans la pratique herboristique. Et si ces représentations nourries par les syndicalistes s'imposent et fonctionnent, c'est que la machine syndicale herboristique n'est pas dénuée d'efficacité.

Chapitre III. Le fonctionnement de la machine syndicale, des années 1920 aux années 1930

I. Rassembler les herboristes autour d'une même cause

1. Une grande famille

Ainsi que mentionné précédemment, la Fédération se trouve rapidement enrichie de nouveaux syndicats. Sont créés le Syndicat du Limousin (1923), du Nord (1925), du Sud-Est (1927), de Normandie (1927), de l'Est (1929), du Plateau Central (1930), du Languedoc (entre 1930 et 1937) et de Bourgogne (entre 1930 et 1937) [Buisson, 1937]. La Fédération en vient à rassembler douze syndicats régionaux : ceux précédemment cités s'ajoutent au Syndicat de la Seine, au Syndicat du Rhône, au Syndicat du Centre et de l'Ouest et au Syndicat du Centre. En outre, elle conserve des liens amicaux avec l'Association Générale des Herboristes de France.

Pour transformer l'image des herboristes, et faire de l'herboristerie une profession à part entière, rassembler est une nécessité. « Un organisme centralisateur, émanation complète du corps herboristique, reflet de toutes les idées et de toutes les suggestions, de toutes les volontés, de tous les espoirs, faisceau de toutes les énergies, de toutes les intelligences est enfin créé » écrit Camille Destouches, herboriste à Amiens [*L'Herboristerie française,* juillet 1926]. « Nous les prions de se souvenir qu'ils soutiennent chacun pour leur part, quelque chose de l'édifice corporatif, que leurs mains fraternelles ne doivent pas faiblir, que leurs volontés doivent se tendre et que leurs cœurs doivent rester unis si nous voulons que notre profession devienne libre et grande » écrit Émile Lemesle [*La revue des herboristes,* janvier 1929, p. 7]. Lemesle en est le chef d'orchestre. « La Fédération des Herboristes, sous l'active impulsion de Lemesle, nous a tracé une large voie; à nous de prendre le chemin qui nous mènera vers l'émancipation de la profession d'herboriste » écrit un syndiqué [*La revue herboristique,* juin 1931, p. 21].

L'union de tous. Ou du moins, éviter ou taire les conflits : « je vous demanderai à tous de rester unis, de souder vos efforts, de faire taire tout ce qui pourrait être l'objet d'une discussion, de manière à ce que vous formiez un bloc bien concentré pour les justes revendications que vous entendez faire triompher » déclare Émile Lemesle [*La revue des herboristes,* avril 1931, p. 17-19]. Rappelons-le, en 1923, quand renaît la Fédération, des tensions fortes opposent encore les herboristes, notamment le Syndicat d'Angers (Syndicat du Centre et de l'Ouest) à celui de Tours (Syndicat du Centre), et Paris à la province. Or la Fédération semble avoir fait disparaître les tensions entre les syndicats. En mai 1924, le banquet annuel du syndicat de la Seine est rapporté dans *L'Herboristerie française.* Preuve d'un réchauffement de leur relation, Leblanc[1] a invité Levieux[2] à y participer. Et pour la première fois, les

[1] Pour rappel : il s'agit du président de la Chambre Syndicale des Herboristes de la Seine.

[2] Pour rappel : il s'agit du président du Syndicat National des Herboristes de France et du Syndicat d'Angers.

termes sont neutres, voir élogieux. On devine à peine une pointe d'ironie lorsque le rédacteur parle de l'« amabilité habituelle » du Syndicat de la Seine…. [*L'Herboristerie française*, n°5, mai 1924].

L'ENH, loin de limiter son rôle à la seule formation des futurs herboristes, est une porte d'entrée vers le milieu syndical. « Former des esprits et des caractères, créer des hommes qui aimeront leur profession, qui sauront lui faire accomplir les progrès nécessaires et, le cas échéant, la défendre jusqu'au dévouement, telle est la tâche que les créateurs de l'École se sont imposée » écrit Lemesle [*La revue des herboristes*, janvier 1929, p. 6]. L'herboriste certifiée Suzanne Robert, dans un livre où elle revient sur ses années à l'ENH, raconte la franche amitié qu'elle entretenait avec ses camarades qui la surnommaient « Fanny » [Robert, 1986, p. 26]. Elle parle d'une année qui se déroule « dans la bonne humeur » [p. 229]. À l'ENH, les sentiments d'appartenance sont encouragés : chaque promotion porte le nom d'une plante, et l'usage veut que les jeunes promus vendent les fleurs de leur promotion lors de la fête de fin d'année [voir par exemple, *La revue des herboristes*, août 1939].

L'école dépend étroitement du milieu syndical : créée par Lemesle, les principaux professeurs et les différents directeurs (comme Angéliaume, Bouvrain, Lemesle, Destouches, Denet, etc.) sont des herboristes syndiqués et engagés. Lors des discours prononcés au cours des remises des prix et des autres fêtes de l'école, les nouveaux et futurs herboristes sont fortement encouragés à s'investir dans l'aventure syndicale. Et même si le nouveau certifié tarde à s'inscrire dans un syndicat, le lien avec le milieu se prolonge via l'Association Amicale des Anciens Elèves de l'ENH, créée en 1932. L'Amicale a son propre outil de communication, un bulletin paraissant tous les trois mois, et garde des liens étroits avec l'ENH : l'école met des locaux à sa disposition et l'Amicale offre deux prix, tous les ans, l'un au meilleur élève du cours du jour, l'autre au meilleur élève du cours du soir [voir notamment, *La revue herboristique,* juillet 1936]. L'Amicale est en contact régulier avec les syndicats : les représentants des anciens élèves sont régulièrement invités lors des fêtes syndicales. En 1937, Georges Bouvrain, alors directeur de l'ENH, dira que l'Amicale est « le salon d'attente de la Fédération Nationale des Herboristes de France et des Colonies » [*La revue des herboristes,* juillet 1937, p. 10].

D'autre part, la très nombreuse presse corporative qui se développe alors sert de lien entre les syndiqués. Ces liens ne sont pas seulement intellectuels mais jouent aussi sur la carte affective. Les bulletins mentionnent les naissances, les mariages et les décès des membres les plus investis. L'Amicale des Anciens Elèves de l'ENH offre des petits cadeaux aux nouveaux mariés. *La revue herboristique* rapporte les succès au certificat des enfants d'herboristes qui ont choisi la même voie que leurs parents [voir par exemple, *La revue herboristique,* décembre 1932, p. 19]. La référence à la « grande famille des herboristes », au savoir comme « héritage » est systématique. La littérature syndicale en appelle sans cesse à la solidarité entre les herboristes : « le chemin est ardu, la main dans la main, nous avancerons facilement » [Voir notamment *Bulletin officiel de l'Association amicale des anciens élèves de l'ENH*, n°7, 1934, p. 6].

Les revues mènent, pour reprendre le mot d'un rédacteur de *L'herboriste* de 1911, une « active propagande » [*L'herboriste,* n°1, janvier 1911). Y sont mentionnés les bons résultats de l'ENH, le caractère illégitime des accusations des pharmaciens, la rigueur du travail de l'herboriste, la nécessité de l'existence des syndicats, les derniers procès intentés aux herboristes pour exercice illégal de la pharmacie, ainsi que les manifestations organisées par la Fédération ou par les autres syndicats. À partir de 1929, la Fédération travaille à la mise en place d'un annuaire de tous les herboristes de France [voir notamment, *La revue des herboristes,* janvier 1929, p. 23], qui paraît en juin 1931. À l'image de la devise herboristique (« tout ce qui est végétal, naturel, médicinal est herboristique »), l'hymne des herboristes *Herbaria*[1], créé en 1936, se veut fédérateur : « par lui se reconnaîtront et se grouperont les modestes praticiens qui ont mis leurs espoirs et leur idéal au service des humbles » peut-on lire dans le bulletin de l'Amicale [*Bulletin officiel de l'Association amicale des anciens élèves de l'ENH*, n°15, 1936, p. 49].

Et les herboristes qui ne suivent pas le mouvement sont vertement critiqués. Ceux qui ne rejoignent les rangs syndicalistes que lorsqu'ils sont accusés d'exercice illégal de la pharmacie sont fustigés [voir notamment *L'Herboristerie française,* avril 1920]. Les mots sont parfois violents. Ainsi, un certain Gilbert de Tur, en 1924, accusait ceux qui n'ont pas rallié la Fédération d'être des « traîtres à la cause » [*L'Herboristerie française*, avril 1924, p. 1]. Huit ans plus tard, Camille Destouches les décrivait comme des « profiteurs », des « embusqués », des « non combattants » [*La revue herboristique,* décembre 1932, p. 19]. Un autre les traite d'égoïstes, et les compare à un porc qui prend pour lui tout ce qu'il y a dans l'auge [*La revue herboristique,* janvier 1936, p. 13].

Être visible, cela veut aussi dire être représenté au niveau national, ou même au niveau international. Rappelons que Jean Levieux, alors président du Syndicat National des

---

[1] Pour rappel, *Herbaria* a été composée par deux herboristes, MM. Émile Valentin (sous le pseudonyme de Géo Solmy) et Michel Rameaud

Herboristes de France, participait, dès 1918, au Comité Interministériel des Plantes Médicinales, dirigé par Émile Perrot. A partir du congrès d'octobre 1931, Lemesle insiste sur la nécessité de donner une visibilité internationale aux herboristes français [*La revue des herboristes,* octobre 1931, p. 6].

En 1932 est créée une Commission Supérieure de l'Herboristerie. Y participent les syndicalistes les plus engagés, dont la majorité possède déjà des charges importantes dans le monde syndical, comme Lemesle, Leuwers qui est président du Syndicat du Nord, l'un des plus actifs, Tounissoux, secrétaire de l'ENH et secrétaire-adjoint de la Fédération, Destouches, qui signe de nombreux articles dans les journaux syndicaux, ou encore Menant, herboriste qui vient d'être élu député de la Mayenne. L'un des objectifs majeurs de la Commission est de préparer la représentation des herboristes dans toutes les manifestations nationales ou internationales de sciences pures ou appliquées. Les nominations à la Commission ne se font que sur sélection, en fonction des compétences, de la recommandation des syndicats, ou de « personnes autorisées » [*La revue des herboristes,* mars 1932].

Dans les faits, les herboristes peinent à prendre leur place à cette échelle. À la suite du IVème Congrès International pour le Développement de la Production, de l'Utilisation et du Commerce des Plantes Médicinales Aromatiques et Similaires, dirigé par Émile Perrot (28 juillet au 2 août 1935, Bruxelles), Lemerre, président du syndicat de Paris, s'étonne que pendant deux jours, on ait à peine parlé des herboristes. Pour dire vrai, on n'en aurait pas parlé du tout si un membre de l'assistance n'avait pas posé une question [*La revue des herboristes,* août 1935].

2. Mais un monde d'hommes dirigé par quelques-uns

Si le monde syndical se présente comme la réunion de tous les herboristes de France et des colonies, l'observation attentive de la composition des comités de direction des syndicats, ainsi que des noms des herboristes syndiqués les plus engagés à travers l'étude des articles des revues, témoignent que le milieu syndicaliste est essentiellement maîtrisé par quelques-uns. Le système repose, pour l'essentiel, sur une petite dizaine de personnes qui alimentent les articles des journaux corporatifs : Lemesle, Leuwers, Destouches, Angéliaume, Denet, Compain, Jambon, Bouvrain, Cuzin, Tounissoux, Ferrier, etc. Ce sont les mêmes qui se partagent les postes de pouvoir, entre les syndicats, la Fédération et l'ENH. Ainsi, en 1929, Leuwers est président du Syndicat du Nord, assesseur à la Fédération, et trésorier adjoint de l'ENH. Angéliaume est secrétaire à l'ENH et assesseur à la Fédération *[La revue des herboristes*, mars 1929]. En 1931, Tounissoux est secrétaire de l'ENH, secrétaire général adjoint de la Fédération, et président de l'Association des Herboristes de Paris [*La revue des herboristes,* février 1931], etc. Et toutes ces personnes sont des hommes.

Les femmes, qui, rappelons-le, représentent pourtant la très grande majorité des candidats au certificat dans cette première moitié du XXe siècle, sont presque invisibles dans le système syndical. Elles sont bien présentes parmi les étudiants de l'ENH : ainsi, dans une liste des étudiants de l'ENH mentionnée dans le *Bulletin Officiel de l'Association Amicale des Anciens Elèves de l'ENH* [n°13, 1935, p. 13] pour l'année 1934-1935[1], on trouve 63 femmes pour 17

---

[1] Cette liste comporte le nom des étudiants de l'ENH « ayant obtenu le diplôme d'herboriste ». Une comparaison avec les archives de la

hommes. Cette année-là, elles représentaient donc près de 79% des étudiants de l'ENH, ce qui est un ordre de grandeur globalement similaire à ce que l'on peut retrouver dans les archives de la Faculté de Pharmacie de Paris[1]. Si les femmes sont présentes dans les lieux d'enseignement et parmi les diplômés, l'absence de données concernant le pourcentage d'hommes et de femmes inscrits auprès des syndicats ne nous permet pas de certifier qu'une fois leur diplôme obtenu, elles s'inscrivent dans les syndicats autant que les hommes. En revanche, il est certain que, majoritairement, elles ne peuvent ou ne veulent pas s'impliquer dans l'activité syndicale. Elles apparaissent peu dans les fonctions d'encadrement des syndicats[2], et elles ne signent que peu d'articles dans les revues syndicales. Tout au plus, le congrès de 1922 a une vice-présidente, Mme Avril [*L'Herboristerie française,* juillet 1922]. La première femme, et la seule, à la tête d'un syndicat le sera en 1953, dans le cadre du Syndicat des Herboristes du Sud-Ouest [*La revue des herboristes,* janvier à mars 1953]. Le syndicalisme herboristique est un univers profondément masculin.

Pourquoi les femmes ne se sont-elles pas investies dans l'herboristerie syndicale ? La question de la sous-représentation des femmes dans les instances dirigeantes des syndicats, si ce n'est parmi les syndiqués, n'est pas propre au milieu herboristique. Certes, en France, les femmes n'ont pas été totalement absentes du système syndical : certains étaient mixtes, d'autres étaient entièrement féminins. Mais la littérature en la matière [Guillaume et al., 2013 ; Le Quentrec, 2014 ; Silvera,

---

Faculté de Pharmacie montre qu'il s'agit en fait des étudiants ayant réussi les examens internes de l'ENH.

[1] Les archives de la Faculté de Pharmacie indiquent que les femmes représentaient près de 84,5% des postulants en 1934.

[2] Elles sont généralement aux postes de secrétaires et de trésorières.

2009 ; Dunezat, 2006 ; etc.] souligne cette particularité, autant dans l'histoire passée qu'actuelle, et malgré des politiques volontaristes pour l'insertion des femmes dans les années 1970 [Guillaume et al., 2013, p. 30]. Dans son compte-rendu bibliographique consacré à la place des femmes dans les syndicats, Xavier Dunezat [Dunezat, 2006] note que plusieurs facteurs exogènes sont mentionnés dans la littérature pour expliquer cette disproportion entre la place des femmes et des hommes. Un premier niveau d'explication renvoie au poids du travail domestique dévolu aux femmes, qui ne leur laisse pas assez de temps pour se consacrer au syndicalisme. Par ailleurs, leur exclusion du droit de vote les rendrait peu sensibilisées aux questions sociales et politiques, elles auraient moins l'habitude des réunions publiques. Maintenues davantage que les hommes dans l'illettrisme, elles seraient moins aptes à tenir les écritures ou la comptabilité d'un syndicat. Une autre explication résiderait dans la plus grande précarité de l'emploi féminin et sa sous-qualification, une situation qui ne les inciterait pas à se syndiquer[1]. D'autant que, les femmes exerçant des métiers souvent de manière discontinue, elles pourraient être moins attachées à les défendre. Enfin, le syndicalisme français était généralement caractérisé par un faible taux de participation[2] et une image négative de « braillards dangereux » et de « prolétaires » qui correspondait peu à l'image attendue d'une femme [Dunezat, 2006, p. 83]. Ainsi que le note Xavier Dunezat, derrière ces différentes explications se dessine la même question du droit au travail des femmes, avec, en son cœur,

[1] Dans le cadre de l'herboristerie, ce second niveau d'explication apparaît comme peu pertinent : les femmes avaient les mêmes certificats que les hommes.

[2] Il était de 5 % en 1914 et de 10 % durant les années 90, d'après Xavier Dunezat, citant les travaux de Michelle Perrot et Christine Bard [Dunezat, 2006, p. 83]

l'articulation entre le travail salarié et le travail domestique [Dunezat, 2006, p. 87]. Mais il rappelle surtout que la naissance du syndicalisme français étant portée par la classe ouvrière qualifiée masculine, le modèle dominant du syndicalisme est marqué par la représentation du « militant-héros » [p. 88], celui de l'« ouvrier-homme-français-adulte » [p. 88] qui sacrifie sa vie privée au militantisme. Les travailleuses, qui s'inscrivent dans un univers où le travail domestique et le travail salarié sont inséparables, ne pourraient que difficilement se retrouver dans ce modèle. Il note par ailleurs que le mode de fonctionnement de beaucoup de syndicats est trop éloigné, voire incompatible, avec la réalité quotidienne des femmes : les réunions sont organisées dans des arrière-salles de café où une honnête femme ne peut s'aventurer, ou pendant des horaires incompatibles avec le poids des responsabilités familiales. De ce fait, il conclut que même si les françaises ont eu le droit de se syndiquer, cela n'a pas signifié pour autant la fin de la domination masculine.

Il est vraisemblable qu'un certain nombre d'explications, extraites par Xavier Dunezat, soient applicables au cas des herboristes (tels que la place du travail domestique, le caractère discontinu de leur activité, voire même l'association du certificat d'herboriste avec le diplôme de sage-femme, qui pourrait expliquer un désintérêt pour la défense du seul métier d'herboriste dans une boutique). Et a contribué à faire de la lutte, pour la reconnaissance de l'herboristerie, une affaire d'hommes. Il est vraisemblable que la valorisation d'une perception de l'herboriste comme ayant une compétence scientifique propre n'allait pas vraiment avec l'image d'un « métier de femme ». L'herboristerie semble y perdre son référencement genré pour y apparaître d'autant plus sous les traits d'une activité masculine.

Mais si la représentativité du syndicalisme herboristique est questionnable, il n'en demeure pas moins que ces syndicalistes ont mis en place un ensemble d'outils économiques et juridiques à destination des herboristes.

3. L'encadrement économique et juridique offert par les syndicats

Les syndicats apportent des outils pratiques aux syndiqués. Déjà, dans les années 1910, la Chambre Syndicale des Herboristes de la Seine tenait une caisse de prévoyance pour ses adhérents [*L'herboriste,* n°13, janvier 1912]. Le Syndicat des Herboristes du Centre et de l'Ouest s'est doté, de même, d'une caisse de secours dès 1913 [*L'herboristerie française,* n°1, juillet 1913]. À partir de février 1929, le directeur de l'ENH (c'est-à-dire Lemesle) met en place un service d'échanges de fonds de commerce entre les herboristes établis et les élèves de l'école [*La revue des herboristes,* février 1929, p. 10].

Pour éviter les concurrences entre herboristes, le Syndicat National des Herboriste Français propose, en 1921, de définir ensemble les prix minimums des produits couramment vendus par l'herboriste [*L'Herboristerie française,* novembre 1921]. Cette idée est reprise par la Fédération, qui publie régulièrement des listes de tarifs à appliquer sur les principaux produits vendus par les herboristes [voir notamment *La revue des herboristes,* mai 1931, p. 7-8].

Dans les années 1930, le Syndicat du Nord publie une brochure de 64 pages, *Nos vieux remèdes.* Les syndiqués sont invités à vendre ces petites brochures dans leurs boutiques, afin de familiariser le public avec les plantes, tout en faisant un petit bénéfice. L'idée ne remporte pas beaucoup d'appuis, et elle est abandonnée après un premier tirage à 50 000 exemplaires. Seuls quelques-uns, à l'image de Camille Destouches, seront des défenseurs de ce mode publicitaire [*La revue herboristique,* janvier 1934, p. 54].

Une autre technique économique proposée par les syndicats consiste dans le groupement des achats. La démarche date des débuts du syndicalisme. Dès son premier numéro, en juillet 1913, l'administration du journal *L'Herboristerie française* propose de faire passer des commandes sur Paris. On trouve, de nouveau, mention d'un système de groupement d'achats organisé par le Syndicat du Rhône dans *L'Herboristerie française* de décembre 1922.

En outre, la Fédération soutient la coopérative La Flore, qui se vante d'être la « Coopérative des Herboristes de France », une « organisation unique dans la corporation créée pour la défense des privilèges de l'herboristerie » [voir notamment, *La revue des herboristes,* février 1947, p. 8]. Et de fait, La Flore occupe une place à part dans le monde herboristique. Les syndiqués en parlent comme de « leur » coopérative, de « la maison des herboristes » [*La revue des herboristes,* octobre 1931]. Il s'agit d'un fournisseur en gros appartenant à des herboristes en détail, tout herboriste pouvant devenir copropriétaire. Totalement contrôlée par des herboristes, elle ne fournit que des produits pour les herboristes. La coopérative se porte bien : en 1931, elle effectue près de cinq millions de chiffre d'affaires [*La revue herboristique,* mai 1932, p. 29-33]. En 1936, elle comprend 850 herboristes détaillants [*La revue des herboristes,* août 1936], et se vante d'être le régulateur des prix de l'activité herboristique. La Flore vend des plantes, mais pas seulement. Elle fournit toutes sortes de produits pouvant être vendus dans les herboristeries :

insecticides, accessoires d'hygiène et de toilette, bandages et ceintures, confiserie, parfumerie, produits vétérinaires, etc. [voir par exemple *La revue herboristique,* mai 1932, p. 33]. La coopérative participe régulièrement aux différentes manifestations organisées par les syndicats, comme les banquets. Régulièrement, les étudiants de l'ENH vont visiter ses locaux [voir ainsi *La revue des herboristes,* juin 1939]. Et elle décerne, tous les ans, un prix de 500 francs, appelé « prix floriste », à celui qui a reçu les meilleures notes aux examens de l'ENH.

Quant aux financements des syndicats, ces derniers perçoivent les cotisations de leurs membres, dont ils remettent une partie à la Fédération. L'argent reversé est fixé à 50 centimes par membre en 1922, à 1 franc par membre en 1924, puis sera réévalué tous les ans à partir de juin 1935, mais toujours en fonction du nombre d'adhérents [*La revue des herboristes,* novembre 1935, p. 17-18]. Comme cela ne suffit pas à financer la Fédération et l'ENH, des appels aux dons sont publiés dans les revues syndicales (lesquels tournent en général autour de 100 francs), les listes des donateurs étant régulièrement publiées dans l'organe officiel de la Fédération, *La revue des herboristes.* En outre, la Fédération et les syndicats lèvent des fonds via les annonces publicitaires qui s'étalent dans les journaux professionnels. En règle générale, une page sur deux est couverte de publicités. « Insistez auprès de vos fournisseurs pour qu'ils fassent de la PUBLICITE dans la "Revue des Herboristes" c'est le meilleur moyen de nous aider » écrit la rédaction [*La revue des herboristes,* mai 1939, p. 20].

En outre, la Fédération crée une gamme de produits, appelée « Fédéra », dont les mensuels syndicaux font la réclame, et dont elle perçoit une partie des ventes. À titre d'exemple, sur les 2 francs que coûte le savon Fédéra, 25 centimes lui sont reversés. Tout produit créé par un herboriste syndiqué peut être intégré dans la gamme Fédéra. S'il le souhaite, l'herboriste doit soumettre l'étiquette du produit à la commission préparatoire de son syndicat, laquelle la transmet, à son tour, à la commission juridique de la Fédération (créée le 7 juin 1926 [*L'herboristerie française,* août 1926]), qui accepte le produit si celui-ci respecte la législation en vigueur [voir notamment *La revue des herboristes,* mai 1936, p. 2]. La coopérative La Flore va, elle-aussi, proposer des produits Fédéra. De leur côté, les fabricants bénéficient de la publicité offerte par la Fédération, et de l'autre, la vente de ces produits renfloue les caisses de la Fédération. Les syndiqués sont d'ailleurs très fortement incités à vendre ces produits :

En outre, la Fédération a ses propres papillons fédéraux, dont le prix est de 10 centimes [*La revue herboristique,* juin 1931, p. 9]. Il en est de même pour le timbre fédéral, Narcisse, que l'herboriste peut coller sur ses tisanes et ses produits hygiéniques. En 1939, 1 000 timbres coûtent 12 francs (plus 1 franc de frais de poste), et les 5 000 timbres sont à 50 francs (plus 3 francs de frais de poste) [*La revue des herboristes,* mai 1939, p. 20].

Pour encourager les herboristes, la Fédération met en place un classement annuel des meilleurs vendeurs, lesquels reçoivent des bons remboursables en produits vignettés, atteignant, par exemple en 1929, une valeur de 1 500 francs [voir ainsi *La revue des herboristes,* février 1929, p. 18]. L'intérêt des vignettes et des produits fédéraux n'est pas seulement économique. Ces produits portent aussi une valeur plus idéologique, en contribuant à faire reconnaître comme « herboristiques » certains produits par ailleurs contestés par les pharmaciens (comme les mélanges de plantes).

Le budget de la Fédération est donc constitué de multiples sources de petits revenus qui, additionnées, devaient finir par constituer une somme relativement conséquente. L'argent recueilli sert à constituer une « caisse de défense » [*La Revue herboristique*, juin 1935, p. 12], permettant à la Fédération d'aider aux financements des différents procès, sauf lorsqu'elle juge que l'herboriste accusé est en tort. Car les syndicats apportent une véritable aide juridique à leurs membres. Ils se placent entre la loi et l'accusé. On peut ainsi lire dans *La revue herboristique* :

> *« AVIS IMPORTANT Il est rappelé aux confrères qui pourraient être l'objet de poursuites, qu'ils ne devront faire aucune déposition, ni signer aucune déclaration, sans la présence d'un avocat. Le Conseil invite ses adhérents à adresser à M. le Président dans tous leurs détails et le plus rapidement possible, tous les renseignements afférents à la poursuite dont ils pourraient être l'objet »* [décembre 1932, p. 15]

En outre, dès 1935, la Fédération assure la défense des procès liés aux produits papillonnés, via sa commission juridique [voir notamment *La revue des herboristes,* mai 1936, p. 2]. Si ce service est réservé aux syndiqués, il s'ouvre, pour partie, aux autres herboristes, à partir de septembre 1936 : la Fédération accepte de soutenir les procès pour mélange de plantes des herboristes non syndiqués, à la condition qu'ils lui versent trois années de cotisation syndicale. Elle s'engage alors à fournir toute la documentation nécessaire, mais ne participe à aucun frais lié à la défense de ces procès [*La revue des herboristes*, septembre 1936, p. 15].

Mais là ne va qu'une partie de l'argent de la Fédération. Car pour le reste, il sert un autre versant de l'activité fédérale : la politique.

II. La Fédération et la politique

1. La mise en scène des herboristes

La sociologie interactionniste, et en particulier le travail d'Erving Goffman, a montré que tout groupe social, pour pouvoir exister en lui-même et pour les autres, doit se donner en représentations. La parole et le geste sont mis en scène, même s'ils doivent paraître naturels pour convaincre le public [Goffman, 1973]. La création de l'ENH, les discours des syndicats et de la Fédération, participent d'une mise en scène d'une nouvelle herboristerie moderne. La mise en politique de l'herboristerie en est probablement la dimension la plus évidente. Certes, il est écrit, dans les statuts de la Fédération, que « toutes discussions religieuses et politiques seront rigoureusement interdites » [*L'herboristerie française,* janvier 1923]. La même indication se retrouve dans les statuts du Syndicat des Herboristes du Plateau Central, fondé en septembre 1930 [*La revue des herboristes,* novembre 1932], et probablement dans les statuts des autres syndicats. Cela n'est guère étonnant pour une telle structure. Mais si ces syndicats d'herboristes n'ont jamais été affiliés à un parti politique spécifique, ils étaient dans la nécessité de tisser des liens avec le monde politique pour défendre leur métier.

Déjà, en 1911, Jean de Lorraine rappelait la présence de treize pharmaciens parmi les députés, et proposait d'organiser un groupe de défense parmi les parlementaires [*L'herboriste,* décembre 1911]. L'organe de la Fédération, *La Revue des herboristes,* publie des lettres ouvertes aux députés presque mensuellement. Dès sa création, en 1924, elle appelle les herboristes à approcher tous les candidats à la députation qu'ils connaissent, et à leur faire part de la situation difficile de l'herboristerie. Afin de faciliter leurs démarches, elle prépare une lettre-type à transmettre aux candidats [*L'Herboristerie française,* mars 1924]. Et les syndicats jouent le jeu.

Pour valoriser et conserver ses appuis politiques, la Fédération et les syndicats organisent des fêtes et des banquets. En cela, ils se font les prolongateurs d'un mouvement initié par la Chambre Syndicale des Herboristes de la Seine, premier regroupement syndical d'herboristes. D'une part, chaque syndicat, comme la Fédération, organise une fête annuelle. L'Amicale des Anciens Elèves de l'ENH fait de même, à l'occasion de la fête des rois. Sans compter les remises de diplômes des élèves de l'ENH, qui s'accompagnent d'un repas suivi d'un bal. Dès les premiers banquets organisés dans les années 1890, des personnalités politiques sont invitées à les présider. Ils bénéficient alors d'une couverture médiatique relative. Dans le journal *Le Temps,* on peut lire :

> *« L'Association générale des herboristes de France a donné hier soir son banquet annuel, sous la présidence d'honneur du ministre du commerce. On se souvient que, récemment, l'Association des herboristes tint une série de réunions, dans lesquelles on protesta vivement contre [...] la suppression totale de la profession d'herboriste. Les toasts portés hier ont eu naturellement trait à cette question. Ils ont été portés par MM. Viard, président de l'association, Lechopié, avocat, et Le Senne, député. Ce dernier a promis aux herboristes de les défendre avec énergie, lorsque le projet de loi reviendra devant la Chambre. »* [*Le Temps,* 4 mai 1897, p. 3]

Des comptes-rendus qui peuvent se teinter d'une légère ironie, à l'image de ce journaliste de *La Justice* qui écrit qu'« il faut croire que l'herboriste est quelque chose et même quelqu'un, sans quoi, un député de Paris (qui est, par hasard, un Parisien) n'irait pas banqueter et discourir chez les herboristes, la veille des élections » [*La Justice* du 4 mai 1898, p. 1]. À titre d'exemple, au cours d'un banquet de l'Association Générale des Herboristes de Paris, sont invités les députés Soulier et Cartier, ainsi que l'ancien ministre Marcel Hérauld [*La revue des herboristes,* février 1931, p. 3]. Lors du banquet du Syndicat des Herboristes du Centre-Ouest, en 1936, étaient présents René Besnard, ancien ministre, ancien ambassadeur, sénateur d'Indre et Loire, M. Germain, sénateur d'Indre et Loire, M. Morin, vice-président de la Chambre des Députés, messieurs Courson, Pernier et Meunier, députés, le président de la Chambre du Commerce, etc. [*La revue des herboristes,* août 1936, p. 5].

Ces banquets, comme les congrès, sont l'occasion d'une véritable mise en scène de l'herboristerie, visant à marquer les personnalités politiques invitées à les présider. Ils suivent une chronologie régulière. Tout est mis en œuvre pour en faire une représentation officielle témoignant de la puissance des herboristes, et des liens forts qui les unissent entre eux, et avec des personnalités politiques de premier plan. Le banquet a généralement lieu dans un hôtel ou un grand restaurant, dans des salles souvent décorées de fleurs [voir par exemple *L'herboristerie française,* octobre 1924]. Ainsi le congrès de 1931 a lieu dans des locaux de l'exposition coloniale, plusieurs autres au Palais de la Mutualité. Les fêtes du Syndicat National/Syndicat du Centre ont lieu à la mairie de Saumur, accueillies par le maire [*La revue herboristique,* août 1930, p. 29]. La fête de l'ENH du 10 juillet 1932 a lieu à la salle des fêtes de la mairie du troisième arrondissement de Paris [*La revue herboristique,* juillet 1932, p. 7]. On est bien loin des locaux misérables de l'Association Générale des années 1910 [*L'herboriste,* octobre 1911].

Les participants sont tenus d'y venir bien habillés. Au point qu'en 1936, le député Soulier, appelé à présider le banquet du Syndicat des Herboristes du Centre et de l'Ouest, se sent obligé de s'excuser, dans son discours, de se présenter en simple costume de ville, car il n'a pas eu le temps de se changer. À l'apéritif, et quelques fois au dessert, chaque personnalité fait un discours de remerciement et de soutien aux herboristes. D'imposantes tables sont dressées, et la nourriture y est toujours décrite comme abondante et excellente. Voici le menu de l'assemblée générale du Syndicat National des Herboristes, en octobre 1924 : « consommé de perles du Japon – Petit Vol-au-Vent Royal – Turbot sauce Riche – Filet de bœuf renaissance – Poularde de La Flèche à la broche – Salade Mimosa – Petits Pois à la française – Glace aux fruits – café, thé. » [*Le petit courrier* du 27 octobre 1924, rapporté dans *L'Herboristerie française,* octobre 1924, p. 2]. Le repas de la fête du 5 février 1939, qui s'est tenu dans les salons Vianey, du quai de la Rapée, comprenait de la « Crème Velour », du « Vol-au-Vent Régence », du « Contre-filet Madère et Champignons », des « Pommes fondantes », des « Galantines de Volailles », le tout accompagné de salade, avec pour dessert, un « parfait glacé », des « gaufrettes feuilletées », un « compotier de Biscuits », des corbeilles de fruits et enfin, du café. Pour accompagner ce repas, les convives avaient, à leur disposition, du Mâcon, du Rosé, du Graves, du Grand Crément frappé, et des liqueurs [*Bulletin officiel de l'Association amicale des anciens élèves de l'ENH*, n°29, 1939]. Les photographies publiées dans les revues syndicales en sont des témoignages flagrants. Les costumes portés, les pièces hautes de plafond, les tableaux au mur, le serveur qui attend respectueusement derrière une table couverte d'une nappe blanche et de bouteilles de vin : tout y est. Y compris les personnalités politiques.

En général, un petit évènement suit le repas : la remise des diplômes des nouveaux promus de l'ENH, l'élection de la reine de l'Amicale des Anciens élèves de l'ENH, une tombola, une distribution de prix et de reconnaissances, etc. Puis, on pousse les tables et le bal commence, se terminant au-delà de minuit. Bien sûr, les bulletins syndicaux s'empressent de commenter la présence des personnalités, et de rapporter les discours tenus. Y compris le *Bulletin officiel de l'Association Amicale des Anciens élèves de l'École nationale d'herboristerie.* Le choix du vocabulaire y est instructif. La fête est toujours présentée comme un succès. On y parle de « joie », de « jeunesse », de « famille », de « convivialité », d'« empressement », de « bonne entente », de « cordialité », etc. Les descriptions sont vivantes et galantes : les femmes sont toujours remerciées, et leur beauté louée. Ce sont des moments festifs avant tout : si les discours comportent parfois des plaintes à propos de la situation des herboristes, ils servent surtout à fêter les victoires syndicalistes.

2. Un réseau performant ?

C'est que les syndicalistes ont parfaitement conscience que ces banquets sont une de leurs armes politiques les plus puissantes. « Nous n'insisterons pas sur les avantages que de telles manifestations présentent à la corporation » écrit un syndicaliste. « L'herboriste en se montrant au grand jour, en étalant le bien-fondé de ses revendications, s'impose de plus en plus à l'attention des parlementaires et des autorités locales, ainsi qu'à la sympathie du public » [*La Revue herboristique,* n°69, mars 1931, p. 3]. « Il est nécessaire en effet de maintenir plus étroitement que jamais le contact avec nos parlementaires et tout particulièrement avec nos Sénateurs » écrit un autre syndicaliste, enjoignant les herboristes à venir nombreux lors du prochain banquet [*La Revue herboristique,* n°90, janvier 1933, p. 11].

Les syndicats tiennent ainsi à jour un « comité d'honneur de l'Herboristerie française », dans lequel ils inscrivent les personnalités qui les soutiennent. Ce système est mis en place très tôt dans le fonctionnement syndical, puisque dès 1911, Joseph Caillaux, Président du Conseil des Ministres, accepte d'être Président d'Honneur du Syndicat du Centre [*L'herboriste,* n°12, décembre 1911]. Et cela fonctionne : les herboristes ont des appuis multiples et bien placés. « Le Député de la Mayenne est un grand ami du Syndicat du Nord » déclare le président du Syndicat des Herboristes du Nord de la France [*La Revue herboristique,* n°90, janvier 1933, p. 11]. « M. Louis Marin, Ministre d'Etat, témoigne aux herboristes une sympathie marquée » peut-on lire dans le *Bulletin officiel de l'amicale des anciens élèves de l'ENH* [n°11, 1935, p. 33], « il a tenu à présider le banquet de clôture de cette honorable corporation [...] ». Lors du congrès des herboristes de 1937, A. Buisson n'hésite pas à qualifier Jean Zay, alors Ministre de l'Éducation Nationale, d'« ami » [Buisson, 1937, p. 220].

Les syndicalistes ont ainsi créé des réseaux d'hommes politiques chargés de les soutenir, et les différents banquets ont pour principal but de réactualiser ce lien. Chaque personnalité ajoutée au réseau conforte la position des herboristes : « c'est une nouvelle certitude que la thèse de la Fédération est juste et fondée, puisque de nombreuses personnalités officielles veulent bien nous assurer leur concours » écrit Lemesle, dans une lettre ouverte, en 1931 [*La revue des herboristes,* juin 1931, p. 5]. Car bien entendu, tout ceci n'est pas désintéressé. En échange, ces hommes politiques sont supposés établir et soutenir des propositions de loi en faveur des herboristes. Lors d'un de ces banquets, Lemesle déclare :

> *« Messieurs les Députés qui êtes ici présents, qui avez signé notre proposition de loi, qui demain la soutiendrez de vos votes, vous avez devant vous une corporation qui a souffert, mais une corporation courageuse, utile à la santé publique, qui mérite votre confiance et qui, toujours, vous sera reconnaissante d'avoir fait briller pour elle l'éternel idéal de justice et d'équité sociale. [...] Au nom de tous les Herboristes, je vous dis "Merci" »* [*La Revue herboristique,* n°81, avril 1932, p. 35].

Il est cependant étonnant de constater que les syndicalistes n'ont jamais émis de préférence pour un parti politique. Parmi les défenseurs de la cause herboristique, le Ministre Louis Marin est un conservateur hostile à la gauche, le Ministre Jean Zay est un radical-socialiste, le député de la Seine Charles Le Senne est un boulangiste, le député de la Seine Edouard Soulier fait partie de la Fédération Républicaine (droite), Léonce de Sal est un sénateur radical qui siège à gauche, etc. La cause herboristique n'est ni de droite, ni de gauche.

Mais le système fonctionne : dès la fin du XIXe siècle, les herboristes comptent, parmi les députés et les sénateurs, des hommes qui les défendent. En 1893, le rejet par les sénateurs d'un article d'une proposition de loi visant à supprimer les herboristes, et pourtant voté par les députés, est probablement le premier signe de ce soutien[1]. En 1911, un député de la Seine, Amédée Chenal, dépose une proposition de loi visant à réserver à l'herboriste le droit de vendre toutes les plantes indigènes ou exotiques, non

[1] Voir Partie II, Chapitre I, II, 1.

vénéneuses, quelque soit la forme galénique [*L'Herboristerie française*, octobre 1913]. En 1923, une proposition de loi, sur l'exercice de la pharmacie, est rédigée par Émile Vincent. Il se propose d'autoriser les herboristes à vendre des mélanges de plantes. Si ces différents projets avortent, c'est la proposition de loi Frot et Soulier, déposée le 12 juillet 1929 [*La revue des herboristes,* février 1931], qui fait date. Ce projet a été rédigé en commun accord avec la Fédération. D'ailleurs Lemesle en parle comme de « notre proposition » [*La revue des herboristes,* mai 1932, p. 3]. Ce projet prévoit la création d'études organisées par le gouvernement français, permettant la délivrance d'un « diplôme » à proprement parler, l'inspection des herboristeries via le service de la répression des fraudes et le corps herboristique, ainsi que le droit de vendre toutes les plantes, y compris sous forme de mélanges préparés à l'avance ou pas, sauf les plantes vénéneuses listées au Codex [voir, par exemple, une reproduction du texte de la proposition dans *La revue herboristique,* septembre 1929, p. 27].

Ces nouvelles propositions, concernant l'exercice de l'herboristerie, soulèvent des débats au sein de la Chambre des Députés et du Sénat. Le plus fameux de ces débats a lieu lors de la séance du 22 novembre 1894, au Sénat, et voit s'affronter M. de Sal et M. Cornil. M. de Sal défend l'idée que les herboristes doivent être autorisés à vendre des médicaments simples d'usage courant. M. Cornil lui répond en faisant référence aux accusations d'exercice illégal de la pharmacie et de la médecine : « je ne voudrais pas médire d'honorables commerçants comme les herboristes, mais cependant il faut bien savoir que jusqu'ici, d'après les inspecteurs de la pharmacie, on a beaucoup de reproches à leur faire. » Il ajoute : « si on leur donne quelque chose, ils seront beaucoup plus tentés de prendre davantage que si on leur refuse tout. » Et M. de Sal de répondre :

« Messieurs, je crois que la proposition de l'honorable rapporteur devrait s'interpréter ainsi : Nous avons laissé aux herboristes tout ce que nous ne pouvions pas leur retirer (Sourires à droites, bruit à gauche). C'est la traduction exacte de vos paroles, monsieur le rapporteur. »

Cette remarque fâche M. Cournil, qui oublie alors les « honorables commerçants » et ses précautions langagières, pour renchérir : « si nous refusons ce droit à l'herboriste, c'est parce que les boutiques des herboristes constituent, en général, un foyer de médecine et de pharmacie illégales et souvent dangereuses pour la santé publique. » Il ajoute que de toutes les façons, les herboristes sont peu nombreux. Et M. de Sal lui rétorque : « je ne vois pas du tout que parce qu'ils sont peu nombreux, leurs droits en sont moins réels » [*Journal officiel de la République française. Débats parlementaires. Sénat : compte rendu in-extenso*, séance du 22 novembre 1894, p. 888 à 890]. Des années 1890 aux années 1930, l'argumentation de ces hommes politiques engagés auprès de la cause herboristique varie peu, et repose sur trois éléments essentiels. Le premier est la reconnaissance des droits conférés par la loi de germinal, le deuxième porte sur la possibilité de faire des mélanges de plantes, et le troisième est la revendication de l'utilité publique de ce « pharmacien du pauvre » [*La Presse* du 24 mars 1891, p. 2]. Ces arguments sont les mêmes que ceux que l'on trouve dans les discours des syndicalistes.

III. Les gloires du syndicalisme

1. La revalorisation de l'herboristerie

Ces années dorées du syndicalisme s'accompagnent d'une véritable reprise de confiance dans l'avenir de la pratique herboristique. Réécrivant l'histoire, les syndiqués font naître l'herboristerie avec l'acquisition d'une formation solide. Déjà, dans le mensuel *L'herboriste,* l'auteur d'un article intitulé « Passé, Présent, Avenir de l'Herboriste » explique que le « chercheur de simples » ignare du temps passé est devenu « herboriste » en encadrant sa profession. Mais qu'hélas, les pharmaciens ne sont pas conscients de cette évolution [*L'herboriste,* n°2, février 1911]. Quinze ans plus tard, Fortuné Fornier écrit dans *L'Herboristerie française*, de manière plus explicite encore :

> *«Nous avons un diplôme, qui lorsque l'Herboriste de l'An XI le recevait, lui donnait tous les droits de rechercher, recueillir, sécher, conserver, couper, mélanger et vendre toutes les plantes indigènes à l'exception des nocives caractérisées. L'Herboriste était vraiment à cette époque le "maître ès plantes". En lui seul on avait confiance pour tout ce qui concernait les plantes. Et nous ne jurerions pas qu'à cette époque déjà lointaine, les Pouvoirs Publics, comme la Faculté, ne considéraient pas l'Herboriste comme le seul expérimenté et compétent digne de s'occuper des plantes fraîches ou sèches qui naissaient sur le sol de notre pays ».* [*L'Herboristerie française,* décembre 1926]

Ce témoignage est un très bel exemple de reconstruction du passé. L'auteur oblitère l'analphabétisme de certains herboristes du début du XIXe siècle, et occulte le fait qu'il existe encore, en ce début du XXe siècle, une grande diversité dans les niveaux de connaissance des herboristes. Vis-à-vis des personnes extérieures à l'herboristerie, certains syndicalistes tâchent de faire oublier les incohérences de l'examen, et la faiblesse du diplôme. Ainsi dans une lettre ouverte datant de 1928, et adressée aux députés et sénateurs, Lemesle écrit :

> *« Le diplôme ne leur est accordé qu'après un examen passé dans une École Supérieure de Pharmacie [...] ; ils doivent y prouver, pour que le diplôme leur soit décerné, qu'ils connaissent exactement les plantes médicinales. Par conséquent nul n'a accès à cette profession, qui intéresse au plus haut point la santé publique, s'il n'a montré ses capacités et ses connaissances techniques : on ne devient herboriste qu'après avoir reçu l'investiture de la Faculté de Pharmacie, investiture qui constitue une garantie de savoir et de qualité professionnelle. »* [*La Revue herboristique,* n° 36, avril 1928, p. 17]

Difficile de croire qu'en même temps que Lemesle écrivait cette lettre ouverte, il défendait, entre les lignes du journal corporatif *L'Herboristerie française,* le nécessaire relèvement intellectuel des herboristes [*L'Herboristerie française,* mars 1924].

Probable témoignage de ce désir de revalorisation, Jean Levieux, président du Syndicat d'Angers, se lance, en 1924, dans une réhabilitation de Moreau, l'« herboriste de Saint-Denis » accusé d'avoir empoisonné ses deux femmes[1]. Ce qu'il estime comme « un devoir » car « il n'y [a] pas d'herboriste assassin à sa connaissance » [*L'Herboristerie française,* janvier 1924]. L'affaire ne semble guère avoir eu de suite, mais le geste est emblématique. « N'oublions pas

[1] Voir Partie I, Chapitre III, II, 2.

que nous avons tout un passé à relever ou plus exactement à laver des insultes injustifiées dont il a été honteusement l'objet » écrit Denet, professeur à l'ENH [*La revue des herboristes*, février 1929, p. 9].

D'autre part, les syndicalistes imposent leurs revendications. « Qu'il s'agisse d'un individu aussi bien que d'une corporation, pour vivre, et non végéter, il faut s'imposer » écrit Camille Destouches [*L'herboristerie française,* juillet 1926]. Ils parlent d'utiliser la manière forte [*L'herboriste,* février 1912, p. 2], et n'hésitent pas à narguer la justice. Un comportement qui transparaît, ici encore, dès les premières publications syndicales des années 1910. *L'herboriste,* dans son édition de décembre 1911, rapporte que trois herboristes de Limoges (Compain, Mallet et Bayraud) furent accusés d'exercice illégal de la pharmacie : le président du Syndicat des Pharmaciens de Limoges avait fait saisir chez eux des produits illicites. En réponse, les trois herboristes firent prendre, chez trois pharmaciens, des produits toxiques ne pouvant pas être délivrés sans ordonnance. Ce « coup d'éclat » est repris quelques mois plus tard [*L'herboriste,* mars 1912] dans un article de Saint-Martin, qui parle, cette fois, de douze constats de transgression de la loi chez des pharmaciens de Limoges. Il ajoute que les herboristes mirent en balance les accusations qui les concernaient avec celles qui concernaient les pharmaciens, ce qui incita le syndicat des pharmaciens à ne pas donner suite à sa plainte. Autre exemple : le Syndicat des Herboristes du Limousin proposa, en 1935, que soit décernée « une récompense civique Fédérale, sous forme de diplôme » aux herboristes poursuivis et condamnés pour des mélanges de plantes, véritable bravade contre les tribunaux [*La revue des herboristes,* décembre 1935, p. 12].

Ces anecdotes témoignent d'un véritable changement dans les mentalités. C'est une guerre que ces herboristes syndiqués ont décidé de livrer à leurs concurrents. Et c'est bien là le terme utilisé, à partir des années 1920. L'*Organe officiel mensuel du syndicat des herboristes du sud-ouest,* tout comme *La revue herboristique* du Syndicat du Nord, tiennent une chronique intitulée « La guerre des herboristes ». On parle de « vaillante petite armée de combattants herboristes » [*Organe officiel mensuel du syndicat des herboristes du sud-ouest,* n°7, février 1928, p. 9], de « G. Q. G. », de « trésor de guerre », de « contre-attaque », d'« offensives », de « munitions », etc. [*La revue herboristique*]. Les produits vignettés sont des « munitions de combat » [*La revue des herboristes,* janvier 1929, p. 18]. Ce vocabulaire guerrier n'est pas sans faire échos à la guerre de 1914-1918 qui a marqué le début du siècle.

Et cette guerre est tournée contre les pharmaciens. Dans les discours des syndicalistes, la guerre est juste, car les herboristes sont des victimes. L'ennemi apparaît comme un avare, bien plus motivé par l'appât du gain que par la protection de la santé publique. Ils auraient « la passion des gains matériels qu'ils escomptent réaliser au cours de cette lutte » [*La revue des herboristes,* janvier 1929, p. 10]. « Ah ces messieurs se moquent agréablement de l'altruisme dont on nous berce si joliment en des phrases redondantes en des conférences que pharmaciens et médecins, à la chasse aux violettes académiques font bien volontiers » écrit Fortuné Fornier, dans *L'Herboristerie française* [avril 1920, éditorial].

Les multiples procès à l'encontre des herboristes n'auraient d'autres buts que de se débarrasser d'un concurrent gênant, et trop respecté de la population. « L'inspection pharmaceutique aiguillée et excitée par les syndicats pharmaceutiques devra livrer le plus grand nombre possible d'herboristes devant les tribunaux, car pour réaliser l'extension commerciale de la profession, il faut nécessairement enlever aux professions voisines le meilleur de leurs prérogatives » écrit Lemesle [*Revue des herboristes,* janvier 1929, p. 6]. « Leur but n'est assurément pas la sauvegarde de la santé publique mais bien la protection de la pharmacie contre tout ce qui gêne cette profession [...] » dénonce un syndicaliste en 1928 [*La revue herboristique*, avril 1928, p. 17].

Et pour arriver à leurs fins, les pharmaciens sont accusés d'utiliser des méthodes peu élégantes. On parle de mouchards, envoyés par les syndicats des pharmaciens, qui se présentent comme de simples clients, et demandent à l'herboriste, comme un service, de leur fournir des produits illégaux [*L'herboristerie française*, avril 1922]. Lors du congrès de 1937, Louis Cuzin déclare que les inspecteurs abusent de leur pouvoir en effrayant les herboristes, n'hésitant pas à fouiller leurs domiciles personnels pour y trouver la preuve d'un supposé exercice illégal de la pharmacie [Cuzin, 1937, p. 135]. Une accusation par ailleurs très présente dans la littérature syndicale. Un poème, écrit en 1936 par l'herboriste René Crochot, et publié dans le bulletin de l'Amicale, relate l'une de ces inspections. L'auteur file la métaphore du couple, où la femme est la Faculté de Pharmacie et l'homme, l'herboriste. La femme, jalouse, cherche dans la boutique tous les indices possibles d'une infidélité. Et l'homme se retrouve devant les tribunaux, sans avoir compris les raisons de cette accusation [*Bulletin officiel de l'Association amicale des anciens élèves de l'ENH*, n°15, année 1936, p. 41-42]. Cette métaphore témoigne probablement de l'ambivalence des liens qui unissent les pharmaciens et les herboristes. Ce qui se joue dans ces boutiques est bien plus qu'une guerre de concurrence.

Et non seulement le pharmacien est accusé d'utiliser des moyens malhonnêtes, mais il est, de plus, accusé de ne pas respecter lui-même la loi qu'il dit défendre : il en outrepasserait les limites dans sa pratique quotidienne, tout en n'acceptant aucun débordement de la part des herboristes. Un herboriste écrit, ainsi, que les pharmaciens vendent journellement des spécialités, alors qu'il s'agit là de remèdes composés qu'ils n'ont pas le droit de vendre sans ordonnance [*L'Herboristerie française,* mai et juin 1914, p. 2]. Quatre ans plus tard, dans le même journal, un autre rédacteur écrivait que certains pharmaciens sont des charlatans, n'hésitant pas à vendre des remèdes censés tout guérir [*L'Herboristerie française,* juin 1918].

Le pharmacien ferait preuve d'un acharnement, non pas contre l'exercice illégal de la pharmacie en général, mais bien contre l'herboriste en particulier : ces syndicalistes soulignent que de nombreux journaux vantent des formules de mélanges de plantes, sans pour autant être inquiétés [voir notamment *L'Herboristerie française,* mars 1926].

Ce discours syndicaliste, particulièrement incisif, est repris par les avocats dans leurs plaidoiries. Les procès mettant en cause des herboristes sont nombreux. Émile Lemesle déclare en avoir comptabilisé jusqu'à vingt-trois en une année [*La revue des herboristes,* février 1931, p. 3]. D'après le journal l'*Union Pharmaceutique*, la Société de Prévoyance des Pharmaciens de la Seine aurait suivi, entre septembre et novembre 1873, 8 condamnations d'herboristes pour seulement 2 condamnations de marchands d'huile, 1 d'un marchand de comestibles et 1 d'un marchand de vin [*L'Union pharmaceutique,* janvier à décembre 1873, 14ème année, Paris, p. 326]. Les herboristes se disent assaillis par les procès.

Mais ces procès sont aussi de formidables outils servant à la reconnaissance de leur existence : ils sont des lieux d'expression et de parole publique, et jouent un rôle dans la diffusion des discours syndicalistes. Ainsi, en 1914, Aussant-Sagnier, herboriste à Cherbourg, est mis en accusation par le syndicat des pharmaciens de la Manche, pour avoir vendu de l'eau oxygénée, des lithinés et des pastilles de Vichy. Les principaux débats du procès sont retranscrits dans *L'Herboristerie française.* Maître Willm, son avocat, argumente que le fond de l'affaire était un refus de toute concurrence de la part des pharmaciens, et, pour en montrer la portée, il retrace l'histoire de la haine des apothicaires contre les herboristes. Dans ce cas présent, il explique que les pharmaciens ont cherché à piéger Aussant-Sagnier, en envoyant de faux clients demander des produits pharmaceutiques [*L'herboristerie française,* mars-avril 1914]. En 1930, l'herboriste Marie-Thérèse Evrard est accusée d'exercice illégal de la pharmacie, suite à une inspection. Sa plaidoirie est rapportée dans *La revue herboristique.* Elle déclare que l'inspecteur s'est introduit de force dans ses appartements privés, fouillant jusque dans ses boites à chapeau et dans son armoire à glaces. Devant sa résistance, il aurait déclaré « ça va vous coûter cher ! », ajoutant qu'il la « foutrait » en correctionnelle. L'avocat de Mme Errard fait, par ailleurs, remarquer que le dit inspecteur dirigea un laboratoire qui fabrique un produit concurrent (Le Néol) au produit pour lequel sa cliente est accusée d'exercice illégal de la pharmacie (la Dulcéose[1]) [*La Revue herboristique* n°59, mai 1930, p. 65]. D'après un journaliste du *Républicain,* Maître Willm aurait déclaré, en défendant Louis Cuzin, en 1926 :

> *« ceux qui reprochent aux herboristes de pratiquer l'exercice illégal de la pharmacie et qui viennent parler au nom de la santé publique sont les premiers, eux, à pratiquer l'exercice illégal de la médecine ! Les victimes des pharmaciens, elles sont nombreuses et les médecins*

---

[1] Produit à base de miel pour le mal de gorge.

les connaissent. Qu'on nous amène une seule victime de Cuzin ! » [article du *Républicain* rapporté dans *L'herboristerie française,* janvier 1936, p. 1]

Les différents discours d'avocats rapportés ici rappellent fortement les discours syndicalistes. C'est que, loin de laisser entre les seules mains de leurs avocats le soin de les défendre, de nombreux syndicalistes ont développé de profondes connaissances juridiques. La Fédération tient à jour une documentation sur les procès, qu'elle met à la disposition des herboristes accusés d'exercice illégal de la pharmacie [voir notamment *La revue des herboristes*, septembre 1936, p. 15]. Les procès sont régulièrement rapportés dans les revues syndicales, les résultats commentés, parfois le travail de l'avocat critiqué [voir *La revue des herboristes,* mai 1939]. La défense des herboristes se fait alors dans une collaboration entre les herboristes et leurs avocats. Le discours syndical a donc une force suffisante pour trouver son écho dans les arènes des tribunaux, comme devant le Sénat et l'Assemblée Nationale. La « guerre » des herboristes ne se joue pas seulement entre les pages des revues syndicales : elle se joue aussi lors des procès, comme dans les banquets, et au-devant de la scène politique.

Entre le XIXe et le XXe siècle, les formes prises par les plaidoiries ont assurément évoluées. Si l'on met en parallèle ces arguments avec ceux d'herboristes accusés d'exercice illégal de la pharmacie au XIXe siècle (mémoire écrit par Georges Brodhurst en 1848, conservé à la Bibliothèque Nationale) ou utilisés par leurs avocats (précis sur l'affaire Catherine Bicquelin écrit par son avocat en 1820, conservé à la Bibliothèque Nationale), l'évolution est flagrante. Catherine Bicquelin, comme Georges Brodhurst, assurent leur défense en dévaluant leur rôle par rapport à celui du pharmacien. Georges Brodhurst écrit : « je ne suis ni médecin ni pharmacien, mais simple herboriste ». S'il a accepté de soigner Mme Richalet, c'est sur les instances prononcées de son mari, et par charité pour une femme qui semblait perdue. Quant à Catherine Bicquelin, accusée d'empoisonnement, la plaidoirie de l'avocat repose sur le fait que les plantes vendues par l'herboriste étaient de mauvaises qualités, rendues inoffensives parce que trop vieilles, et qu'en conséquence, elles ne pouvaient avoir empoisonné ses clients. De tels arguments n'existent plus au XXe siècle.

2. Mélanger, ou ne pas mélanger ?

Au centre de ces procès se trouve le droit des herboristes à faire des mélanges de plantes. Car sous l'herboristerie syndicale, la question du mélange de plantes, mentionnée dans la première partie de cette thèse, cristallise l'opposition au pharmacien. Si le sujet n'a fait l'objet que de peu de débats durant tout le XIXe siècle, dès les années 1920, les avocats de syndicats des pharmaciens dénient avec force le droit à l'herboriste de faire des mélanges.

Parmi eux, le plus virulent est Maître Paul Bogelot, avocat à la Cour de Paris pour la Société de Prévoyance des Pharmaciens de la Seine. « La jurisprudence affirme nettement que le mélange préparé d'avance est une composition pharmaceutique que seul le pharmacien peut préparer » écrit-il, en 1928. Il ajoute : « si même il arrivait qu'un médecin ait formulé le mélange avec indication que l'herboriste a le droit de vendre ces plantes, ce dernier n'aurait pas le droit d'y procéder » [*L'Union pharmaceutique,* 1928, p. 342]. Cette définition s'appuie sur la déclaration du Roi du 25 avril 1777, qui défend « aux épiciers et à toute autre personne » de faire « aucune mixtion de drogues simples pour administrer en forme de médecine ».

Une lecture à la lettre de la loi restreint très fortement l'activité de l'herboriste. À en croire le *Recueil hebdomadaire de jurisprudence en matière civile, commerciale, administrative et de droit public* de Dalloz, publié en 1928, Maître Paul Bagelot a raison, car la plante devient médicament dès l'instant où il y a manipulation :

> *« Il y a médicament toutes les fois qu'il y a dosage, mélange ou transformation de drogues simples, d'origine minérale, animale ou végétale, en vue d'obtenir un produit plus facile à employer en thérapeutique;*
>
> *Le mélange de plantes desséchées ou brisées douées chacune de propriétés thérapeutiques spécifiques, lequel peut avoir un effet autre que celui des herbes simples, constitue un médicament dont la préparation et la vente appartiennent aux seuls pharmaciens;*
>
> *Par suite l'herboriste qui le met en vente commet le délit d'exercice illégal de la pharmacie. »* [Dalloz, 1928, p. 59]

Cette définition montre toute l'impossibilité juridique à cerner l'objet « médicament ». Car le séchage de la plante n'est-il pas en soi la « transformation de drogues simples […] en vue d'obtenir un produit plus facile à employer en thérapeutique » ?

Si au XIXe siècle, un moyen possible pour éviter l'accusation d'exercice illégal de la pharmacie consiste à s'associer avec un pharmacien (comme l'a fait Brodhurst ou Simon), il semble bien moins utilisé sous l'herboristerie syndicale. Avec la recrudescence de cette question dans les années 1920, les fournisseurs, eux-mêmes, avancent des solutions. Ainsi, pour s'éviter les désagréments des procès, le Laboratoire Riboud propose aux herboristes de vendre son produit, *La bonne tisane*, une boite contenant plusieurs plantes dans des sachets différents que le client mélangera chez lui [*La Revue herboristique* n°37, mai 1928, p. 57].

Mais les herboristes n'entendent pas se laisser faire. À travers leurs syndicats, ils revendiquent haut et fort le droit de faire des mélanges, et ce dès le congrès de 1910 [*L'Herboristerie française,* janvier 1914]. De leur point de vue, la Déclaration du Roi de 1777 est obsolète. « En mélangeant nos plantes nous ne modifions en rien ni leur nature ni leurs propriétés qui restent toujours les mêmes » explique un rédacteur de *L'herboristerie française [*mai et juin 1914, p. 2]. « La loi de Germinal n'a pas interdit à l'herboriste de mélanger ses plantes inoffensives » s'insurge Michel Compain dans son manuel [Compain, 1930, p. 243]. Dans le *Bulletin officiel de l'Association amicale des anciens élèves de l'ENH* de 1935, un herboriste déclare :

> *« On veut bien nous reconnaître le droit de vendre des simples indigènes parce que la loi le dit.*
>
> *Mais, ce que la loi ne dit pas, c'est que les Herboristes ne doivent pas mélanger ces simples. Il faut donc que les Pharmaciens de France et de Navarre sachent bien que "ce que la loi ne défend pas est autorisé", et que nous n'acceptons plus ces procès vexatoires (pour les deux parties) parce qu'un herboriste a mélangé 30 grammes de tilleul avec 30 grammes de camomille !*
>
> *Les Herboristes ont toujours fait des mélanges de plantes et ils en feront toujours.»* [*Bulletin officiel de l'Association amicale des anciens élèves de l'ENH,* n°12, 1935, p. 27]

Non seulement, ces herboristes revendiquent le droit de faire des mélanges, mais ils en font un étendard, le fond de leur pratique et de leur savoir. « Ce sont justement ces mélanges savamment dosés qui ont fait la réputation de l'Herboriste auprès du public et celui-ci lui en a toujours été reconnaissant » écrit H. Jambon [*Bulletin officiel de l'Association amicale des anciens élèves de l'ENH*, n°12, 1935, p. 28]. Ici encore se joue la question de la reconnaissance de la « profession » d'herboriste. « Supprimons le mélange de plantes et nous retombons infailliblement dans la profession d'épicier-droguiste » explique Denet, professeur à l'ENH [*La revue des herboristes,* février 1929, p. 10]. « "Exercer la profession d'herboriste" c'est assembler, mélanger ses plantes médicinales en nature pour soigner dans le but de guérir » renchérit Michel Compain [Compain, 1930, p. 247].

Si tous ces herboristes s'entendent sur leur droit à mélanger les plantes, ils ne s'accordent pas sur une définition de la plante médicinale et de son lien avec le « médicament ». Certains estiment qu'il s'agit là d'un faux débat, car dès lors que l'herboriste manipule des plantes médicinales, il se place nécessairement dans le champ du médicament. Elles possèdent « naturellement des propriétés permettant de les classer parmi les substances médicamenteuses » explique Émile Lemesle [*La revue des herboristes,* janvier 1929, p. 8]. Les plantes de l'herboriste sont « des médicaments ou des remèdes, sinon elles ne seraient pas médicinales » peut-on lire dans un article de *La Revue herboristique* [n°85, août 1932, p. 27]. « Les plantes médicinales sont obligatoirement des substances médicamenteuses » déclare l'herboriste Louis Cuzin [Cuzin, 1937, p. 135]. La Loi sous-entendrait, donc, que l'herboriste a le droit de vendre des « médicaments », puisqu'elle l'autorise à vendre des « plantes médicinales ». « Le mélange herboristique est un médicament d'Herboriste et le mélange pharmaceutique un médicament de pharmacien » explique Compain [*La revue des herboristes,* avril 1929, p. 14].

D'autres jouent sur les mots et utilisent le terme de « remède » plutôt que celui de « médicament ». En 1928, un rapport établi par MM. Labbé[1], Lerat[2], Lemesle[3], Dircksen[4], Tilmant[5] et Cottard[6], « en vue de servir à la défense des Herboristes poursuivis devant les tribunaux », définit le « remède », le « médicament » et le « médicament naturel ». Le « médicament » aurait pour but de guérir un état pathologique en agissant sur les éléments constitutifs du corps, ou sur les produits étrangers qui lui sont nuisibles. Le « remède » serait un moyen de rendre à l'organisme son fonctionnement normal, par exemple en lui apportant de l'eau pour permettre la dilatation normale des bronches. Enfin, le « médicament naturel » serait un médicament non issu d'une préparation pharmaceutique, comme l'extraction ou la réduction en poudre. Bien sûr, les auteurs concluent que les plantes médicinales appartiennent à ces deux dernières catégories, et que l'herboriste peut donc les mélanger sans contrevenir à la Loi [Compain, 1939, p. 617]. « Comment prétendre qu'un mélange de plantes est un médicament et non pas un remède? » écrit Georges Bouvrain, « on irait peut-être un peu loin dans cette voie si l'on affirmait que tout mélange entrant au corps humain est

---

[1] Professeur agrégé de la Faculté de Médecine de Paris.

[2] Pharmacien supérieur, professeur à l'Ecole de Pharmacie et de Médecine de Tours.

[3] Secrétaire général de la Fédération des Herboristes de France et des Colonies.

[4] Docteur en Médecine à la Faculté de Paris, Pharmacien de 1ère classe, Chevalier de la légion d'honneur.

[5] Ancien chef du Laboratoire de Thérapeutique de la Faculté de Lille.

[6] Docteur en Médecine à la Faculté de Paris, ancien assistant à l'hôpital Necker, chevalier de la légion d'honneur.

un médicament et par suite, ne peut être vendu que par un Pharmacien » [Bouvrain, 1937, p. 156].

Par ailleurs, paraît, en 1909, un *Guide de l'inspecteur des Pharmaciens,* écrit par M. Roux, directeur de la répression des fraudes, et M. Guignard, doyen de l'École Supérieure de Pharmacie de Paris [Volckringer, vers 1947 ?, p. 4]. D'après Michel Compain, les auteurs déclareraient, dans ce texte, que « la vente [par l'herboriste] des mélanges bien connus, tels que les espèces pectorales du codex » est tolérée [Compain, 3ème édition, p. 650]. De nombreux syndicalistes, tels que Compain ou Lemesle, vont s'appuyer sur ce texte, ainsi que sur la notoriété de ses auteurs, et y voir l'autorisation de vendre certains mélanges. « Les herboristes ont toujours revendiqué le droit de vendre des mélanges de plantes en s'appuyant sur le guide précité » confirme Volckringer [Volckringer, vers 1947 ?, p. 4]. Or ce texte n'a aucune valeur légale : il est le seul fruit de l'opinion des auteurs. Alors, qui a raison ? Il n'y a pas de ligne de démarcation nette entre ce qui est considéré comme légal, et ce qui est considéré comme illégal. Ces catégories font l'objet de négociations, autant du point de vue des pharmaciens que de celui des herboristes. Des négociations qui renvoient, elles-mêmes, à la façon dont pharmaciens et herboristes perçoivent la nature de leur métier et de leurs droits.

3. À la recherche d'une solution juridique

Les conclusions des procès, rapportées dans la littérature herboristique et pharmaceutique, témoignent que les tribunaux eux-mêmes se perdent dans l'interprétation de la loi de germinal. Pour un même fait, certains herboristes étaient condamnés, et d'autres acquittés. Le *Siècle Médical* rapporte que le 20 juin 1928, l'abbé B…, herboriste, fut inculpé d'exercice illégal de la pharmacie pour avoir vendu des mélanges de plantes. Il fut acquitté par le tribunal. Dans le même temps, M. X…, herboriste à Cannes, était poursuivi pour les mêmes faits. Il fut condamné à 500 francs d'amende avec sursis, et 100 francs de dommages-intérêts envers le syndicat des pharmaciens de Cannes [rapporté par *L'Union pharmaceutique*, 1928, p. 341-342].

Les organes officiels des syndicats de pharmaciens et d'herboristes sont les principaux relayeurs de ces procès, ceux des pharmaciens valorisant les condamnations, et ceux des herboristes valorisant les acquittements. Les journaux nationaux comme régionaux (*Le Temps, Le Petit Parisien, Le Conservateur, L'Humanité,* etc.) en témoignent dans une moindre mesure. Et ces encarts prouvent l'incompréhension, voire l'incompétence, des journalistes sur ces questions. Ainsi en est-il d'un compte-rendu, publié le 21 juin 1928, dans *L'Ouest-Eclair* :

> *« UN PRÊTRE HERBORISTE ACQUITTÉ*
>
> *CHATEAUROUX, 20 juin. Le tribunal correctionnel a acquitté l'abbé Berger, curé de Rouvres, poursuivi pour exercice illégal de la pharmacie. L'abbé Berger, qui est herboriste diplômé, soigne les malades par les plantes. Le tribunal a estimé que l'inculpation portée contre lui n'était pas fondée, car il ne vendait que des plantes indigènes mélangées. »*

Il est évident que ce journaliste ne comprend pas les enjeux du procès. Il écrit que l'herboriste « soigne les malades », ce qui est de l'exercice illégal de la médecine. En outre, il lui paraît comme évident que l'herboriste a le droit de vendre des « plantes indigènes mélangées », ce qui, nous l'avons vu, n'est pas le cas.

L'incohérence régnant, l'autorité juridique cherche à pallier à cette incertitude. Le 29 janvier 1926, une jurisprudence est établie par l'arrêt de la Cour de Cassation. Elle spécifie que les herboristes n'ont le droit de vendre des plantes, ou parties de plantes, qu'en nature. Edouard Tercinet, dans sa thèse de Droit, détaille ce jugement :

> *« À la rigueur, [...] à la demande du client et en sa présence, l'herboriste pouvait extraire du sac de menthe 150 grammes si le client désirait se faire préparer 300 grammes de tilleul-menthe. Mais tout mélange de plantes préparé à l'avance, dosé, pesé et étiqueté lui était interdit, à fortiori toute préparation de plantes étiquetée avec indication de but curatif, cette préparation et cette vente étant réservées aux pharmaciens. »* [Tercinet, 1937, p.27]

Mais dans les faits, l'affaire n'est pas réglée. À la chambre des députés, lors de la séance du 24 février 1926, le député Camille Lenoir demande au Ministre du Travail quels sont les droits des herboristes concernant le mélange. La réponse ne prend pas en compte la jurisprudence. Le Ministre de la Justice répond qu'« il appartient aux tribunaux » de définir si les herboristes ont le droit ou pas de mélanger les plantes [*Journal officiel de la République française. Débats parlementaires. Chambre des députés : compte rendu in-extenso,* séance du 25 février 1926]. Quelques mois plus tard, le 29 août 1926, M. de Tinguy de Pouët pose une question similaire au Ministre du Travail. Et la réponse diffère : « seuls les pharmaciens peuvent fabriquer et vendre ces mélanges » [*Journal officiel de la République française. Débats parlementaires. Chambre des députés : compte rendu in-extenso,* séance du 29 août 1926].

La juridiction n'est guère plus claire pour les syndicats : dans la *Revue herboristique* de janvier 1936, M. Dupisson, président du Syndicat des Herboristes du Nord de la France, écrit que « le syndicat a déjà obtenu dans nos régions, le droit de vendre des plantes mélangées dans un but curatif, sans risquer le tribunal » [*La Revue herboristique,* janvier 1936, p. 31]. Dans leur proposition de loi, déposée en 1932, les députés Frot et Soulier suggèrent de clore les débats en autorisant les herboristes à vendre des mélanges de plantes médicinales non toxiques. Ce projet déclenche la colère des pharmaciens, et la grève de leurs étudiants dans les plus grandes villes du territoire français. La proposition, rappelons-le, sera votée par l'Assemblée Nationale, et repoussée par le Sénat.

Mais le 4 septembre 1936 est votée la Loi Amat dont le 2ème article, 2ème alinéa est ainsi conçu :

> *« La même interdiction s'applique également à la vente des plantes médicinales, mélangées ou non, dans tous les lieux publics, dans les maisons privées et dans les magasins autres que les officines de pharmacie et les herboristeries. »*

Encore une fois, la loi manque de clarté. En interdisant la vente de plantes « mélangées ou non » dans les magasins autres que les pharmacies et les herboristeries, elle semble sous-entendre que la vente des plantes mélangées est possible dans les herboristeries. « Les Tribunaux ont compris que la loi du 4 septembre 1936 consacrait pour les herboristes le droit de vendre des plantes médicinales mélangées » conclut Edouard Tercinet. Mais il ajoute : « sans doute certains tribunaux ont refusé de s'incliner » [Tercinet, 1937, p.27]. Seule la suppression du certificat d'herboriste réglera, finalement, la question.

Chapitre IV. 1935, QUAND LE SYNDICALISME PERD DE SA SURPERBE

I. La réapparition des contentieux à la veille de la seconde guerre mondiale

1. La machine syndicale : un colosse aux pieds d'argile

À travers la littérature syndicale et fédérale, les herboristes laissent l'image d'une machine solide, d'un grand rassemblement de tous autour d'une cause, d'une grande armée des herboristes de France. Mais si le verbe est haut, la revendication assurée, si ces années semblent bien apparaître comme celles d'un syndicalisme flamboyant, le colosse a des pieds d'argile.

En premier lieu, rappelons que le système repose sur un univers profondément masculin (quand bien même les femmes représentaient l'essentiel des herboristes) et sur une poignée d'hommes qui se partagent les postes de pouvoir (Lemesle, Tounissoux, Leuwers, Ferrier, etc.). En outre, l'activité syndicale n'est pas suivie par tous les herboristes de France. Ainsi Leuwers se plaint que de nombreux délégués ne viennent pas aux sessions fédérales [*La revue herboristique,* août 1930, p. 25]. « Aux différentes sources d'appel, qui répond? Toujours les mêmes » constate Ferrier, président du Syndicat des Herboristes du Plateau Central [*La revue des herboristes,* janvier 1931, p. 6]. Les appels à la participation se multiplient, témoignages d'un manque de motivation de certains adhérents. « Il y a [...] chez certains d'entre nous une mauvaise volonté évidente, égoïsme ou paresse, peut-être les deux à la fois » [*La Revue herboristique*, juin 1931, p. 12], « le mouvement de défense n'est pas épaulé comme il devrait l'être par la masse amorphe de nos amis » [*La revue herboristique,* janvier 1936, p. 5]. Dans un article intitulé *Est-il nécessaire d'appartenir à un syndicat ?*, Camille Destouches constate :

> *« C'est, qu'en effet, si, nombreux sont chez nous les collègues qui comprennent et accomplissent leur devoir, presque toujours aussi nombreux sont ceux qui ne le comprennent et ne l'accomplissent pas. Il nous faut bien avouer que sur 2 000 herboristes, répandus à la surface de notre territoire, la moitié seulement constitue l'armée de défense professionnelle »* [*La Revue herboristique*, décembre 1932, p. 19]

Ce ne sont pas, en France, les seuls syndicats touchés par le phénomène. Ainsi, en 1912, « le pourcentage des syndiqués par rapport aux syndicables varie suivant les professions : très élevé dans le Livre, assez fort chez les Mineurs, beaucoup plus réduit ailleurs » écrit Georges Lefranc [1971, p. 35]. Selon un document publié par l'Institut de Recherches Économiques et Sociales, « la crise de 1929, le chômage, le recul de la main-d'œuvre salariée, les pertes de pouvoir d'achat, le retour de la misère et les tentatives fascisantes font de ce début des années 1930 une période sombre de l'histoire syndicale » [1992, p. 345].

Par ailleurs, les dissensions entre les herboristes n'ont pas réellement disparu. En 1929, on parle encore de « petits différends qui prennent l'aspect de petites luttes intestines » [*La revue des herboristes,* janvier 1929, p. 16], d'« incidents passés ». Même si leur portée est amoindrie dans la littérature syndicale : « le Comité directeur du Syndicat régional des Herboristes du Nord, réuni le 23 décembre [...] décide à l'unanimité de faire abstraction de tous les froissements passés et accorde sa confiance absolue à son Président et aux membres du Comité directeur chargés des fonctions » [*La revue des herboristes,* février 1929, p. 22]. Selon Camille Destouches, la faute en est aux disparités régionales entre les herboristes, certains s'intéressant davantage à l'orthopédie, d'autres à l'hygiène et aux produits de régime, d'autres encore aux produits chimiques et photographiques, « ayant chacun une conception différente du rôle et de la fonction commerciale de l'herboriste » [*La revue des herboristes,* avril 1932, p. 6-7].

En outre, la vieille querelle qui oppose Paris et la province est encore vivante. Dans le rapport que Camille Destouches écrit, suite au congrès de 1931, il note que les herboristes de province n'ont pas été particulièrement bien reçus par les parisiens : « si la province herboristique avait à Paris apporté toute sa bonne volonté, offert tout son cœur, Paris leur refusa le sien » [*La revue herboristique,* octobre 1931, p. 13]. Un herboriste, faisant le compte-rendu de la fête de l'ENH, organisée en 1935, s'étonne que « les confrères de la région parisienne se désintéressent vraiment trop de ces manifestations herboristiques ». Ces « petits différents » finissent par ébranler dangereusement l'édifice. En 1938, Angéliaume, président du Syndicat du Centre et de l'Ouest, et grande figure du syndicalisme, va jusqu'à demander sa démission suite à des critiques qui lui sont adressées par des membres de son syndicat [*La revue des herboristes,* décembre 1938]. Mais Angéliaume n'est pas la seule grande figure du monde herboristique à être remise en cause.

À partir de 1935, Émile Lemesle, qui a gardé sa place de Secrétaire Général de la Fédération, est contesté. En particulier, Leuwers, président du Syndicat du Nord, entre en conflit avec lui. Le Syndicat du Nord est assurément l'un des syndicats les plus puissants de la sphère herboristique : il est le seul à avoir mis en place une École Régionale d'Herboristerie, s'inspirant de l'ENH. Avec les syndicats de Normandie et de l'Est[1], il publie un mensuel lu par tous, *La revue herboristique,* qui atteint, en 1935, les 95 pages. Les raisons qui opposent Leuwers à Lemesle ne sont pas explicitées. Mais Leuwers déclare, lors d'une assemblée générale de son syndicat : « je ne vous dirais pas avec quelle surprise je me suis trouvé, un soir de lutte, dans la dure obligation de prendre la place de M. Lemesle qui est cependant mon ami » [*La revue herboristiques,* juillet 1935, p. 15]. Car suite à ces différents, Lemesle démissionne en janvier 1935.

Le départ de Lemesle, d'une position qu'il occupe alors depuis plus de 10 ans, déstabilise la Fédération : le 27 janvier, le comité commence par émettre un vote rejetant sa démission. Le lendemain, après une nouvelle analyse de la situation, Camille Destouches, délégué du Syndicat du Nord, est élu Secrétaire Général pour assurer l'intérim, le temps qu'une solution soit trouvée [*La revue herboristique,* mars 1935, p. 25]. Le mois suivant, lors de la session fédérale du 17 février 1935, Destouches démissionne de ses fonctions, estimant que la charge est trop lourde, incompatible avec la bonne tenue de sa propre boutique et de sa santé. Leuwers prendra sa suite, pressé par « l'insistance tour à tour cordiale et menaçante » de ses collègues, presque contre son gré. Tounissoux est alors

[1] *La Revue herboristique* était la revue du Syndicat du Nord jusqu'en novembre 1930. Par la suite, elle devint celle de trois syndicats : celui du Nord, celui de l'Est, et celui de Normandie.

nommé secrétaire-adjoint pour alléger la tâche de Leuwers [*La revue herboristique,* Mars 1935, p. 29].

Devenu Secrétaire Général de la Fédération, Leuwers démissionne, le 11 juin 1935, de ses fonctions de président du Syndicat du Nord. Il doit « mener à bien l'œuvre de la réorganisation complète de la Fédération National des Herboristes », pour reprendre les termes de Lemerre, président du syndicat de Paris [*La revue des herboristes,* avril 1935, p. 51]. Le 16 juin 1935, Leuwers fait voter de nouveaux statuts. Le rôle de la Fédération dans la formation des futurs herboristes y est souligné, le siège est déplacé à l'ENH (79 rue du Temple), et seuls les syndicats professionnels peuvent désormais y adhérer. En ce qui concerne son organisation, certains éléments sont repris : chaque syndicat est toujours représenté à raison d'un délégué pour 100 membres. Mais cette fois, un bureau de sept membres élus est créé, avec, à sa tête, un président, qui ne peut être un président de syndicat[1]. C'est le bureau qui sera appelé à se réunir tous les deux mois, les autres délégués ne devant participer qu'à deux sessions fédérales ordinaires par an, ainsi qu'aux sessions extraordinaires qui pourront être organisées en fonction des besoins. Cette nouvelle organisation va donc centraliser le pouvoir autour d'un président et d'un comité d'élus, alors que dans les précédents statuts, il n'y avait pas de président fixe, et il n'existait que deux membres élus : le secrétaire général et le trésorier. Leuwers prend donc la présidence de la nouvelle Fédération, mais en prévenant qu'il s'agit d'une situation provisoire [*La revue herboristique,* juillet 1935, p. 15].

[1] D'où le fait que Leuwers ait donné sa lettre de démission de la présidence du Syndicat du Nord le 11 juin.

Le 22 mars 1936, lors d'une session fédérale ordinaire, Leuwers démissionne de ses fonctions, de même que Tounissoux. L'assemblée vote un refus de ces démissions, mais tous deux insistent. C'est finalement Guy Menant qui prendra leur suite, en avril 1936 [*La revue herboristique,* avril 1936, p. 62]. Leuwers et Destouches resteront des conseillers techniques de la Fédération. Dans les années 1930, l'organisation de la Fédération, la légitimité et la motivation de ses dirigeants sont donc largement affaiblies.

2. Guy Menant, président de la Fédération

Guy Menant, le « Chouan de l'herboristerie » comme se plaît à l'appeler Dupisson [*La revue herboristique,* août 1930, p. 31], sera, après Lemesle, le nouvel homme de la Fédération. Guy Henri Victor Menant est né en 1891, dans le Loiret, à Orléans. À 21 ans, il échoue à l'examen d'herboristerie de l'École Supérieure de Pharmacie de Paris, d'ailleurs, ironie de l'histoire, le même jour qu'Émile Lemesle. Il a vraisemblablement réussi à passer son certificat en province car, en 1931, il est établi herboriste à Saumur. Elu délégué du Syndicat des Herboristes du Centre et de l'Ouest [*La revue herboristique,* mars 1931, p. 5], il représente son syndicat auprès de la Fédération. Guy Menant semble être le seul herboriste à avoir fait une carrière politique. En 1932, il est élu député de la Mayenne, appartenant au groupe des indépendants de gauche. La même année, il entre à la Commission Supérieure de l'Herboristerie[1]. Vers 1935, il devint Vice-Président de la Commission d'Hygiène de la Chambre. A ce titre, il soutiendra la loi Amat, celle qui semble consacrer le droit

[1] Créée en 1932, voir Partie II, Chapitre III, I, 1.

aux herboristes de faire des mélanges. La même année, il est nommé membre d'honneur de la Fédération. Mais son élection, en 1936, à la tête de la Fédération ne va pas de soi : le Syndicat du Nord et celui du Plateau Central votent contre sa candidature, estimant que les fonctions de président sont incompatibles avec un mandat politique, craignant que la politique ne s'infiltre dans les organisations syndicales [*La revue herboristique,* avril 1936, p. 62].

Menant veut impulser un nouveau souffle à la Fédération. Sa politique est une politique de conciliation avec le monde pharmaceutique. En septembre 1936, il écrit un article dans *La revue des herboristes*, estimant qu'une entente avec les pharmaciens est possible, tant que les herboristes restent dans leurs attributions. Entre la fin de l'année 1936 et le début de l'année 1937, il entre en lien avec M. Ravaud, président du Syndicat l'Union des Pharmaciens, afin de réfléchir à la création d'un comité intersyndical chargé de régler les différents qui surgiraient entre les deux professions [*La revue herboristique,* janvier 1937, p. 21]. On ne parle plus de « guerre » contre les pharmaciens. *La revue des herboristes* semble de moins en moins polémique. En parallèle, Menant conserve une activité de « mise en scène » et de promotion scientifique de l'herboristerie. Du 21 au 26 septembre 1937, un Congrès National et International de l'Herboristerie et du Commerce des Plantes Médicinales est organisé, à l'occasion de l'Exposition Universelle. Il est appelé à « revêtir une importance et une ampleur sans précédent dans les annales herboristiques » [*La revue des herboristes,* février 1937, p. 21]. La Fédération voit les choses en grand. Deux journées sont consacrées « aux rapports scientifiques et aux questions internationales ». Les principales discussions y seront traduites en anglais et en allemand. La Fédération fait même une démarche auprès du gouvernement français pour obtenir l'invitation à ce congrès, par la voie diplomatique, de tous les états producteurs de plantes médicinales [*La revue des herboristes,* février 1937, p. 23]. Pour financer un projet d'une telle ampleur, l'entrée est fixée à 50 francs, mais est gratuite pour les herboristes syndiqués, les membres de l'Amicale des Anciens Elèves de l'ENH et les invités de la Fédération. En outre, des vignettes sont spécialement imprimées pour l'occasion, 100 vignettes coûtant 10 francs [*La revue herboristique,* février 1937, p. 25].

En septembre 1938, la mort de Lemesle est annoncée dans la revue fédérale. Le peu d'attention qui est portée à l'évènement témoigne bien des changements profonds qui ont affecté un système syndical dans lequel Lemesle n'avait plus ni soutien, ni place. Seules deux demi-pages lui sont consacrées. Dans sa chronique nécrologique, l'auteur explique qu'il a appris sa mort par hasard, qu'il semblerait qu'il soit décédé de manière prématurée. Il rappelle aussi que tous les herboristes n'étaient pas toujours d'accord avec lui. Étrange fin pour celui qui fut le « grand chef de l'Herboristerie » [*La revue des herboristes,* juin 1931, p. 9], le fondateur de l'ENH.

Le même numéro de *La revue des herboristes* annonce la mort du député Soulier, suite à une longue et terrible maladie. Soulier est celui qui a porté la loi Frot et Soulier, celui qui fut l'un des plus ardents défenseurs de l'herboristerie. Le monde herboristique vient de perdre deux des hommes qui ont construit le système syndical.

3. De la déclaration de guerre à 1941

En octobre 1938, Guy Menant lance une campagne de presse en faveur de l'herboristerie : il écrit dans le journal financier *L'Information* et dans *Je sais tout* [*La revue des herboristes*, octobre 1938]. Cette campagne a eu peu d'écho dans la presse syndicale. Le contexte international est bien trop grave. Face aux mobilisations, l'action syndicale se ralentit : « en présence de ces faits [la guerre], combien comptent peu les revendications professionnelles que nous avons l'habitude de formuler ! » écrit Guy Menant [*La revue des herboristes,* janvier 1940, p. 2]. En 1940, l'ENH ouvre ses portes, mais avec un personnel réduit. La gestion des procès continue, malgré la mobilisation de Maître Fain, l'avocat de la Fédération [*La revue des herboristes,* janvier 1940]. Ce fonctionnement *ad minima* peine à se maintenir.

En octobre 1939, l'Association des Herboristes de Paris décide de suspendre toute action du fait de la mobilisation. Elle suspend, de même, les publications de sa revue, et communique avec ses membres via la revue de la Fédération [*La revue des herboristes,* novembre 1939]. En janvier 1940, le Syndicat du Nord, de même, par suite d'un manque de ressources et de la mobilisation de membres du conseil, bascule la publication de *La revue herboristique* sur *La revue des herboristes* [*La revue des herboristes,* janvier 1940]. Le même mois, le président du Syndicat de Bourgogne est mobilisé, et le syndicat suspendu [*La revue des herboristes,* janvier 1940]. La mobilisation n'implique pas seulement un manque dans le nombre des syndiqués : elle entraîne aussi des difficultés économiques, du fait que les mobilisés ne peuvent s'acquitter de leurs cotisations. À cause d'un manque d'argent, *La revue des herboristes* est suspendue en janvier 1940, de même, semble-t-il, que les sessions fédérales [*La revue des herboristes,* janvier 1940]. La communication de la Fédération ne passera plus que par quelques circulaires pendant la guerre [*La revue des herboristes,* juillet 1946].

C'est dans un tel contexte que le certificat d'herboristerie fut supprimé. L'article 59, titre VII, la loi du 11 septembre 1941 relative à l'exercice de la pharmacie, supprime, à terme, les herboristes :

> *« Il ne sera plus délivré d'inscription pour le diplôme d'herboriste après la date de la publication de la présente loi. S'ils sont Français, les herboristes diplômés à cette date auront le droit de continuer à exercer leur vie durant. »*

De par ses conséquences, la loi règle la question du droit des herboristes à l'accès aux médicaments. Notons par ailleurs que le premier article de cette loi définit le médicament :

> *« on entend par médicament toute substance, drogue, ou composition présentée comme possédant des propriétés curatives ou préventives à l'égard des maladies humaines et conditionnées en vue de la vente au poids médicinal [...] ».*

Ce sont donc finalement les « propriétés curatives ou préventives à l'égard des maladies humaines » et le conditionnement qui définiront le « médicament ».

Cet article s'inscrit dans une refonte complète du système pharmaceutique, visant à l'adapter aux évolutions de l'industrie. La mise sur le marché d'un nouveau médicament est désormais soumise à un « visa de spécialité pharmaceutique », accordé par une Commission Technique des Spécialités composée de médecins, de pharmaciens et de représentants de l'industrie [voir notamment Gaudillière, 2013, p. 66]. Selon Jean-Paul Gaudillière, cet article est un compromis accordé à la profession pharmaceutique, par ailleurs affectée par les perspectives pro-industrielles, modernistes et technocratiques qui caractérisent le reste de la loi [Gaudillière, 2013, p. 66].

La loi ne passa pas totalement inaperçue. Destouches organisa, en 1941, un congrès à Lyon, qui réunit, selon ses dires, 150 personnes. Les participants auraient ensuite été à Vichy, pour protester contre la suppression du certificat [*La revue des herboristes,* juin 1947]. Mais si la protestation est difficile en période de guerre, n'est-il pas rationnel de penser que, dès la fin de la guerre, ce texte rédigé sous l'occupation sera facilement supprimé ? L'article de 1941 ne fut pas vécu par les syndicalistes comme une rupture sans retour.

II. Au retour de la guerre

1. 1946, ou la relance de la machine syndicale

En avril 1946, la Fédération Nationale des Herboristes recommence la publication de *La revue des herboristes.* C'est encore l'avidité des « pharmaciens » dans leur ensemble qui est désignée comme l'origine de la situation. La loi a été instaurée « sous la pression et la demande d'organisations professionnelles concurrentes » déclare-t-on lors d'une conférence organisée par la Fédération [*La revue des herboristes,* avril-mai 1948, p. 2], « sous la pression de puissantes sociétés de produits pharmaceutiques » renchérit la députée Mme Hertzog-Cachin [*La revue des herboristes,* juillet 1947, p. 5].

Selon les syndicalistes, les réelles motivations des pharmaciens sont toujours les mêmes : supprimer un concurrent qui leur fait de l'ombre [*La revue des herboristes,* septembre 1946], notamment pour la vente des accessoires de pharmacie. « Messieurs les pharmaciens ont profité du désarroi dans lequel était la France, pour insidieusement glisser l'article "59" » écrit le syndicaliste Angéliaume [*La revue des herboristes,* septembre 1946]. Il explique que les pharmaciens vouent une haine féroce et irrationnelle aux herboristes : « cette hantise de l'herboriste est tellement avérée dans l'esprit de cette profession, que dès le stage, le jeune étudiant est imprégné de l'esprit de corps » [*La revue des herboristes,* mai-juin 1949].

La « guerre » contre le pharmacien, qui avait perdu de sa virulence sous la présidence de Menant, repart avec plus de violence encore. Les pharmaciens sont dépeints comme ayant un appétit commercial effréné, rognant peu à peu sur les activités des autres professions, avec l'appui des pouvoirs publics, et arrivant à vendre de tout, « chaussons, presse-purée, jouets pour enfants, soutiens-gorges » [*La revue des herboristes,* décembre-février 1950, p. 4]. « Pour eux tout est permis et ces messieurs au diplôme de serpent nous vendrons bientôt des chapeaux (ils vendent déjà bien des pantoufles)? » se moque un herboriste [*La revue des herboristes,* août-octobre 1949, p. 4]. Le président du Syndicat du Rhône, M. Friard, va jusqu'à comparer les pharmaciens à Hitler, qui a envahi les pays pauvres avoisinants, comme la Pologne et l'Autriche [*La revue des herboristes,* juillet 1955, p. 14].

Les arguments qui soutiennent la suppression du certificat sont démontés un par un. Les herboristes vendent davantage d'objets divers que de plantes ? Les pharmaciens aussi. Les herboristes ont joué un rôle dans les avortements ? Il ne s'agit que d'actes isolés : la Fédération s'est toujours portée partie civile contre les herboristes avorteurs. Les herboristes manquent de connaissances ? Il faut donc rehausser les conditions d'obtention du diplôme, ainsi que le demande la Fédération, et non supprimer le certificat [*La revue des herboristes,* juillet 1947, p. 4].

Puisque, de leur point de vue, la mesure ne s'appuie sur aucun argument valable, ces syndicalistes ont l'espoir de faire rapidement supprimer la loi. D'autant que, selon certains syndicalistes comme Cazin, le certificat n'a été supprimé que dans l'optique d'en créer un nouveau, indépendant des pharmaciens [*La revue des herboristes,* juin-juillet 1948]. À leurs yeux, il est d'autant plus nécessaire de rétablir le certificat que les plantes représentent une médication de pauvres, délaissée par les pharmaciens, et qu'il ne faut pas la laisser entre les mains des charlatans. Les syndicalistes jouent la carte de la Santé Publique, mais aussi celle du travail. La députée Mme Hertzog-Cachin rappelle qu'il existe alors 2 000 boutiques d'herboristes, soit 30 000 travailleurs attachés à cette activité [*La revue des herboristes,* juillet 1947, p. 5], sans compter les fournisseurs (herboristes en gros, ramasseurs et autres) [voir notamment la proposition de loi parue dans *La revue des herboristes,* janvier-mars 1951, p. 15].

La machine syndicale est alors relancée. En août 1946, Guy Menant est nommé Ministre de France (ambassadeur) en Albanie [*La revue des herboristes,* septembre 1946]. Chapdelaine prend sa suite. Certes, la revue a moins d'allure qu'avant guerre : la couverture n'est plus cartonnée, il n'y a plus qu'une dizaine de pages de texte (dont deux sur les couvertures), alors qu'elle atteignait auparavant les vingt pages. En outre, elle ne paraît plus que tous les trois mois, alors qu'elle paraissait tous les mois. Mais les syndicats sont toujours là, de même que la coopérative La Flore. La chronique « dans notre famille syndicale » de la revue fédérale annonce toujours les décès, les mariages et les naissances dans les familles des syndicalistes les plus investis. Preuve de cette volonté de relance, un Conseil Supérieur de l'Herboristerie est créé, dans l'objectif de représenter la profession dans les milieux scientifiques et médicaux [*La revue des herboristes,* avril 1946]. En novembre 1946, la Fédération crée quatre commissions : d'action politique, économique et sociale, publicitaire, et une commission chargée d'assurer les liens avec l'Alsace [*La revue des herboristes,* novembre 1946].

La machine syndicale semble avoir repris sa route, comme si la guerre et la suppression du certificat n'avaient pas été des bouleversements fondamentaux. Les syndicalistes dénoncent toujours les méthodes violentes des inspecteurs et les procès injustes [*La revue des herboristes,* novembre 1946, p. 3-4]. Des groupements d'achats sont de nouveau organisés [*La revue des herboristes,* mars 1948]. En novembre 1946, on envisage même la réouverture de l'École Nationale d'Herboristerie [*La revue des herboristes,* novembre 1946], avec désormais un concours d'entrée et un nouveau nom : l'École Supérieure Fédérale d'Herboristerie [*La revue des herboristes,* mai 1947]. Pour mobiliser les troupes, les noms des grands syndicalistes d'avant-guerre sont rappelés : Angéliaume, Compain, Cuzin, Destouches, Lemerre, Tounissoux, Lemesle, Cipriani, etc. [*La revue des herboristes,* janvier 1947]. À partir de janvier 1948, la reprise de l'organisation de banquets annuels est envisagée [*La revue des herboristes,* janvier 1948]. Le 7 mars 1949, un banquet est organisé par la Fédération et la Chambre Syndicale de la Seine, avec des attractions et une tombola. Comme par le passé, l'endroit est choisi avec soin (les salons Vianey, quai de la Rapée), et le Ministre de l'Éducation Nationale est invité à présider la manifestation (il se fera représenter). L'évènement revient cher : le prix du banquet est de 1 200 francs par personne, la participation au bal de 250 francs [*La revue des herboristes,* janvier-février 1949]. Les années suivantes, c'est l'hôtel Lutetia, du boulevard Raspail, qui accueillera le banquet annuel, selon un mode similaire [*La revue des herboristes,* décembre-février 1950]. Les prix augmentent, atteignant 2 000 francs pour la participation au banquet et 250 francs pour le bal [*La revue des herboristes,* février-décembre 1954]. Le caractère scientifique du savoir herboristique est toujours valorisé [*La revue des herboristes,* mars 1948] : les 19 et 20 juin 1955 est organisé un congrès international, le premier depuis 1937. Il aura pour objet la défense des herboristes et la diffusion des connaissances scientifiques, et se déroulera conjointement à Milly et dans les locaux de ce qui était l'ENH, au 123 rue de Lille, à Paris.

Dans l'espoir de rétablir le certificat, la Fédération réactive son réseau de députés et de sénateurs, et cherche à l'enrichir. Dès 1946, les délégués et présidents des syndicats sont vivement encouragés à faire des démarches auprès des candidats de la campagne électorale, quel que soit le bord politique [*La revue des herboristes,* juillet 1946]. Les herboristes sont invités à faire signer, aux différents candidats, un papier de soutien à une proposition de loi visant à supprimer l'article de la loi de 1941.

En mars 1946, un député du Nord, Jean Courtecuisse, dépose une proposition visant à abroger le décret de Vichy. D'après un article de *La revue des herboristes,* cette proposition fut renvoyée devant la Commission de la Famille et de la Santé [*La revue des herboristes,* juillet 1946]. Elle n'aura pas de suite. Mais les syndicalistes ne baissent pas les bras. La nomination de René Arthaud, en tant que Ministre de la Santé, le 24 juin 1946, les encourage. En effet, ce pharmacien avait soutenu la proposition de Jean Courtecuisse et, d'après un rédacteur de *La revue des herboristes,* aurait assuré ne pas faire obstacle au projet des herboristes [*La revue des herboristes,* juillet 1946].

Jean Courtecuisse est ensuite battu aux élections. C'est Paulette Charbonnel, députée de l'Aisne, qui reprend le projet à son compte. Celui-ci est adopté par la Commission de la Santé Publique et présenté, le 24 septembre 1946, devant le Parlement. Mais quatre oppositions (dont deux de pharmaciens) empêchent son vote sans débat. Lorsque les travaux de l'Assemblée se terminent, le texte n'est toujours pas revenu devant la Chambre. Paulette Charbonnel dépose alors un nouveau projet, dont Mme Hertzog-Cachin, Docteur en Médecine, fait un rapport favorable [*La revue des herboristes,* septembre 1947]. Le 21 mai 1947, sa proposition est rejetée par la Commission de la Santé, mais avec seulement un écart de deux voix [*La revue des herboristes,* juin 1947].

Cette persévérance des herboristes est d'ailleurs remarquée par un certain Georges Lépine, qui écrit, dans *Pharmacien de France :*

> *« Il est des gens qui, dans la vie, ne désarment jamais, quelles que soient leurs chances de succès. Ainsi des herboristes, dont la persévérance s'avère vraiment admirable dans la revendication de droits périmés, perdus hier et qu'on ne désespère pas de retrouver définitivement, fût-ce sous le couvert d'un Parlement provisoire »* [rapporté dans *La revue des herboristes,* septembre 1946, p. 3]

Les démarches des syndicats d'herboristes ne sont pas ignorées par la presse pharmaceutique, qui les dénonce comme étant de la « démagogie » [rapporté dans *La revue des herboristes,* mars-avril 1949, p. 1].

Les syndicalistes interprètent ces difficultés à faire valider leurs propositions de loi par la présence des pharmaciens dans les instances dirigeantes, c'est-à-dire parmi les députés [*La revue des herboristes,* septembre

1947], au Parlement en général [*La revue des herboristes,* septembre 1946], ou au sein du Mouvement Républicain Populaire (M. R. P.), parti majoritaire lors de l'élection de l'Assemblée Constituante de juin 1946 [*La revue des herboristes,* novembre 1947]. Alors que les herboristes y sont absents. Ils considèrent, en outre, que l'appartenance de Paulette Charbonnel au parti communiste, donc à l'opposition, a joué sur le rejet de sa proposition [*La revue des herboristes,* novembre 1947].

Pour autant, les syndicalistes n'abandonnent pas. En février 1950, Chapdelaine, président de la Fédération, déclare : « si l'abrogation de la loi qui nous supprime n'a pas été obtenue jusqu'à ce jour malgré les différents projets de loi déposés devant le Parlement, nous sommes malgré tout décidés à continuer la lutte et croyez-moi, nous n'avons pas dit notre dernier mot » [*La revue des herboristes,* décembre-février 1950, p. 2]. Puisqu'il manque des élus herboristes, il faut encourager les vocations. Dans le numéro de *La revue des herboristes* de mars-juin 1950, le président de la Fédération appelle les herboristes à faire une carrière politique :

> *« dès maintenant nous faisons appel aux Herboristes qui militent dans tel ou tel parti, ou qui se trouvent attirés par la politique pour qu'ils envisagent de préparer leur future campagne électorale. Il a d'ailleurs été décidé, à la dernière session fédérale, qu'un appel serait lancé auprès de nos adhérents pour soutenir financièrement les candidatures éventuelles. N'oublions pas qu'au Parlement les pharmaciens sont au nombre de huit. Il est indispensable que dans la prochaine chambre nous ayons au moins deux représentants si nous voulons que nos intérêts présents et futurs soient sauvegardés. » [La revue des herboristes*, mars-juin 1950, p. 2]

Deux candidats-herboristes se présenteront, et, comme convenu, la Fédération lancera un appel aux dons pour les soutenir financièrement [*La revue des herboristes,* janvier-mars 1951]. Mais aucun d'entre eux ne sera élu.

La Fédération élabore, néanmoins, une quatrième proposition de loi, fortement similaire à celle défendue par Paulette Charbonnel, qu'elle fait soutenir par le député de la Seine Inférieure, Edouard Moisan, du Mouvement Républicain Populaire. Cette proposition est déposée sur le bureau de la Chambre des Députés le 27 mai 1955. Le 7 février 1957, le député socialiste du Nord, le Dr Marcel Guislain, dépose une proposition de loi allant dans le même sens. Le député du Bas-Rhin, Charles Abrogast, désigné comme rapporteur, propose de faire un texte unique à partir des deux propositions [*La revue des herboristes,* avril 1957]. Mais ces démarches n'aboutissent pas.

Outre ces différentes démarches, les syndicalistes cherchent rapidement à s'allier avec d'autres syndicats professionnels. Car la plasticité du statut de l'herboriste lui permet de se rapprocher de professions diverses.

2. Se rapprocher des préparateurs en pharmacie et des droguistes

Un premier rapprochement est créé, en 1946, avec la fédération ouvrière des préparateurs en pharmacie, la Fédération des Industries de la Pharmacie et de la Droguerie. Car, de fait, les préparateurs ont tout intérêt à ce que le certificat soit rétabli : l'herboristerie représentait, rappelons-le, une branche possible d'évolution de carrière, permettant de s'affranchir d'un patron pour ouvrir sa propre boutique. Vers juillet 1946, la fédération des préparateurs en Pharmacie dépose, en son nom, une demande d'abrogation de la loi, via M. Hugues, député [*La revue des herboristes,* juillet 1946]. Cet appui est particulièrement bien accueilli par les herboristes, qui réservent même des ovations à Orhlac, le secrétaire de la fédération des préparateurs en pharmacie [*La revue des herboristes,* novembre 1946]. Mais leur appui n'amène aucun résultat concret, et semble insuffisant.

Alors, en janvier 1948, certains herboristes proposent de substituer le diplôme de droguiste à celui d'herboriste. Pour de nombreux herboristes, qui ont soutenu le caractère scientifique de leur activité, une telle association n'est pas acceptable : outre que les deux professions sont présentées comme différentes, l'herboriste perdrait son prestige aux yeux du public [*La revue herboristique,* janvier 1948]. Mais si le rapprochement avec les droguistes ne peut se faire, celui avec les droguistes-herboristes d'Alsace est envisagé. Car une loi locale du 22 octobre 1901 y a créé le statut d'herboriste-droguiste [*L'herboristerie française,* septembre 1923], qui ne nécessite pas la possession d'un certificat d'herboriste. Dès la fin des années 1940, la Fédération se rapproche de plus en plus des droguistes-herboristes d'Alsace, et collabore à une nouvelle proposition de loi, au début des années 1950 [*La revue des herboristes,* décembre-février 1950]. Les porte-paroles du Syndicat du Nord se disent opposés à ce projet qui, selon eux, ne préserve pas assez leur droit à la vente des plantes [*La revue des herboristes,* octobre-décembre 1950]. N'ayant pas pu retrouver ce projet, il n'est pas possible de comprendre, en détails, la transformation du métier proposée la Fédération.

La Fédération se rapproche aussi de la Confédération des Commerçants-Détaillants, à laquelle elle adhère, et dont le président, Roger Stoll, est invité à présider le banquet de

1952 [*La revue des herboristes,* septembre-décembre 1951]. Cette même année, la Confédération des Commerçants-Détaillants élabore une proposition de loi pour que certains produits puissent être vendus hors des pharmacies. Chapdelaine, le président de la Fédération des Herboristes, a l'intention de saisir cette occasion pour y glisser la vente libre des plantes médicinales. L'idée ne va pas de soi. D'ailleurs, le syndicaliste qui rapporte l'information dans *La revue des herboristes* (mais qui ne signe pas), se sent obligé d'ajouter : « croyez-moi mes Chers Confrères, nous n'avons rien à y perdre, ce n'est pas parce que cette Loi serait promulguée que la clientèle irait acheter ses plantes chez l'épicier » [*La revue des herboristes,* juin-octobre 1952, p. 3].

Ces propositions de transformation du métier d'herboriste touchent aussi l'ENH. À la fin de l'année 1950, Chapdelaine propose que soit ouvert, au 123 rue de Lille, une école de phytologie qui s'adresserait à un public varié, composé d'herboristes, de ramasseurs, de cultivateurs, de techniciens de laboratoire, de praticiens, etc. [*La revue des herboristes,* octobre-décembre 1950]. L'idée est d'autant plus délicate que l'ENH était bien plus qu'un simple centre de formation en herboristerie : elle faisait partie du système syndical, elle était le symbole et la preuve de la valeur scientifique de l'herboriste. La proposition de Chapdelaine entraîne des débats houleux au sein des syndicats. Le Syndicat de Normandie demande à ce que la Fédération concentre ses forces sur la suppression de la loi de 1941, au lieu d'y voir un fait accompli. Chapdelaine répond que l'ouverture d'une école de phytologie ne signifie pas d'abandonner l'idée de supprimer l'article de 1941 [*La revue des herboristes,* janvier-mars 1951]. En 1952, l'école de la Fédération compte 10 élèves [*La revue des herboristes,* juin-octobre 1952]. On envisage de créer un CAP de phytologie-herboristerie [*La revue des herboristes,* juin-août 1952], ou une école de phyto-diététique [*La revue des herboristes,* avril-juin 1953]. Mais il semble qu'aucun de ces projets n'ait abouti.

En cherchant à s'allier avec des professions voisines de la leur, les syndicalistes mettent à mal la construction identitaire élaborée par les syndicats, et doivent repenser leur métier. Les résistances sont à la hauteur de l'énergie dépensée, avant guerre, par la Fédération et les syndicats, pour construire l'herboristerie comme une profession scientifique à part entière. Et, avec le temps, les herboristes perdent peu à peu espoir dans le rétablissement du certificat.

3. Les années 1950 : la fin d'un espoir

Vichy a supprimé les herboristes « sans raison et sans explication » écrit Friard, président du Syndicat du Rhône [*La revue des herboristes,* juillet 1955, p. 14]. Et sans consulter les herboristes. Les herboristes vont alors chercher à expliquer la situation, à lui donner un sens. Pointer l'avidité pharmaceutique ne suffit plus. Dès mai 1948, le président du Conseil Supérieur de l'Herboristerie (créé par la Fédération) déclare :

> *« L'Herboristerie est une très vieille profession créée par les Écoles de Médecine à la demande même du public. C'était une nécessité. Le tort qu'a eu notre profession a été de ne pas s'être de suite et toujours placée sur le terrain technique et scientifique dont elle dépendait et de ne pas avoir su lui donner la première place qu'elle aurait toujours dû avoir »* [*La revue des herboristes,* avril-mai 1948, p. 1]

Mais tous les syndicalistes ne partagent pas son opinion. Pour Cazin, la principale raison est que les herboristes, trop nombreux, ont du multiplier leurs activités annexes. Le manque d'argent a même entraîné certains à pratiquer des activités illicites, reprochées à présent aux herboristes [*La revue des herboristes,* avril-mai 1948, p. 4]. Angéliaume défend la thèse inverse : les herboristes n'ont pas été assez nombreux pour se défendre face à la haine des pharmaciens [*La revue des herboristes,* mai-juin 1949].

À ces difficultés pour comprendre les raisons de la suppression du certificat et de son non-rétablissement, s'ajoutent des difficultés financières. En 1952, la coopérative La Flore se plaint de manquer de commandes [*La revue des herboristes,* mars-mai 1952]. La *Revue des herboristes* peine à continuer : elle paraît régulièrement en retard et la rédaction insiste pour que les adhérents lui amènent des entreprises voulant faire de la publicité [*La revue des herboristes,* janvier-février 1949]. La Fédération n'a plus que la redevance syndicale pour subsister [*La revue des herboristes,* novembre-décembre 1948].

Avec la hausse générale des prix, les cotisations fédérales sont augmentées, entraînant la hausse des cotisations syndicales. En 1950, ces dernières passent à 1 200 francs. Cela représente un coefficient de 10 sur le prix d'avant-guerre, même si la Fédération limite au maximum l'augmentation des tarifs, faisant alors remarquer que les nouveaux prix restent 20% moins cher que les cotisations ouvrières CGT, CGT-FO et CFTC [*La revue des herboristes,* décembre-février 1950]. Le Syndicat du Nord annonce qu'il ne peut pas suivre, et la limite à 1 000 francs pour ses membres [*La revue des herboristes,* décembre-février 1950]. Trois ans plus tard, la cotisation syndicale atteindra les 1 800 francs [*La revue des herboristes,* janvier-mars 1953]. Le manque d'argent est flagrant. En 1951, le

Président de la Fédération rejette l'idée d'organiser un congrès par manque de finances [*La revue des herboristes,* janvier-mars 1951].

Dès le début de l'année 1948, même si l'on parle toujours de se battre, on sent poindre un certain découragement. Certes, l'Arrêté Ministériel du 7 avril 1943 autorise les herboristes à vendre des mélanges apéritifs, stomachiques, digestifs, rafraîchissants, carminatifs, pectorales et vulnéraires. Mais aucune démarche visant à rétablir le certificat n'a abouti : le président du Conseil Supérieur de l'Herboristerie parle d'un « avenir sans horizon » [*La revue des herboristes,* janvier 1948, p. 1]. « Tout est donc fini, tout est donc perdu. Dans vingt ans, il n'y aura plus d'herboristes » déclare Cazin en mai 1948 [*La revue des herboristes,* avril-mai 1948]. En mai 1954, Destouches parle d'un « avenir lourd de menaces » et dit ne plus reconnaître les syndiqués du Nord qui, jadis, faisaient preuve d'un bel entrain [*La revue des herboristes,* mai 1954, p. 1-2]. Chapdelaine écrit qu'il reçoit des lettres de collègues qui considèrent la profession comme définitivement perdue [*La revue des herboristes,* septembre-décembre 1951]. En 1957, certains d'entre eux parlent de « mourir la tête haute » [*La revue des herboristes,* janvier 1957]. Les syndicats sont désertés [*La revue des herboristes,* décembre-février 1950, p. 2]. « Le Président signale que d'année en année nos effectifs sont en diminution inquiétante. De 250 membres avant la guerre, nous sommes tombés aujourd'hui à 135 » peut-on lire dans le compte-rendu de l'assemblée générale du Syndicat du Nord, du 4 décembre 1955 [*La revue des herboristes,* janvier 1956, p. 7]. C'est une hécatombe, un drame pour ces syndicalistes engagés.

En 1956, la fusion de deux syndicats pour créer le « Syndicat de la Région Lyonnaise de Bourgogne et

Franche-Comté » est envisagée [*La revue des herboristes,* avril 1956]. À la désertion des syndicats répond la désertion des boutiques. Car, avec la loi de 1941, les herboristes ne trouvent plus à qui vendre leurs fonds, et en perdent le bénéfice. À partir de 1949, les petites annonces de *La revue des herboristes* mentionnent plus d'herboristeries à vendre que de repreneurs. Sur les 21 annonces du numéro de décembre-février 1950, 15 concernent la vente d'herboristeries ou de fonds d'herboristeries, soit plus de 71%. Trois ans plus tard, sur 21 annonces, 18 concernent la vente d'herboristeries, soit plus de 85 % [*La revue des herboristes,* janvier-mars 1953, p. 16]. Trois ans encore après, l'ensemble des 4 annonces concernent des herboristeries à vendre, soit 100% [*La revue des herboristes,* janvier 1956, p. 16]. Ainsi Michel Compain, fondateur du Syndicat du Limousin, prend sa retraite en 1955 sans avoir pu vendre son fonds [*La revue des herboristes,* octobre 1955]. D'autres ont, semble-t-il, préférer changer d'activité. Dans un témoignage bien postérieur, puisqu'il date de 1979, une herboriste certifiée, interrogée pour un reportage intitulé *Les derniers herboristes* [Daniel Vigne, *La France des médecines sauvages,* 23 octobre 1977], déclare avoir transformé son herboristerie en droguerie pour pouvoir transmettre son commerce à ses enfants, ou le vendre à terme.

Fragilisée de toutes parts, l'herboristerie peine à trouver sa place dans l'évolution de la société, tandis que la pharmacie s'installe dans son âge d'or [Gaudillière, 2006, p. 66]. En outre, les syndicalistes parlent d'une crise du commerce de détail, les clients allant dans les grands magasins [*La revue des herboristes,* mars-mai 1952]. Un herboriste déclare, ainsi, avoir le sentiment de devenir un robot, ayant perdu le lien avec les fabricants [*La revue des herboristes,* février 1954]. Rappelons par ailleurs que les herboristes n'avaient pas l'exclusivité sur la vente des plantes, ce qui a probablement complexifié encore leur retour.

4. Le renouveau de l'herboristerie dans les années 1970-1980

Si les années 1950 et 1960 furent des années noires pour les herboristes, l'intérêt pour la question environnementale, qui surgit à la fin des années 1960, les sauve d'un oubli certain. La constatation d'une nature irrémédiablement abîmée oblige à une prise de conscience et à une réflexion sur la protection de l'environnement. La presse écologique naît à la fin des années 1960 [Comby, 2009], un Ministère de la Protection de la Nature et de l'Environnement est créé en 1971 [Charvolin, 1997]. La notion de « progrès » et le mode de vie à l'occidental sont remis en question, dans un mouvement alimenté par la crise de l'énergie en 1973. Le succès d'un ouvrage d'ethnobotanique comme celui de Pierre Lieutaghi, *Le livre des bonnes herbes*, paru en 1966, se comprend dans ce contexte.

En parallèle, la période est marquée par une critique de la biomédecine, dont le point de départ est souvent présenté comme la publication, en 1975, de l'ouvrage d'Ivan Illitch, *Medical Nemesis, l'expropriation de la Santé* [voir, par exemple, Buclin et Ammon, 2001]. Ivan Illitch dénonce les maladies iatrogènes et le pouvoir médical. La moralité des firmes pharmaceutiques est remise en question. En conséquence, l'intérêt accru pour les médecines dites « alternatives » croît, entraînant, dans son sillage, un renouveau d'intérêt pour l'herboristerie.

Les derniers herboristes certifiés, à l'image de Marie-Antoinette Mulot, sont interviewés dans les médias, et publient leurs savoirs. L'objectif est alors de sauvegarder ce qui reste de cette herboristerie des certifiés, avant qu'elle ne disparaisse.

En parallèle, à partir des années 1980, des organismes de défense de l'herboristerie et des écoles privées voient le jour : l'Association pour le Renouveau de l'Herboristerie, l'Institut Mediterranéen de Documentation, d'Enseignement et de Recherches sur les Plantes Médicinales, l'École des Plantes de Paris, l'École Lyonnaise des Plantes Médicinales et des Savoirs Naturels ou encore l'École Bretonne d'Herboristerie, aujourd'hui rassemblées au sein d'une Fédération des Écoles d'Herboristerie. L'arrivée de nouvelles formations privées en herboristerie, et l'augmentation croissante du nombre d'inscrits jusqu'à aujourd'hui, témoignent que l'intérêt pour l'herboristerie n'a pas diminué.

Mais si les savoirs continuent de se transmettre, les conditions d'exercice sont difficiles. Avec la suppression du certificat, les plantes médicinales inscrites à la pharmacopée sont retombées dans le seul domaine pharmaceutique. Seules 148 plantes ont été libérées du monopole pharmaceutique, sous des formes[1] et des parties[2] spécifiques, par le décret n°2008-841 du 22 août 2008. Mais si tout le monde peut vendre ces plantes libérées, elles ne peuvent être accompagnées de conseils thérapeutiques.

En dehors du monopole pharmaceutique, il est également possible de vendre des plantes appartenant à la liste A[3] de la Pharmacopée, sous le statut de « complément

---

[1] En poudre, en l'état, en extrait sec aqueux, etc

[2] Plante entière, feuilles, fleurs, fruits, etc.

[3] « Plantes médicinales utilisées traditionnellement ». La liste B comprend les « plantes médicinales utilisées traditionnellement en l'état ou sous forme de préparation dont les effets indésirables

alimentaire ». La législation sur le complément alimentaire a été harmonisée par la directive européenne 2002/46/CE, du 10 juin 2002. Mais ce statut n'est pas non plus idéal pour les herboristes car il impose une présentation par dose, ce qui exclue la vente de plantes en vrac. En outre, ici encore, aucune allégation thérapeutique ne peut y être associée, sous peine de voir le complément alimentaire requalifié en médicament par présentation (si ce n'est pas fonction), dont la vente est réservée au corps pharmaceutique. Seules certaines allégations de santé[1] peuvent être utilisées, dont la liste est dressée par la Comission Européenne, sur avis de l'Autorité Européenne de Sécurité des Aliments (Efsa).

D'un autre côté, si les pharmaciens sont aujourd'hui les seuls à pouvoir vendre la plante médicinale en l'état assortie de conseils thérapeutiques, passer son diplôme de pharmacien n'est pas une solution pour devenir herboriste. En effet, pour exercer, un pharmacien doit être inscrit à l'Ordre des Pharmaciens. Or celui-ci ne contient pas d'entrée pour les herboristes. En outre, un pharmacien ne peut tenir une « herboristerie » en proposant que des plantes, mais doit également proposer les médicaments courants à ses clients.

Les difficultés imposées par la législation ont encouragé l'émergence de formes alternatives à l'herboristerie de boutique, à l'image des paysans-herboristes, rassemblés désormais au sein d'une Fédération des Paysans-Herboristes. Les grandes écoles d'herboristerie, ainsi que les différentes manifestations herboristiques (comme celles

---

potentiels sont supérieurs au bénéfice thérapeutique attendu ». Les plantes de la liste B appartiennent exclusivement au monopole pharmaceutique.

[1] À la différence d'une allégation thérapeutique, les allégations de santé concernent le maintien d'une bonne santé, et non le fait de soigner une maladie.

organisées par le syndicat des SIMPLES ou encore les congrès annuels de l'herboristerie organisés par la Fédération des Écoles d'Herboristerie et le syndicat Synaplante des métiers de l'herboristerie), sont autant de lieux où se croisent les acteurs et s'échangent les savoirs.

Mais dans le même temps que l'activité herborisique a pris de nombreuses formes, elle s'est recentrée autour de la question de la nature. Au cœur de l'herboristerie actuelle ne se trouve plus tant la vente, qu'un corpus de savoirs s'appuyant sur un état d'esprit particulier. Les herboristes ne savent pas seulement utiliser les plantes, ils s'inscrivent dans une certaine relation avec elles, basée sur le respect. Dans les écoles, les étudiants apprennent à toucher, goûter, sentir, écouter les plantes, afin d'en identifier les caractéristiques et les propriétés. La tisane devient alors une association harmonieuse de principes vivants, qui fait le lien entre l'individu et la nature.

La suppression du certificat n'a pas réellement fait disparaitre l'herboristerie. Elle a complexifié sa pratique quodienne et l'a obligé à se réinventer et à s'adapter.

Conclusion

VERS LE RENOUVEAU DE L'HERBORISTERIE FRANÇAISE ?

En lançant l'initiative d'une mission parlementaire sur la question, le sénateur Joël Labbé a remis les herboristes sur le devant de la scène, questionnant leur encadrement législatif. L'histoire nous montre que celui-ci s'inscrit au coeur de multiples enjeux.

L'expérience des certifiés nous rappelle que derrière la loi se dessinent les quotidiens d'hommes et de femmes. Pour les herboristes, la loi n'était pas seulement un cadre. Elle était un support d'interprétations, où se jouaient des questions d'identité, de place dans la hiérarchie sociale, de reconnaissance. La loi ne fixe pas seulement les droits et les devoirs de chacun. Elle légitime ou déligitime, et oriente les relations entre les différents métiers. Les herboristes comme leurs détracteurs ont, tous deux, interprétés la loi de germinal selon leur point de vue, afin de justifier leurs discours et leurs pratiques.

L'Histoire témoigne également de la complexité des liens entre les herboristes et les pharmaciens. Certes, de vives tensions ont opposé les pharmaciens aux herboristes, et sont à l'origine, du moins en grande partie, de la suppression du certificat. Mais se limiter à cette opposition serait oblitérer une partie de la réalité. Sur bien des points, l'herboristerie et la pharmacie se sont complétées, influencées, construites ensembles.

Le cas des certifiés nous rappelle que la légitimité d'une loi repose, en grande partie, sur son adéquation avec les réalités du terrain. Le certificat a pris sens dans un contexte spécifique, permettant l'accès à une médication pour une population à faibles revenus, offrant un débouché pour des femmes d'origine sociale modeste. Rétablir un certificat identique à celui du passé n'aurait, aujourd'hui, aucune pertinence car le contexte, en France, n'est plus le même. Reconstruire l'herboristerie nécessite de recréer un cadre en adéquation avec les attentes de la société contemporaine.

Et peut-être que demain, en prenant les leçons de l'histoire, s'accomplira le grand rêve des certifiés : faire de l'herboristerie une profession à part entière, autonome et reconnue dans le système de santé français.

Bibliographie

Article et ouvrages scientifiques

Abbott, Andrew. 1988. *The System of Profession : an Essay on the Division of Expert Labor*. Chigaco and London : The University of Chicago Press.

Allorge, Lucile. 2008. Histoire des explorations botaniques. In Francis Hallé et Pierre Lieutaghi (eds). *Aux origines des plantes, Des plantes et des hommes*. Paris : Fayard, pp. 96-99.

Allorge-Boiteau, Lucile, and Olivier Ikor. 2003. *La fabuleuse odyssée des plantes : les botanistes voyageurs, les Jardins des Plantes, les herbiers*. Paris : JC Lattès.

Aubry, Isabelle. 1993. *L'herboristerie : historique et devenir.* Thèse de doctorat de Pharmacie, Paris : Université René Descartes.

Bahuchet, Serge, and Bernadette Lizet. 2003. L'ethnobotanique au Muséum national d'histoire naturelle. In Les cahiers de Salagon n°8. *Plantes, sociétés, savoirs, symboles*. Mane : Alpes de Lumière et Musée-conservatoire ethnologique de Salagon, pp. 15-23.

Battagliola, Françoise. 2008. *Histoire du travail des femmes.* Paris : La Découverte. Repères.

Beaudot, Henri. 1939. *L'Exercice illégal de la médecine et le charlatanisme*. Thèse de doctorat en Droit, Lyon : Université de Lyon.

Bonah, Christian, et Anne Rasmussen (eds.). 2005. *Histoire et médicament aux XIXe et XXe siècles*. Paris : Biotem & Editions Glyphe. Société, histoire et médecine.

Bonnefoy, A.. 1912. *Place aux femmes ! : les carrières féminines administratives et libérales*. Paris : A. Fayard.

Bonneuil, Christophe, et Pierre-Benoït Joly. 2014. *Sciences, techniques et société.* Paris : La Découverte. Repères.

Bouteiller, Marcelle. 1987. *Médecine populaire d'hier et d'aujourd'hui*. Paris : G.-P. Maisonneuve et Larose.

Bouvet, Maurice. 1957. Histoire sommaire du remède secret. *Revue d'histoire de la pharmacie.* Vol. 45, n°153, pp. 57-63.

Brouardel, Paul. 1899. *L'exercice illégal de la médecine et le charlatanisme.* Paris : J.-B. Baillière et fils.

Buclin, Thierry, et Catherine Ammon, (eds.). 2001. *L'automedication. Pratique banale, motifs complexes.* Genève : Medecine & Hygiene. Cahiers médico-sociaux.

Cabanel, Patrick. 2002. *La république du certificat d'études, Histoire et anthropologie d'un examen (XIXe-XXe siècles)*. Paris : Belin. Histoire de l'Éducation.

Cahen, Fabrice. 2011. De l'« efficacité » des politiques publiques : la lutte contre l'avortement « criminel » en France, 1890-1950. *Revue d'histoire moderne et contemporaine*. vol.58, n°3, pp. 90-117.

Cahen, Fabrice. 2012. *Lutter contre l'avortement illégal. Les politiques de la vie au défi du contrôle des mœurs (France, 1890-1950)*. L'Atelier du Centre de recherches historiques.

Cazé, Michel. 1943. *Le Collège de pharmacie de Paris (1777-1796)*. Thèse de Doctorat de Pharmacie, Strasbourg : Université de Strasbourg.

Charvolin, Florian. L'invention du domaine de l'environnement. *Strates. Matériaux pour la recherche en sciences sociales*. N° 9. http://strates.revues.org/636

Chauveau, Sophie.1999. *L'invention pharmaceutique : la pharmacie française entre l'Etat et la société au XXe siècle*. Paris, France : Sanofi-Synthélabo. Les Empêcheurs de penser en rond.

Chauveau, Sophie. 2004. Genèse de la « sécurité sanitaire » : les produits pharmaceutiques en France aux XIXe et XXe siècles. *Revue d'histoire moderne et contemporaine*. Vol 51, n°2, pp : 88-117.

Clot, Yves. 2007. De l'analyse des pratiques au développement des métiers. *Éducation et didactique*. Vol 1, n°1, pp : 83-93.

Collin, Johanne. 1994. Les demandes de mise en vente de médicaments en France à la fin du XIXe s. *Les Cahiers du*

Centre de Recherches Historiques. Vol.12. http ://ccrh.revues.org/2732, accessed July 31, 2012.

Comby, Jean-Baptiste. 2009. Quand l'environnement devient « médiatique ». *Réseaux*. Vol. 157-158, n°5, pp. 157-190.

Dagognet, François. 1961. *La Raison et les remèdes*. Paris : P.U.F.
Debue-Barazer, Christine. 2002. *Des simples aux plantes médicinales : Émile Perrot, 1867-1951, un pharmagnoste colonial*. Mémoire de DEA D'Histoire Moderne et Contemporaine. Paris : Université Paris IV Sorbonne.

Dunezat, Xavier. 2006. Syndicalisme et domination masculine en France : parcours bibliographique féministe. *Recherches féministes*. Vol. 19, n°1, pp. 69-96.

Faure, Olivier. 1993. *Les Français et leur médecine au XIXe siècle*. Paris : Belin. Histoire et société. Modernités.

Faure, Olivier. 1996. Les officines pharmaceutiques françaises : de la réalité au mythe (fin XIXe-début XXe siècle). *Revue d'histoire moderne et contemporaine*. Vol. 43, n°4, pp. 672-685.

Faure, Olivier. 2005. Les pharmaciens et le médicament en France au XIXe siècle. In Christian Bonah and Anne Rasmussen (eds). *Histoire et médicament aux XIXe et XXe siècles*. Paris : Biotem et Editions Glyphe. Société, histoire et médecine, pp. 65-85.

Fouassier, Éric. 2003. Le titre de pharmacien et ses prérogatives. *Revue d'histoire de la pharmacie*. Vol. 91, n°339, pp. 417-426.

Furet, François, et Jacques Ozouf. 1977. *Lire et écrire, l'alphabétisation des français de Calvin à Jules Ferry*. Paris : Les éditions de minuit. Le sens commun.

Gadéa, Charles, et André Grelon. 2010. Est-ce ainsi que les professions meurent? In Didier Demazière et Charles Gadéa (eds.). *Sociologie des groupes professionnels*. Paris : La Découverte. Recherches, pp. 118-128.

Gallotte, Philippe, et Paul Gicquiaud. 2011. *La camomille et autres plantes médicinales dans la région de Chemillé : 150 ans d'histoire*. Maulévrier : Éd. Hérault.

Gardey, Delphine. 2001. *La dactylographe et l'expéditionnaire. Histoire des employés de bureau 1890-1930*. Paris : Belin. Histoire et Société.

Garreta, Raphaële. 2004. *Des simples à l'essentiel : de l'herboristerie à l'aromathérapie, pratiques et représentations des plantes médicinales*. Thèse doctorat d'Ethnologie, Paris : École des Hautes Etudes en Sciences Sociales.

Garreta, Raphaële. 2007. *Des simples à l'essentiel : de l'herboristerie à l'aromathérapie, pratiques et représentations des plantes médicinales*. Toulouse : Presses universitaires du Mirail. Les Anthropologiques.

Gaudillière, Jean-Paul. 2006. *La médecine et les sciences XIXe-XXe siècles*. Paris : La Découverte. Repères Histoire.

Gaudillière, Jean-Paul. 2013. From Propaganda to scientific marketing : Schering, cortisone, and the construction of drug markets. *History & Technology*. Vol. 29, n°2, pp. 188-209.

Gaudillière, Jean-Paul, et Ulrike Thoms, (eds.). 2015. *The Development of Scientific Marketing in the Twentieth Century*. NC : Studies for the Society for the Social History of Medicine. Research for Sales in the Pharmaceutical Industry. Vol. 22.

Gaudillière, Jean-Paul, et Volker Hess. 2013. *Ways of Regulating Drugs in the 19th and 20th Centuries*. New York : Palgrave Macmillan.

Gélis, Jacques. 1988. *La sage-Femme ou le médecin. Une nouvelle conception de la vie*. Paris : Fayard.

Gerber, Pr. 1922. L. Gautier, Histoire et évolution de l'enseignement de la Pharmacie en France. *Bulletin de la Société d'histoire de la Pharmacie*. Vol. 10, n°36, pp. 114-118.

Goffman, Erving. 1973. *La mise en scène de la vie quotidienne*. Paris : Éditions de Minuit. Le sens commun.

Goubert, Jean-Pierre. 1977. L'art de guérir. Médecine savante et médecine populaire dans la France de 1790. *Économies, Sociétés, Civilisations*. Vol. 32, n°5, pp. 908-926.

Guillaume, Cécile, Sophie Porchic, et Rachel Silvera. 2013. Genre, féminisme et syndicalisme. *Travail, genre et sociétés*. Vol. 2, n°30, pp. 29-32.

Houdaille, Jacques, et Louis Henry. 1979. Célibat et âge au mariage aux XVIIIe et XIXe siècles en France. *Population*. Vol. 34, n°2, pp. 403-442.

Hughes, Everett Cherrington, et Jean-Michel Chapoulie. 1996. *Le Regard sociologique : essais choisis*. Paris : École des hautes études en sciences sociales. Recherches d'histoire et de sciences sociales.

Institut de recherches économiques et sociales. 1992. *Syndicalismes : dynamique des relations professionnelles*. Paris : Dunod.

Lefranc, Georges. 1971. *Le syndicalisme en France*. Paris : PUF. Que sais-je ?

Leroux-Hugon, Véronique. 1987. L'infirmière au début du XXe siècle : nouveau métier et tâches traditionnelles. *Le Mouvement social*. Vol. 140, pp. 55-68.

Loux, Françoise. 1990. *Traditions et soins d'aujourd'hui : anthropologie du corps et professions de santé*. 2e éd. Paris : InterEditions.

Merchant, Carolyn. 1982. *The Death of Nature. Women, Ecology and the Scientific Revolution*. London : Wildwood House.

Musset, Danielle, et Pierre Lieutaghi, (eds.). 2010. *Les plantes des femmes : actes du séminaire du Musée-conservatoire de Salagon*. Saint-Michel-l'Observatoire : C'est-à-dire.

Le Naour, Jean-Yves, and Catherine Valenti. 2003. *Histoire de l'avortement : XIXe-XXe siècle*. Paris : Seuil. L'Univers historique.

Parayre, Séverine. 2008. L'hygiène à l'école aux XVIIIe et XIXe siècles : vers la création d'une éducation à la santé. *Recherches & éducations*, Vol. 1, pp. 177-193.

Perrot, Émile. 1923. Le premier herboriste diplômé de France : Edme Gillot (1778). *Bulletins des Sciences Pharmacologiques*. Vol. 11, p. 8.

Perrot, Michelle. 1987. Qu'est-ce qu'un métier de femme? *Le mouvement social*. Vol. 140, pp. 3-8.

Pinto, Josiane. 1987. Le secrétariat, un métier très féminin. *Le mouvement social*. Vol. 140, pp. 121-133.

Le Quentrec, Yannick. 2014. Heurts et bonheurs des militantes : le travail syndical face au travail domestique. *Nouvelle revue de psychosociologie*. Vol. 2, n°18, pp. 147-161.

Ramsey, Matthew. 1988. *Professional and popular medecine in France, 1770-1830: the social world of medical practice*. Cambridge : Cambridge University Press.

Rasmussen, Anne. 2004. Les enjeux d'une histoire des formes pharmaceutiques : La galénique, l'officine et l'industrie (XIXe – début XXe siècle). *Entreprises et histoire*. Vol. 36, n°2, pp. 12-28.

Rebillard, Laurent. 2002. *L'herboristerie en France : genèse d'un métier, disparition d'une profession*. Mémoire de DEA Sciences Sociales, Paris : ENS-EHESS.

Richer, Léon. 1877. *La femme libre*. Paris : E. Dentu.

Roy, Jean-Edouard. 1943. *L'avortement, fléau national, causes, conséquences, remèdes*. Thèse de doctorat de Droit et Sciences Sociales, Poitiers : Université de Poitiers.

Savoie, Philippe. 2000. Quelle histoire pour le certificat d'études ? *Histoire de l'éducation*. Vol. 85, pp. 49-72.

Schweitzer, Sylvie. 2002. Les enjeux du travail des femmes. Vingtième Siècle. *Revue d'histoire*. Vol. 3, n°75, pp. 21-33.

Silvera, Rachel. 2009. L'égalité de genre dans le syndicalisme : quelques expériences européennes. *Informations Sociales*. Vol. 151, n°1, pp. 62-70.

Sueur, Nicolas. 2011. *La pharmacie centrale de France : une coopérative au service d'un groupe professionnel 1852-1879.* Thèse de doctorat en Histoire, Lyon : Université Lyon III.

Tercinet, Édouard. 1937. *La Loi du 4 septembre 1936 réprimant le colportage des médicaments et spécialités pharmaceutiques*. Épinal : Éditions Véga.

Vigarello, Georges. 1987. *Le propre et le sale : l'hygiène du corps depuis le Moyen Age*. Paris : Seuil.

Weisz, Georges. 1978. The Politics of Medical Professionalization in France 1845-1848. *Journal of Social History.* Vol. 12, n°1, pp. 3-30.

Zarca, Bernard. 1988. Identité de métier et identité artisanale. *Revue française de sociologie*. Vol. 29, n°2, pp. 247-273.

Manuels d'herboristerie et de phytothérapie

Audier, Pierre. 1883. *La Santé des femmes par des plantes simples et des substances inoffensives, selon l'expérience des familles, par Pierre Audier, suivie d'un nouveau traitement contre les affections nerveuses, par A. Preire, herboriste diplômé*. Hyères : impr. de Souchon.

Béclu, Horace. 1872. *Nouveau Manuel de l'herboriste, ou Traité des propriétés médicinales des plantes exotiques et indigènes du commerce*. Paris : J.-B. Baillière et fils.

Bénard, Serge, et Bruno Vaesken. 1979. *L'herboriste et vous : son métier, ses recettes, votre santé*. Neuilly-sur-Seine : Dargaud. Rustica documents.

Bertin, Alexandrine. 1873. *Notice sur les soins à prendre à l'égard des nouveau-nés et sur l'éducation de l'enfant par sa mère, suivi d'un rapport sur les propriétés des plantes*. Paris : impr. de Vve Renou, Maulde et Cock.

Blisson, Eugène. 1961. *Le Formulaire de l'herboriste : 150 maladies, comment les soigner et les guérir par les plantes avec l'aide de la radiesthésie*. Aubenas : Habauzit.

Cazin, François-Joseph. 1868. *Traité pratique et raisonné des plantes médicinales indigènes : avec un atlas de 200 planches lithographiées*. 3e éd. Paris : P. Asselin.

Chamboeuf, J. 1877. *Principes de médecine naturelle, ou Manière de se guérir soi-même de la plupart des maladies et spécialement des maladies chroniques*. Clermont-Ferrand : de Petit.

Collin, Eugène. 1903. *Précis de matière médicale, contenant : l'origine botanique, la description, la structure anatomique, la composition chimique, les usages, le mode d'emploi et les falsifications des substances officinales d'origine végétale ou animale*. Paris : O. Doin.

Compain, Michel. 1930. *Guide de l'herboriste-droguiste avec les remèdes vétérinaires*. 2ème éd. Limoges : Compain.

Compain, Michel. 1939. *Guide de l'herboriste et du droguiste avec les remèdes vétérinaires*, 3e éd. Limoges : Compain.

Jourdan, A. 1890. *Le nouveau trésor des familles : maladies conjurées par l'emploi des plantes*. Draguignan : Olivier et Rouvier.

Lebeaud. 1825. *Manuel de l'herboriste…* Paris : Eymery

Losch, Friedrich. 1908. *Plantes médicinales, atlas colorié des plantes médicinales*. Paris : Vigot frères.

Maurin, Sélim-Ernest. 1888. *Formulaire de l'herboristerie*. Paris : F. Alcan.

Mony, E.-M. 1790. *Pétition des herboristes de Paris, adressée à MM. les doyen et docteurs-régens de la Faculté de médecine*. Paris : impr. de Guilhemat.

Mourgues, C. 1957. *Tisanes, santé, bonheur*. Agen : Mourgues.

Mulot, Marie-Antoinette. 2005. *Secrets d'une herboriste : 315 plantes médicinales, 100 maladies courantes, conseils de beauté, adresses utiles*. Paris : Éditions du Dauphin.

Pierre, Michel. 2002. *Les plantes de l'herboriste. Guides du vivre bien.* Clamecy : Robert Jauze.

Piton. 1837. *Manuel progressif de l'herboriste-botaniste, préparateur, contenant la description des planches médicinales, la manière de les conserver, les préparations qu'on peut en faire, et leur usage dans la thérapeutique.* Paris : Dépôt des manuels progressifs.

Pouchet, Gabriel. 1907. *Précis de pharmacologie et de matière médicale*. Paris : O. Doin.

Rédarès, Jean-M.-M. 1827. *Manuel de l'herboriste, ou Manière de récolter, de sécher et de préparer les plantes médicinales indigènes*. Paris : Emler.

Reutter de Rosemont, Louis. 1923. *Traité de matière médicale, drogues végétales, drogues animales, et de chimie végétale*. Paris : J.-B. Baillière.

Robert, Suzanne. 1986. *Tous mes secrets de santé*. Paris : Artefact. Henri Veyrier.

Seringe, Nicolas Charles. 1851. *Flore du pharmacien, du droguiste et de l'herboriste : ou description des plantes médicales spontanées ou cultivées en France disposées en familles*. Lyon : Dumoulin et Ronet.

Simon, L. N.d. La vie réelle illustrée : *exposé succinct des relations qu'ont entre elles les fonctions vitales de l'existence humaine ; suivi de la méthode de guérison naturelle, pratique et rationnelle, par les plantes et sucs végétaux.* Saint-Etienne : A. Waton.

SS. L. T. & F. M. 1853. Petit Manuel du botaniste et de l'herboriste suivi de quelques principes de médecine, de pharmacie, d'hygiène et d'économie domestique. Metz : Gangel.

Tollard, Henri, and Jean-Sébastien-Eugène Julia de Fontenelle. 1828. *Manuel de l'herboriste, de l'épicier-droguiste et du grainier-pépiniériste-horticulteur, contenant la description des végétaux, les lieux de leur naissance, leur analyse chimique et leurs propriétés médicales*. Paris : Roret.

Wiatr-Benoit, Michelle. 2004. *Herboriste (mémoires et remèdes)*. Charleville-Mézières : Terres Ardennaises.

Littérature populaire

Barbara, Charles. 1868. *L'Herboriste.* Paris : Librairie internationale.

Beauvallet, Léon. 1888. *Milord l'Arsouille*. Paris : L. Boulanger.

Boutique, Alexandre. 1893. *Les malthusiennes*. Paris : E. Dentu.

Bouvier, Alexis. 1882. *La princesse saltimbanque*. Paris : J. Rouff.

Chavette, Eugène. 1874. *Petites comédies du vice*. Paris : A. Lacroix.

Chrétien, Charles. 1877. Les principes du père Radottin. Paris : C. Lévy.

Cogniard frères. 1855. *Bruno le fileur, comédie-vaudeville en 2 actes*. Paris : Dubuisson.

Cogniard frères, and Achille Bourdois. 1854. *Le bal du sauvage : folie-vaudeville en trois actes*. Paris : Michel Lévy frères.

Le Duc, Victor. 1887. *Soirées d'automne*. Fontainebleau : impr. de E. Bourges.

Duvert, Félix-Auguste. 1877. *Théâtre choisi. Tome 1*. Paris : G. Charpentier.

Figuier, Louis. 1889. *La science au théâtre*. Paris : Tresse et Stock.

Foa, Eugénie. N.d. *Travail et célébrité, contes historiques dédiés à la jeunesse*. Paris : A. Bédelet.

Houssaye, Arsène. 1864. *Vertu de Rosine, roman philosophique*. Paris : Michel-Lévy frères.

Kock, Paul de. 1855. Jean. Paris : G. Barba.
Lassouche, and A. Delormel. 1867. *L'ahuri de Chaillot : vaudeville en quatre actes*. Paris : Librairie dramatique.

Lemercier de Neuville, Louis. 1888. *Six comédies pour jeunes filles : pièces à jouer dans les familles et dans les pensionnats*. Paris : Librairie théâtrale.

Lemercier de Neuville, Louis. 1906. *Vers de vase : amorces poétiques offertes aux pêcheurs malheureux.* Paris : Bornemann.

Montépin, Xavier de. 1888. *La belle Angèle*. Paris : F. Roy.

Nainville, Constant. 1878. *Les trois empoisonneuses.* Marseille : impr. de J. Doucet.

Navery, Raoul de. 1893. *Les drames de la justice. Le château des abymes.* Paris : H. Gautier.

NC. 1897. *Les Romans inédits*. Série 2, n°69. Paris : Fayard frères.

Révillon, Tony. 1881. *Le Faubourg Saint-Antoine*. Paris : J. Rouff.

Reybaud, Louis. 1846. *Jérôme Paturot : à la recherche d'une position sociale. Tome premier*. Paris : Paulin.

Roux, Louis. 1840. *Les français peints par eux-mêmes, Tome II : L'herboriste*. Paris : Curmer.

Monographies médicales

Devergie, Alphonse. 1857. *Traité pratique des maladies de la peau.* Paris : V. Masson.

Duguet, Jean-Baptiste. 1874. *Note sur un cas d'argyrie consécutif à des cautérisations répétées de la gorge avec le crayon de nitrate d'argent*. Clichy : impr. de P. Dupont.

Gosselin, Léon. 1879. *Clinique chirurgicale de l'hôpital de la Charité. Tome second.* Paris : J.-B. Baillière.

Massé, Jules. 1850. *La Santé du peuple, leçons d'hygiène faites aux ouvriers des 10e, 11e et 12e arrondissements de Paris.* Paris : Gaume frères, Sagnier et Bray.

Montègre, Antoine-François Jenin de. 1830. *Des Hémorroïdes, ou Traité analytique de toutes les affections hémorroïdales.* Paris : Mlle Delaunay.

Rénon, Louis. 1906. *Hôpital de la Pitié. Conférences pratiques sur les maladies du coeur et des poumons.* Paris : Masson.

Servière, Victor. 1908. *Le pseudo-mal de Pott syphilitique chez l'adulte.* Montpellier : impr. de G. Firmin, Montane et Sicardi.

Écrits de médecins, de pharmaciens
et d'hommes politiques sur l'herboristerie

Brismontier, G.-L. 1827. *Pharmacie élémentaire en vingt-quatre leçons, ou Manuel théorique de l'élève en pharmacie accompagné d'un traité sur le mode de préparation des prescriptions médicales dans tous les cas prévus.* Paris : Audin.

Brouardel, Paul. 1902. *Cours de médecine légale de la Faculté de médecine de Paris. Les empoisonnements criminels et accidentels.* Paris : J.-B. Baillière et fils.
Caroz, Jules. 1864. *La Pharmacie, ce qu'elle est, ce qu'elle devrait être.* Paris : Jules Caroz.

Cazeneuve, Paul. 1879. *Un coup d'œil sur la pharmacie actuelle.* Lyon : impr. de Riotor.

Janson. 1790. *Établissement d'un cabinet et bureau de plantes médicinales à Paris.* Paris : impr. de Millet.

Miramont-Graux. 1863. *Le passé, le présent et l'avenir de la pharmacie en France*. Paris : Maillet.

Volckringer, J. 1947 ?. *Les herboristes.*

Dictionnaires médicaux et de métier,
guides dans le choix d'une profession

Charbonnel, Ernest. 1913. *Le Memento des propriétaires, formulaire pratique pour gérer les immeubles en employant la nouvelle comptabilité immobilière*. Paris : Hachette Livre, BNF.
Larousse, Pierre. 1866. *Grand dictionnaire universel du XIXe siècle : français, historique, géographique, mythologique, bibliographique.... T. 9 H-K.* Paris : Administration du grand Dictionnaire universel.

Lesenne, Napoléon-Madeleine. 1902. *Droits et devoirs de la femme devant la loi française*. Paris : A. Hennuyer.

Paquet-Mille, A. 1891. *Nouveau guide pratique des jeunes filles dans le choix d'une profession.* Paris : Lecène, Oudin et Cie.

Régnal, Georges. 1908. *Comment la femme peut gagner sa vie.* Paris : J. Tallandier.

Brodhurst, Georges. 1848. Mémoire présenté à Messieurs les membres composant le Tribunal de police correctionnelle. Paris : impr. Wittersheim.

Brouardel, Paul. 1901. Cours de médecine légale de la Faculté de médecine de Paris, l'avortement. Paris : J.-B. Baillière et fils.

Cadet, Ernest. 1895. *Dictionnaire usuel de législation, comprenant les éléments du droit civil, commercial, industriel, maritime, criminel, administratif, etc.* Paris : Belin frères.

Dalloz. 1928-1936. Recueil hebdomadaire de jurisprudence en matière civile, commerciale, administrative et de droit public. Paris : Jurisprudence générale Dalloz.

Dupuy, Edmond. 1895. *La nouvelle législation pharmaceutique : commentaire des projets de lois sur l'exercice de la pharmacie adoptés par la Chambre des Députés et le Sénat.* Paris : J.-B. Baillière et fils.

Gobley, Théodore. 1872. *Allocution prononcée à l'Académie de médecine par M. Gobley dans la discussion sur l'ergot de seigle (séance du 10 décembre 1872).* Paris : impr. de E. Martinet.

Larcheret, Thomas-Nicolas. 1819. *"Larcheregium", ou Dictionnaires spéciaux de mon élixir, ainsi que de toute ma doctrine et de mes adhérens.*

Martel, Alphonse. 1859. *Manuel de la salubrité, de l'éclairage et de la petite voirie ou Répertoire alphabétique, raisonné et pratique des lois, règlements...* Paris : Cosse et Marchal.

NC. Précis sur l'affaire Schroedrer contre la dame Bicquelin, herboriste et droguiste. Paris : imp. de Lebègue.

Nouguier, Louis. 1884. *Traité des actes de commerce des commerçants et de leur patente*. Tome 2. Paris : Marchal, Billard et Cie.

Vibert, Charles-Albert. 1911. Précis de médecine légale. 8ème éd. Paris : J.-B. Baillière et fils.

HISTOIRE
AUX ÉDITIONS L'HARMATTAN

Dernières parutions

CONTRIBUTION DU CERCLE DE BOKÉ (GUINÉE) À L'EFFORT DE GUERRE (1939-1945)

Pour une meilleure connaissance de l'histoire économique de l'Afrique occidentale

Mohamed Diané

Pour aider la France à mener la guerre de 1939-1945, cette dernière demande à ses colonies africaines de lui envoyer des hommes, de lui fournir des prestations et des marchandises et de prélever des impôts. De plus, pour soutenir cet effort de guerre, les colonies ne reçoivent plus d'équipements en provenance de la Métropole. Dans le cercle de Boké, en Guinée, ce soutien apporté à la France aura des conséquences dans les secteurs politique, social, économique et culturel que ce livre se propose d'analyser.

(Coll. Harmattan Guinée, 84 p., 12 euros)

ISBN : 978-2-343-16644-5, EAN EBOOK : 9782140114885

LA CROATIE ET LA SLOVÉNIE : 25 ANS D'INDÉPENDANCE

Retour sur l'événement et perspectives d'avenir

Sous la direction de Vlatko Maric

Croatie et Slovénie ont subi une agression dans l'indifférence et un certain mépris de la communauté internationale, qui a voulu ignorer la nature et les causes véritables d'une guerre de conquête pratiquant le nettoyage ethnique notamment en Croatie. Face à ce qui fut un combat pour la liberté et la démocratie dans l'indépendance, l'Europe a dû imaginer un mécanisme afin de reconnaître les nouveaux Etats, tout en préservant sa cohésion. Après avoir proclamé leur indépendance, la Slovénie et la Croatie ont été reconnues par l'UE le 15 janvier 1992, avant d'en devenir membres. Cet ouvrage permet de comprendre pourquoi les aveuglements idéologiques ou géopolitiques peuvent présenter un danger pour la paix.

(Coll. Croatica, 214 p., 21,5 euros)

ISBN : 978-2-343-16661-2, EAN EBOOK : 9782140113130

UNE SECTE JANSÉNISTE CONVULSIONNAIRE SOUS LA RÉVOLUTION FRANÇAISE

Les Fareinistes (1783-1805)

Serge Maury

Cet ouvrage propose une approche du phénomène convulsionnaire janséniste en suivant l'histoire d'une secte particulière, celle des "Fareinistes", depuis ses débuts dans l'Ain autour des années 1780, jusqu'à son enracinement à Paris autour d'une prophétesse convulsionnaire, la "soeur Elisée". Les faits et leur contexte historique (entre jansénisme rural et urbain, Révolution française, millénarisme et prophétisme) sont précisément décrits. Un questionnement parcourt l'ouvrage : comment expliquer ces « délires » religieux ? L'approche anthropologique et sociologique, privilégiant les faits de culture et d'histoire, est confrontée avec les théories psychiatriques.

(Coll. Chemins de la Mémoire, 482 p., 42 euros)

ISBN : 978-2-343-14324-8, EAN EBOOK : 9782140112577

LES ROIS DE L'ESTUAIRE

Aux origines de la colonisation française du Gabon (1839-1862)

Gérard Buttoud

Au milieu du XIXe siècle, la marine française, pour contrer les positions anglaises, a passé des traités avec les « rois » des villages de l'estuaire du Gabon et s'est vite attribué la pleine souveraineté sur des territoires de plus en plus étendus. De cette implantation aux allures pacifiques, les rapports des capitaines restituent le processus séquentiel qui renseigne sur ce qui donne à la colonisation sa signification profonde.

(284 p., 28 euros)

ISBN : 978-2-343-16581-3, EAN EBOOK : 9782140112850

LE PATRIMOINE HISTORIQUE AU SERVICE DU DÉVELOPPEMENT DU BÉNIN

Paul Akogni, Arthur Vido, Didier Marcel Houénoudé

Dans ce monde en proie à l'image brillante, il y a peu de place pour le passé. Pourtant, les valeurs que charrie le cours du temps ne constituent-elles pas un livre ouvert susceptible d'inspirer les bâtisseurs du présent ? Soucieux du développement du Bénin, les auteurs entendent ainsi tirer de l'histoire les étincelles qui permettront d'éclairer les points d'ombre du présent.

(Coll. Études africaines, 190 p., 21 euros)

ISBN : 978-2-343-16610-0, EAN EBOOK : 9782140112881

LA GUERRE DE 1914 AU TOGO ET SES CONSÉQUENCES

Histoire militaire, histoire politique

Yves Marguerat

A la périphérie de la Grande Guerre, il y eut aussi des combats lointains, largement méconnus à l'époque et encore plus oubliés de nos jours. Des quatre colonies que l'Allemagne avait établies en Afrique, le Togo, qui avait pourtant les moyens de résister, a capitulé au bout de trois semaines. Quels étaient les enjeux stratégiques du Togo ? Pourquoi ses arrogants maîtres coloniaux se sont-ils laissés vaincre si vite ? Dans quelle mesure les Togolais ont-ils favorisé ou, au contraire, entravé leur défense ? Comment ces derniers ont-ils vécu ensuite sous la double occupation qu'ils ont subie pendant six années ? Dans quelle mesure cette période a-t-elle conditionné leurs attitudes politiques ultérieures ?

(228 p., 24,5 euros)

ISBN : 978-2-343-16601-8, EAN EBOOK : 9782140112621

LE GÉNOCIDE EN DROIT À L'ÉPREUVE DU GÉNOCIDE DE L'ÉMOTION

Cas de la République du Congo

Anatole Collinet Makosso

« Puisqu'il faut témoigner sur le génocide, parler de notre histoire, et puisque nous avons tous vécu les mêmes faits, parlons-en donc sans tabous. Parlons-en dans nos langues communes, sans interprètes ni traducteurs. Témoignons de ce qui s'est passé réellement dans notre pays, au sein de notre peuple. [...] Seulement, que celui qui s'engage à témoigner ne rapporte que ce qu'il sait, ce qu'il a vécu, ce qu'il a vu ou entendu. » C'est en ces termes qu'en décidant de répondre à Nsaku Kimbembe et à Dominique Kounkou sur le Génocide des Lari, A. C. Makosso invite ses compatriotes à dépassionner le débat, à enrichir le témoignage de l'histoire et à s'abstenir de la symétrie, de la contamination et de « l'idéologie de la haine ».

(Coll. Harmattan Congo-Brazzaville, 224 p., 23,5 euros)

ISBN : 978-2-343-16848-7, EAN EBOOK : 9782140112904

ÉTAIT-CE MIEUX AVANT ?

Chroniques paloises des "30 Glorieuses"

Max Moreau

Max Moreau propose une vision du tsunami économique des « 30 Glorieuses », provoqué par les découvertes simultanées du gaz de Lacq, du maïs hybride et du turbomoteur, qui associe l'économie et la culture et bouleversa le Béarn. Sous le triple effet de l'esprit d'initiative audacieux de quelques entrepreneurs visionnaires tentés par le risque, des prix compétitifs de l'électricité d'origine hydraulique et du gaz naturel, ainsi que de l'adaptabilité des salariés béarnais à de nouveaux métiers, il observe le développement accéléré de sa région.

(240 p., 24,5 euros)

ISBN : 978-2-343-16530-1, EAN EBOOK : 9782140112171

AUX FRONTIÈRES DE LA SHOAH

Herbert Geschwind

Cet ouvrage retrace les souvenirs de Herbert Geschwind liés aux évènements de la Seconde Guerre mondiale, de la découverte de la France et de la Riviera française après son exil d'Autriche en 1938. L'auteur n'a pas la prétention d'imposer au lecteur sa seule perception de l'Histoire. Sa présence au plus proche des évènements ayant conduit aux remaniements brutaux imposés par les envahisseurs et tyrans du XXe siècle donne à son récit la valeur de témoignage.

(272 p., 27 euros)

ISBN : 978-2-343-16332-1, EAN EBOOK : 9782140112294

LES OPPOSITIONS AU SECOND EMPIRE

Du comte de Chambord à François Mitterrand

Sous la direction d'Eric Georgin

Quelles condamnations les différentes familles politiques françaises ont-elles portées à l'encontre du régime de Napoléon III ? Quelles formes ces oppositions ont-elles prises ? Quelle postérité ces lectures critiques du Second Empire ont-elles eue ? C'est à ces questions que tente de répondre cet ouvrage, fruit d'une journée d'étude organisée par l'Institut Catholique d'Études Supérieures, son centre de recherche (le CRICES) et la Fondation Napoléon. En dernière analyse, les contributeurs cherchent à préciser la place du Second Empire dans l'histoire politique française contemporaine.

SPM (298 p., 28 euros)

ISBN : 978-2-917232-89-7, EAN EBOOK : 9782140112195

TROMELIN ET SUFFREN

Un conflit entre marins

Biographie et Mémoire justificatif inédit du capitaine de vaisseau Bernard Marie Boudin de Tromelin, 1735-1815

Claude-Youenn Roussel, Claude Forrer

Préface du contre-amiral Caron

Au milieu de la guerre d'Amérique, dans l'océan Indien, des officiers aux bons états de service sont jetés à la porte de la Marine sur une appréciation colérique et dépréciative de Suffren, leur chef. Parmi eux se trouve un Breton de Morlaix, Bernard Marie Boudin de Tromelin. Condamné sans jugement suite aux lettres venimeuses de son chef, il fait imprimer pour se défendre un Mémoire justificatif que personne n'accepte de lire dans les hautes sphères, l'empêchant ainsi de s'expliquer. C'est ce texte rarissime qui est produit ici, empli d'une infinité de renseignements historiques, maritimes et militaires, commenté, annoté et analysé, accompagné de multiples autres documents dont les lettres officielles et privées de Suffren.

SPM (298 p., 29 euros)

ISBN : 978-2-917232-88-0, EAN EBOOK : 9782140110139

LES ARMÉES DANS LA GUERRE FROIDE EN CENTRE-EUROPE (1945-1990)

Forces, renseignement, plans d'opérations

Sous la direction de Maurice Faivre

Officier de renseignement régimentaire depuis 1950, Maurice Faivre a dirigé en 1975 le Centre de renseignement avancé de Baden. À ce titre, il suivait l'évolution militaire de la Guerre froide, qui opposait en Allemagne les Occidentaux aux Soviétiques. Pour rédiger cet ouvrage, il a fait appel aux responsables des opérations, et aux spécialistes du renseignement terrestre, aérien et électronique qui, pour la plupart, ont conservé leurs archives. Trois grands sujets sont traités : le décompte des forces soviétiques et alliées mises sur pied ; les moyens de recherche du renseignement militaire ; les opérations planifiées. La dernière partie étudie les conditions politiques, économiques et sociales qui ont entraîné la fin d'une guerre non déclarée.

(368 p., 32 euros)

ISBN : 978-2-343-16699-5, EAN EBOOK : 9782140111914

PÉTAIN, L'ALGÉRIE ET LA REVANCHE

Alfred Salinas, Alfred Salinas

La mémoire de Vichy se recompose à l'aune de la stratégie de revanche militaire impulsée par Pétain en contrepoint d'une politique de collaboration couplée avec l'instauration d'un Etat policier et antijuif, aux prises avec des défis subversifs dont le plus menaçant fut le séparatisme espagnol en Oranie.

(452 p., 39 euros)

ISBN : 978-2-343-16163-1, EAN EBOOK : 9782140106880

Structures éditoriales du groupe L'Harmattan

L'Harmattan Italie
Via degli Artisti, 15
10124 Torino
harmattan.italia@gmail.com

L'Harmattan Hongrie
Kossuth l. u. 14-16.
1053 Budapest
harmattan@harmattan.hu

L'Harmattan Sénégal
10 VDN en face Mermoz
BP 45034 Dakar-Fann
senharmattan@gmail.com

L'Harmattan Cameroun
TSINGA/FECAFOOT
BP 11486 Yaoundé
inkoukam@gmail.com

L'Harmattan Burkina Faso
Achille Somé – tengnule@hotmail.fr

L'Harmattan Guinée
Almamya, rue KA 028 OKB Agency
BP 3470 Conakry
harmattanguinee@yahoo.fr

L'Harmattan RDC
185, avenue Nyangwe
Commune de Lingwala – Kinshasa
matangilamusadila@yahoo.fr

L'Harmattan Congo
67, boulevard Denis-Sassou-N'Guesso
BP 2874 Brazzaville
harmattan.congo@yahoo.fr

L'Harmattan Mali
Sirakoro-Meguetana V31
Bamako
syllaka@yahoo.fr

L'Harmattan Togo
Djidjole – Lomé
Maison Amela
face EPP BATOME
ddamela@aol.com

L'Harmattan Côte d'Ivoire
Résidence Karl – Cité des Arts
Abidjan-Cocody
03 BP 1588 Abidjan
espace_harmattan.ci@hotmail.fr

L'Harmattan Algérie
22, rue Moulay-Mohamed
31000 Oran
info2@harmattan-algerie.com

L'Harmattan Maroc
5, rue Ferrane-Kouicha, Talaâ-Elkbira
Chrableyine, Fès-Médine
30000 Fès
harmattan.maroc@gmail.com

Nos librairies en France

Librairie internationale
16, rue des Écoles – 75005 Paris
librairie.internationale@harmattan.fr
01 40 46 79 11
www.librairieharmattan.com

Librairie l'Espace Harmattan
21 bis, rue des Écoles – 75005 Paris
librairie.espace@harmattan.fr
01 43 29 49 42

Lib. sciences humaines & histoire
21, rue des Écoles – 75005 Paris
librairie.sh@harmattan.fr
01 46 34 13 71
www.librairieharmattansh.com

Lib. Méditerranée & Moyen-Orient
7, rue des Carmes – 75005 Paris
librairie.mediterranee@harmattan.fr
01 43 29 71 15

Librairie Le Lucernaire
53, rue Notre-Dame-des-Champs – 75006 Paris
librairie@lucernaire.fr
01 42 22 67 13

www.ingramcontent.com/pod-product-compliance
Lightning Source LLC
LaVergne TN
LVHW011449061026
849535LV00004BA/1022
* 9 7 8 2 3 4 3 1 6 6 4 8 3 *